PowerPointっぽさを脱却する新しいアイデア
パワポdeデザイン

菅 新汰
Arata Suga

インプレス

自分を表現するツールとしてのPowerPoint

自分の考えを表現する方法はたくさんあります。言葉を紡ぐこと、絵を描くこと、写真を撮ること、音を奏でること。ただ、実際には多くの人は自信をもって自分の考えを表現できる方法を持っていないのではないでしょうか。そこで、多くの人が一度は触ったことのあるPowerPointという身近にある存在を、誰もが自分の考えを表現するツールとして使えるアイデアを提供できればおもしろいんじゃないか。そう考えたのが本書の執筆のきっかけです。

グラフィック作成に特化したソフトを使用して作成したものと比べると、本書で扱うPowerPointで作成できるものは「クオリティー」の面では劣ってしまう部分はあります。しかしたとえそうだとしても、ツールによってみなさんの「何かを表現したいという思い」が劣ることはありません。

本書では、さまざまなデザインアイデアや表現方法を紹介する1～6章がメインテーマとなっています。全部で68のテクニック、280以上の作例を掲載しています。また、一方で表現方法やアイデアを知っていたとしても、それを作るのに時間がかかってしまってはおっくうになってしまいます。そこで本書は単なる機能紹介・アイデア集にはせず、0章をはじめとして随所にPowerPointの操作効率を向上するための手法を折り込んでいます。多少細かい説明が多くなってしまいましたが、実践的なスキルアップをしていただける最短の近道だと信じています。

本書を通して、「案外パワポでもいろいろできるんだ！」ということを実感していただければうれしいです。本来の目的であるプレゼンテーションスライドとしての使い方はもちろん、さまざまな場面でパワポが活躍することを願っています。

菅 新汰

夏休みこどもラジオ体操
みんなで元気に夏休みをすごそう！
7/22(月)~8/30(金) 6:30開始
日時
森宮公園
場所
スタンプカード
持ち物
皆勤賞
スタンプの数に応じて
プレゼントを準備してるよ！
PART6
数字で見る△△会社の特徴
SUMMER SALE
世界各国の〇〇について賛成の人の割合
A国
B国
C国
D国
E国
F国
86
75
60
55
46
35
23
MISSION
AIを誰もが使いこなせる社会をつくる
少子高齢化による労働人口の減少、
多種多様なワークスタイルの普及に伴い
日本企業は大きな転換点を迎えています。
生産性の向上が求められる中で、
鍵となるのはAIであることはまちがいありません。
私たちの会社はAIを誰もが使いこなせる社会をつくるために
その先にある一人一人が豊かに暮らせる社会の実現のために
行動していきます。
新しいことに挑戦することを推奨している社風なので、
積極的に動くことが好きな自分にとっては理想の職場でした。
半年に1回、新しい提案をするチャレンジ制度という場があり、
多くの提案がなされています。
#風通しが良い
#活気がある
#土日休み
#オフィスがきれい
#柔軟な働き方
営業部
おいしさの秘訣
無農薬で育てています！
平均年齢
30.2歳
拠点数
全国59拠点
従業員数
15620名
男女比
6 : 4
育児休暇取得率
99.5%
年間休
人気観光地スポットトップ10
Japan

contents

目次

第0章　使いやすさUPのコツ

第1章　文字で印象づける

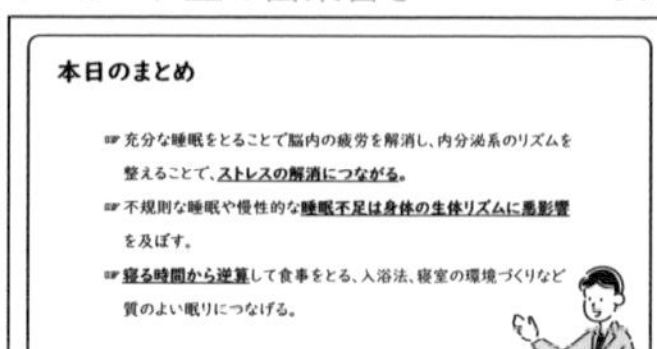

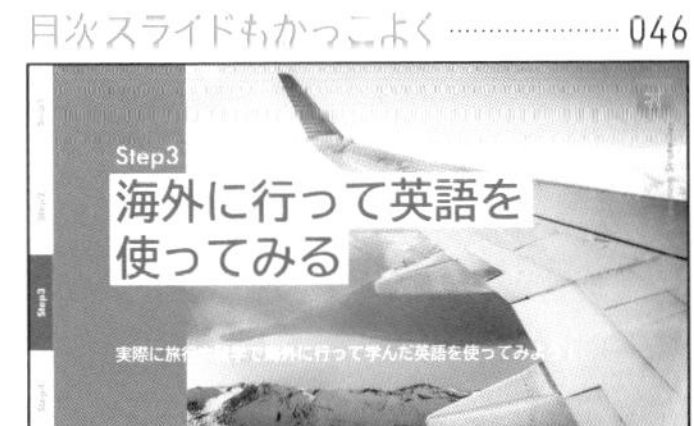

第2章　かっこいいデータの魅せ方

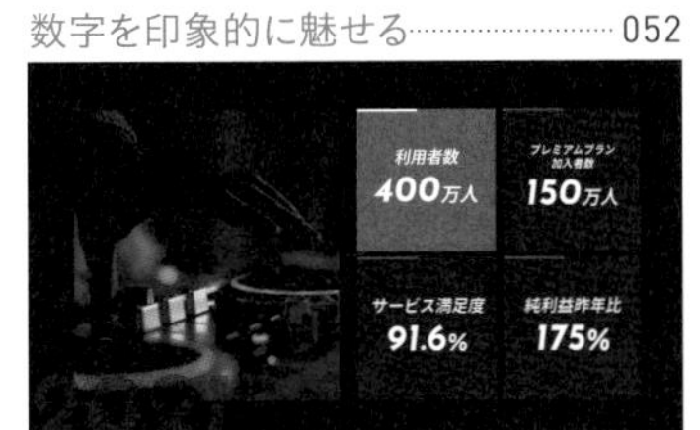

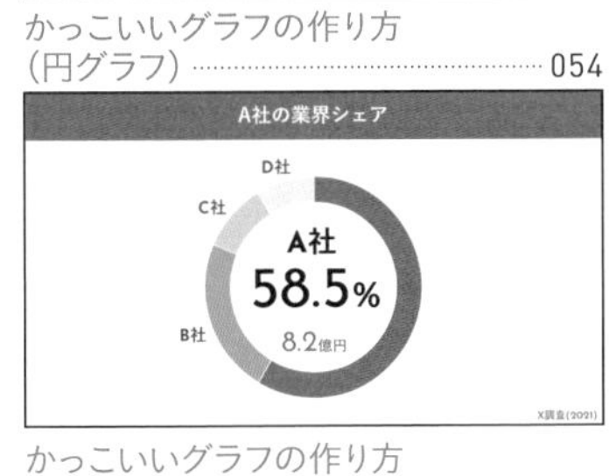

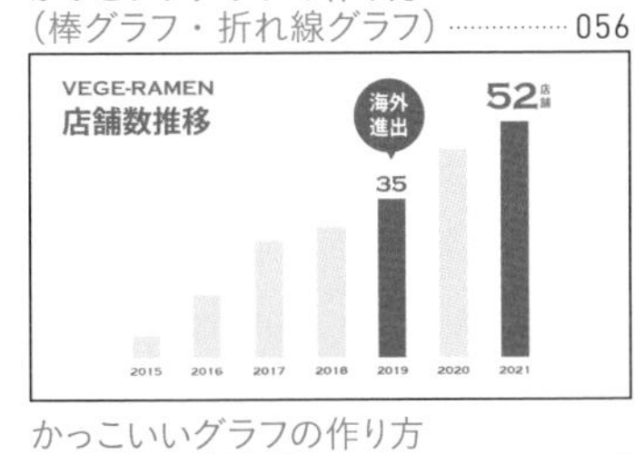

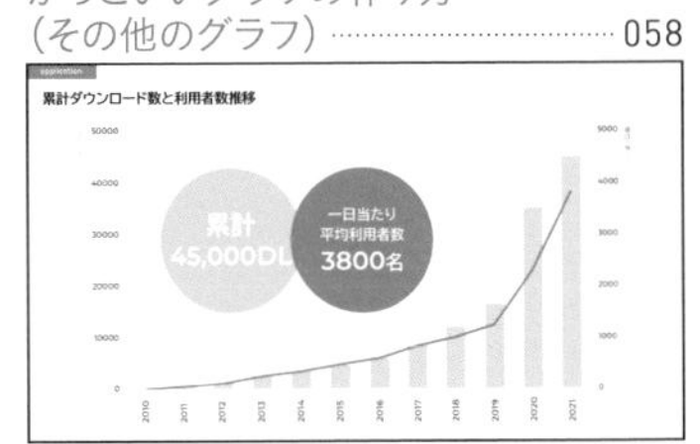

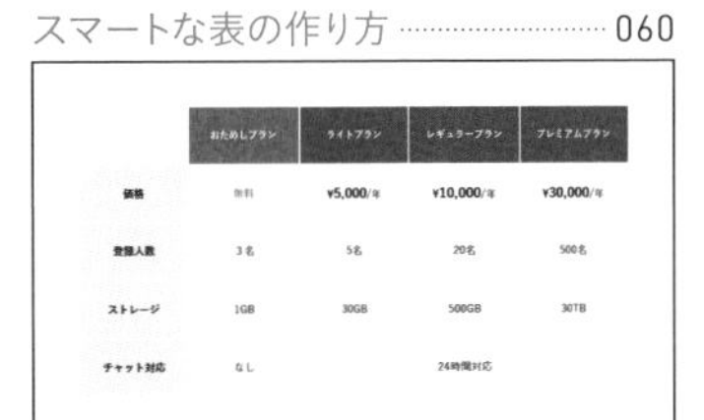

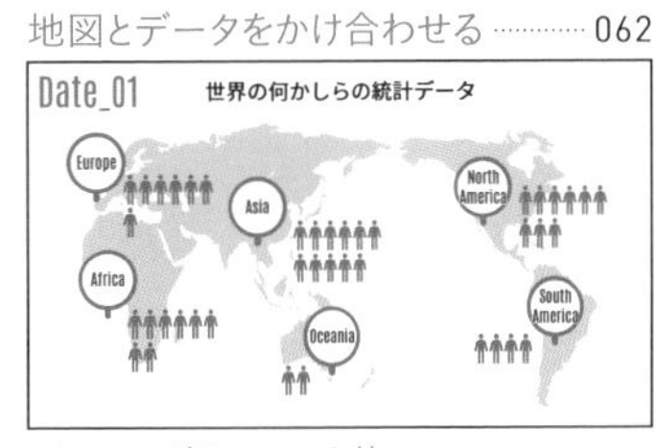

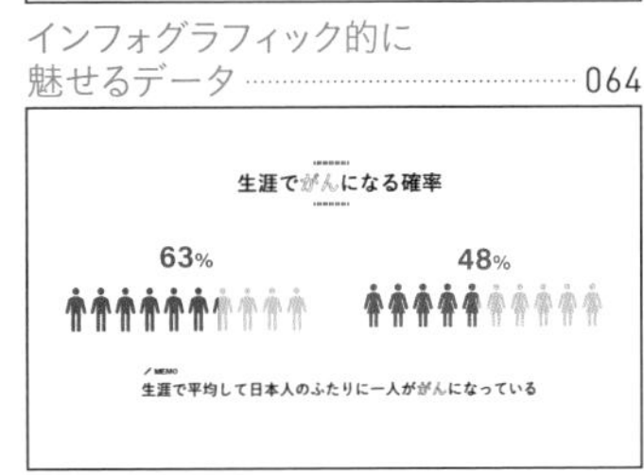

contents

第3章　図形を使いこなす

第4章　画像の工夫で魅力的に仕上げる

contents

第5章　素材を使いこなす

第6章　その他のテクニック

本書の使い方

本書では作例の使用イメージが膨らむように、1テーマごとに2ページで完成例とその作成方法、テーマを生かしたそのほかのアイデア例、適宜Tipsを掲載しています。

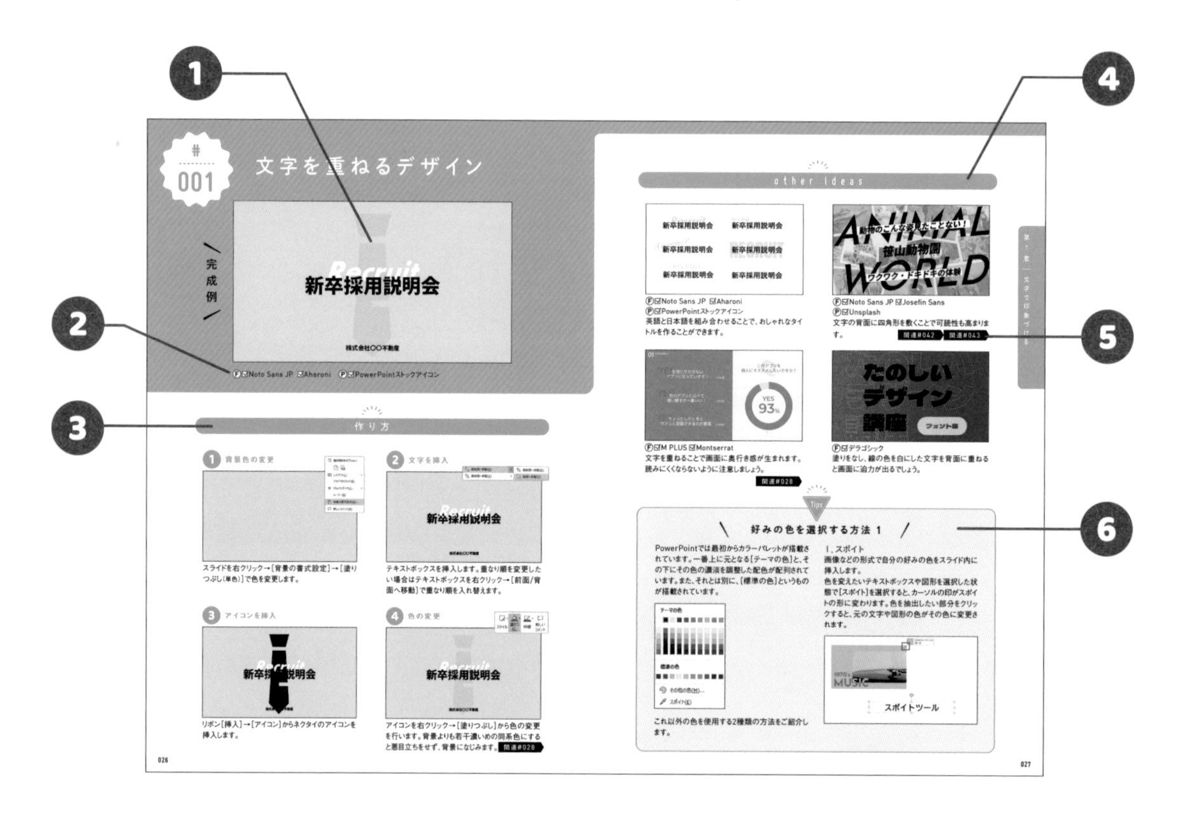

001
文字を重ねるデザイン

完成例

新卒採用説明会
株式会社〇〇不動産

Ⓕ☑Noto Sans JP ☑Aharoni Ⓟ☑PowerPointストックアイコン

作り方

1 背景色の変更
スライドを右クリック→[背景の書式設定]→[塗りつぶし(単色)]で色を変更します。

2 文字を挿入
テキストボックスを挿入します。重なり順を変更したい場合はテキストボックスを右クリック→[前面/背面へ移動]で重なり順を入れ替えます。

3 アイコンを挿入
リボン[挿入]→[アイコン]からネクタイのアイコンを挿入します。

4 色の変更
アイコンを右クリック→[塗りつぶし]から色の変更を行います。背景よりも若干濃いめの同系色にすると悪目立ちをせず、背景になじみます。 関連#028

026

other ideas

Ⓕ☑Noto Sans JP ☑Aharoni
Ⓟ☑PowerPointストックアイコン
英語と日本語を組み合わせることで、おしゃれなタイトルを作ることができます。

Ⓕ☑Noto Sans JP ☑Josefin Sans
Ⓟ☑Unsplash
文字の背面に四角形を敷くことで可読性も高まります。 関連#042 関連#043

Ⓕ☑M PLUS ☑Montserrat
文字を重ねることで画面に奥行き感が生まれます。読みにくくならないように注意しましょう。 関連#028

Ⓕ☑デラゴシック
塗りをなし、線の色を白にした文字を背面に重ねると画面に迫力が出るでしょう。

Tips

好みの色を選択する方法 1

PowerPointでは最初からカラーパレットが搭載されています。一番上に元となる[テーマの色]と、その下にその色の濃淡を調整した配色が配列されています。また、それとは別に、[標準の色]というものが搭載されています。

これ以外の色を使用する2種類の方法をご紹介します。

1、スポイト
画像などの形式で自分の好みの色をスライド内に挿入します。
色を変えたいテキストボックスや図形を選択した状態で[スポイト]を選択すると、カーソルの印がスポイトの形に変わります。色を抽出したい部分をクリックすると、元の文字や図形の色がその色に変更されます。

027

1 メイン作例

テーマをわかりやすく活用した作例の完成例を提案しています。

2 使用フォント・素材

Ⓕは作例で使用しているフォント(日本語→英語の順番で掲載しています)、Ⓟは作例で使用している素材(パーツ)を意味しています。

3 手順

完成例の作り方を手順を追って解説しています。

4 その他のアイデア

メインのほかにどのようなバリエーション案の提案ができるのか紹介しています。

5 関連

ほかの章で詳しく解説しているテクニックの関連テーマを紹介しています。

6 Tips

PowerPointを操作する際のコツやヒントを紹介しています。

PowerPointの画面構成

ここではPowerPointの画面構成と本書でよく使うツールを紹介しています。P.14以降は、本ページで紹介している「メニューバー」や「ドキュメントウィンドウ」などの各部の名称を使って解説しています。覚えておくと操作がスムーズになるので、ここで簡単に把握しておきましょう。

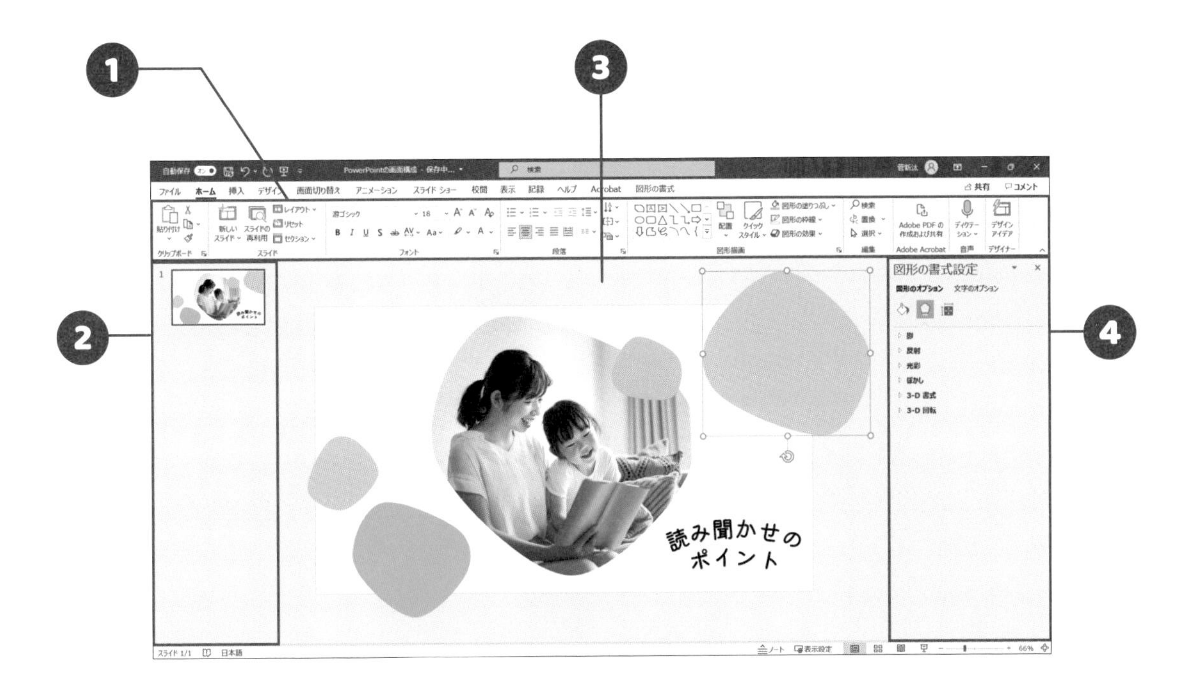

1 リボン

PowerPointで使えるさまざまな機能が並んでいます。本書では説明の簡略化のため、その上のタブと呼ばれる箇所（[ファイル][ホーム]などがあるエリア）についてもリボンとして説明しています。

2 サムネイルペイン

スライドのサムネイルが表示される領域です。

3 スライドペイン

本書の解説では主に、操作画面全体ではなく、実際にスライドショーで表示される領域のみを表示して説明しています。

4 作業ウィンドウ

[図形の書式設定][背景の書式設定][アニメーションウィンドウ][選択]の作業ウィンドウが表示されるエリアです。

サンプルデータのダウンロードについて

本書に付属しているダウンロードファイルには、「ショートカットキー練習ファイル」、#038で紹介している「パワポで使えるパターン10種類」および「動きのある作例の動画イメージ」の3種類があります。サンプルファイルは「pptdedesign.zip」というファイル名で、ZIP形式で圧縮されています。展開してご利用ください。

→ https://book.impress.co.jp/books/1120101154

本書の前提

- 本書掲載の画面などは、Microsoft 365をもととしています。Windows版、Mac版でキーなどが異なる場合は、それぞれ記載をしています。
- 本書に記載されている情報は、2021年9月時点のものです。
- 2021年10月、Windows 11とOffice 2021がリリースされました。そのため、リボンに表示されるツールとタブの名前や配置には違いがある可能性がありますが、その他の基本的な用語や機能に大きな差異はありません。最新版でも問題なく本書をご活用いただけます。
- 本書に掲載されているサンプルプログラムやスクリプト、および実行結果を記した画面イメージなどは、上記環境にて再現された一例です。
- 本書の内容に関して適用した結果生じたこと、また、適用できなかった結果について、著者および出版社ともに一切の責任を負えませんので、あらかじめご了承ください。
- 本書に記載されているウェブサイトなどは、予告なく変更されていることがあります。
- 本書に記載されている会社名、製品名、サービス名などは、一般に各社の商標または登録商標です。なお、本書では™、®、©マークを省略しています。

第0章

使いやすさUPのコツ

はじめに、制作をスムーズに行うためにあらかじめ知っておくと便利なPowerPointの操作のコツについて学んでいきましょう。

必ず設定したい クイックアクセスツールバー

クイックアクセスツールバーとは

クイックアクセスツールバー（以下ツールバー）とは、簡単にいうと「自分だけのオリジナルメニュー」です。PowerPointを操作する際によく使う機能をまとめることで、時短につながります。作業時間がぐっと短くなるのでぜひ設定してみてください！

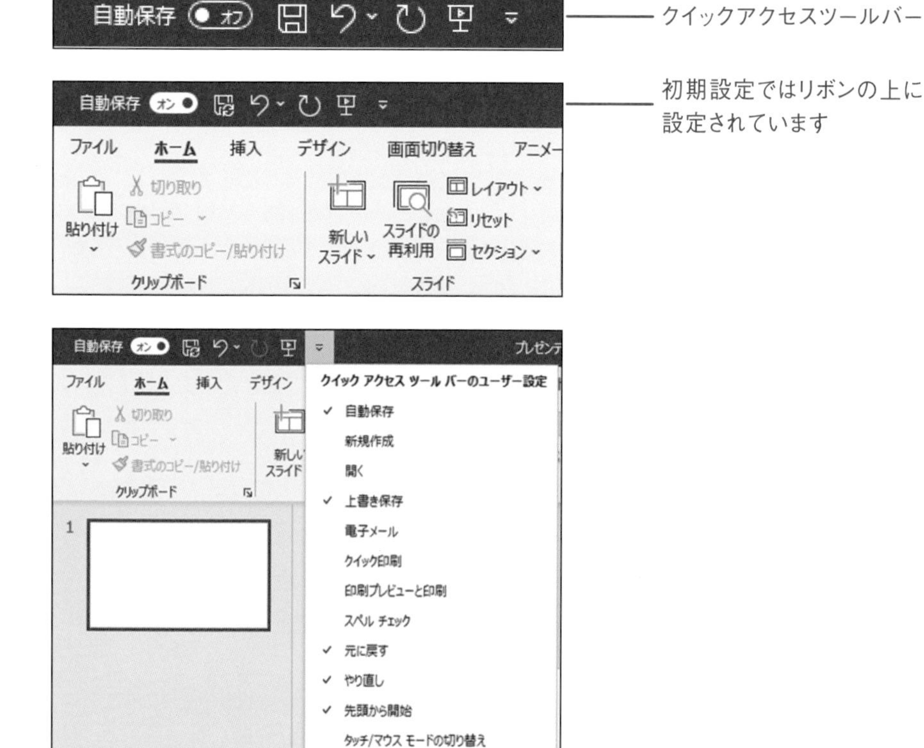

クイックアクセスツールバー

初期設定ではリボンの上に設定されています

初期設定ではクイックアクセスツールバーはリボンの上にありますが、上記の画像を参考に、[リボンの下に表示]を選択すると、ツールバーをリボンの下に持ってくることができます。これにより、よりマウスを動かす距離が減り、作業時間の短縮になります（Mac版PowerPointではこの操作を行うことができません）。

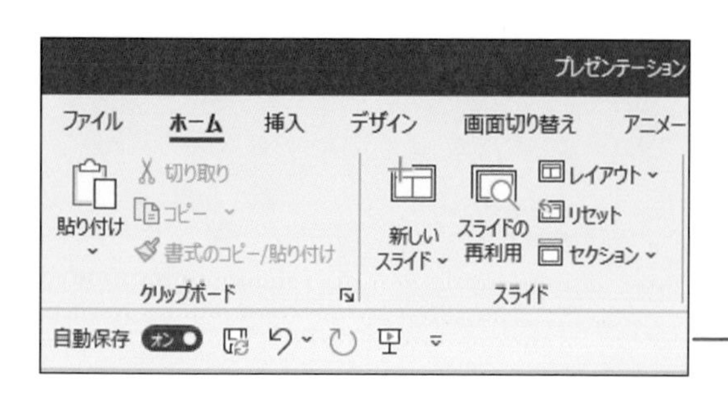

クイックアクセスツールバーがリボンの下に表示されました

クイックアクセスツールバーにコマンドを追加する方法①

よく使う機能のボタンを右クリックすると[クイックアクセスツールバーに追加]が表示され、クリックするとツールバーに追加されます。

1

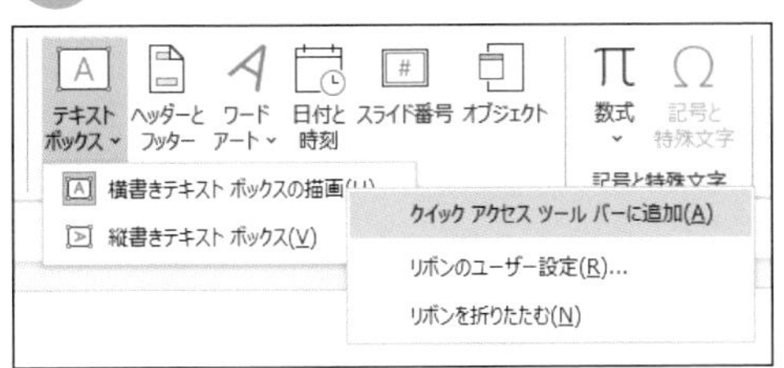

一例として、リボン[挿入]→[テキストボックス]→[横書きテキストボックスの描画]を右クリックします。

2

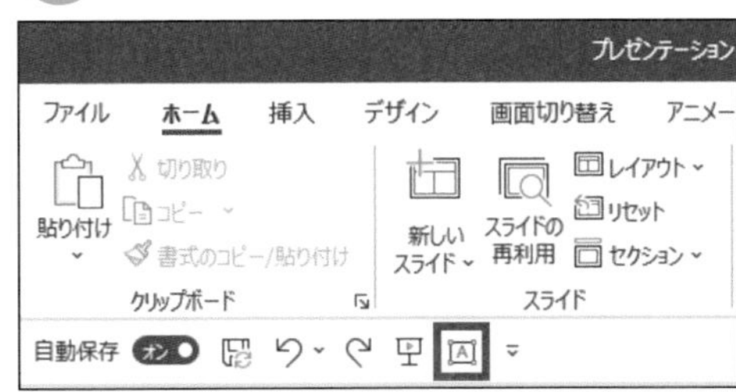

[クイックアクセスツールバーに追加]を選択すると、ツールバーに[横書きテキストボックスの描画]が追加されました。

クイックアクセスツールバーにコマンドを追加する方法②

1

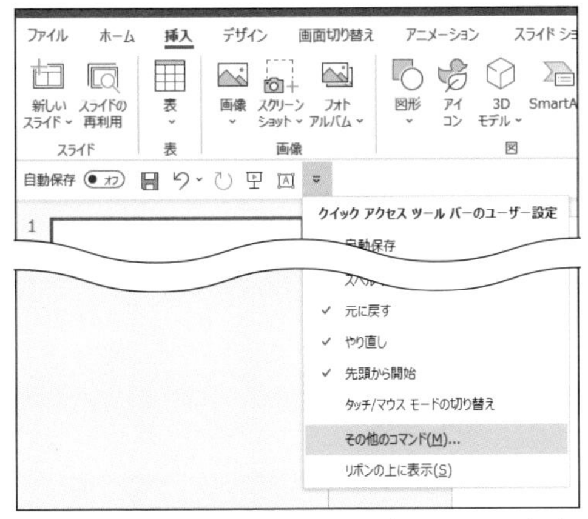

クイックアクセスツールバーの右にある下矢印[クイックアクセスツールバーのユーザー設定]から[その他のコマンド]を選択します。

2

[PowerPointのオプション]が表示されるので、お気に入りのコマンドを[追加]します。ツールバーの順番は[▲][▼]で入れ替えることができます。また[削除]により取り除くこともできます。

クイックアクセスツールバーは左から順にAlt→数字のショートカットキーに対応しているため、よく使うものは左側に並べると効果的です。例えば右図のツールバーの場合、一番左に横書きテキストボックスの描画を設定しているため、テキストボックスを挿入するときはマウスを触らなくても、Alt→1と入力するとスライドにテキストボックスが挿入されます(Mac版PowerPointではこの操作を行うことができません)。

テーマの配色&テーマのフォント

PowerPointではあらかじめテーマの色が設定されています。図形を挿入した際の塗りの色は、このテーマの色の左から5番目の青色と同じ色です。このテーマの色は変更することができます。

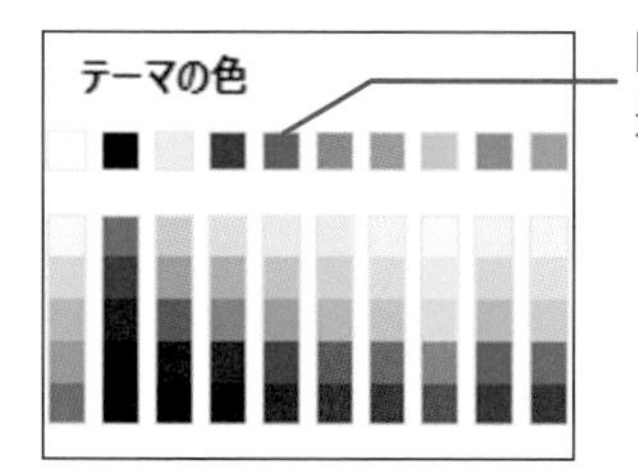

図形を挿入したときの最初の塗りの色

あらかじめ設定されている配色パターンから選ぶ

1

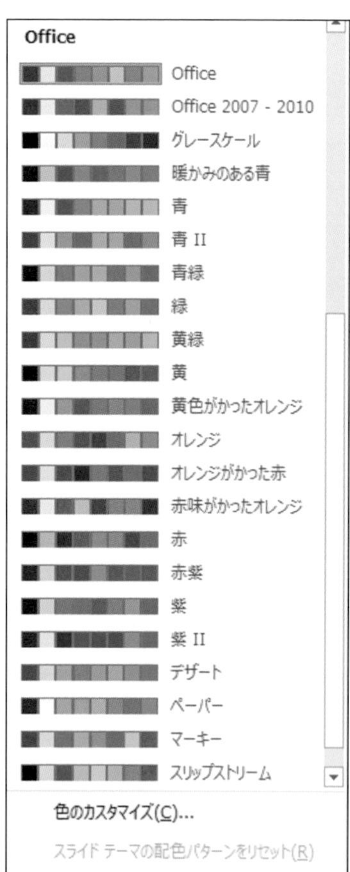

リボン[デザイン]→[バリエーション]の下矢印を選択すると、[配色]というコマンドが表示されます。さまざまな配色パターンがあるので、お好みの配色パターンを選んでください。

2

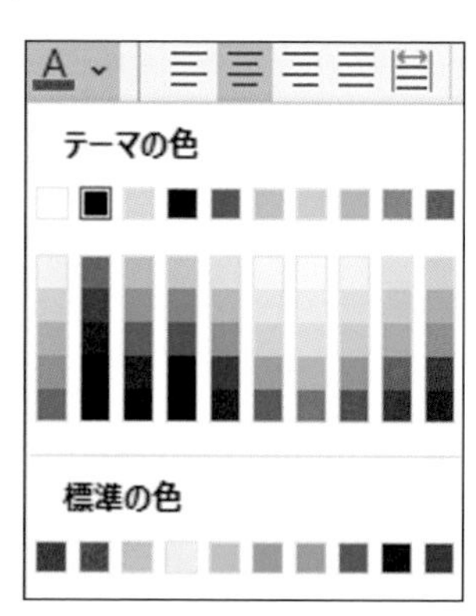

例えばこの中から[スリップストリーム]を選択すると、文字や図形の塗りつぶしの色を選択する際のカラーパレットが、このように変更されたことがわかります。

1色ずつ配色をカスタマイズする

1

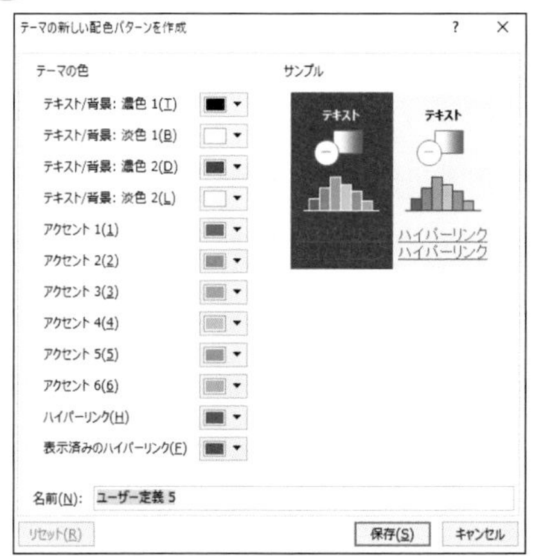

先ほどと同じように、[配色]コマンドから[色のカスタマイズ]を選択します。

2

アクセント 1(1)
アクセント 2(2)
アクセント 3(3)
アクセント 4(4)
アクセント 5(5)
アクセント 6(6)
ハイパーリンク(H)
表示済みのハイパーリンク(F)
テーマの色
標準の色
その他の色(M)...

ここではそれぞれの色を個別に選択することができます。[アクセント 1]を選び、[その他の色]を選択します。

3

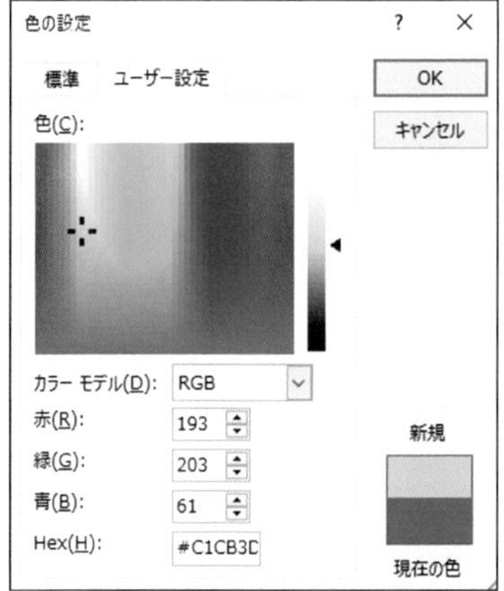

上のカラーの部分から直感的に選んでもよいですし、カラーコードを下の数値入力欄に打ち込んで色を指定してもかまいません。選択できたら[OK]をクリックします。

4

色を変更できたら、最後にテーマの色の名前を記入して保存をクリックします。そうすると、[配色]の一覧に自分が作成したテーマの色も表示されるので、必要なときに選択して使用してください。

※PowerPointを一度終了してもテーマの色は保存されたままになるので、ご安心ください。

こうしたカラーバリエーションもテーマの色を変えるだけで、一瞬で作ることができます。ただ、テーマの色以外の標準の色パレットや、スポイトツールで色を塗りつぶしていた場合は、テーマの配色と連動していないため自動で変更されません。なお、この作例は #051 をご覧ください。

テーマのフォント

紙面の都合上こちらは説明を省きますが、同じようにフォントも自分のお気に入りの組み合わせを選ぶことができます。[デザイン]→[バリエーション]の下矢印を選択すると、[フォント]というコマンドが表示されるので、一番下にある[フォントのカスタマイズ]から日本語フォントと英数字のフォントを個別に設定することができます。

[テーマのフォント]に選んだものは、フォントを選択する際に一番上に表示されます。こちらもテーマの配色同様、テーマのフォントから選んでいた場合、テーマのフォントを変更した際には自動的にすべてのフォントが置換されます。

ショートカットキー

ショートカットキーとはマウスを使うことなく、キーボードの特定のキーを組み合わせることで、指定の操作を行うことができる機能です。マウスを動かす必要がなく作業時間の短縮と腕への負担がなくなるため、よく使うものは覚えておくとよいでしょう。

まず覚えたいショートカットキー

Ctrl（⌘）＋X　（テキストやオブジェクトの）切り取り

Ctrl（⌘）＋C　（テキストやオブジェクトの）コピー

Ctrl（⌘）＋V　（テキストやオブジェクトの）貼り付け

基本のショートカットキーです。

Ctrl（⌘）＋S　上書き保存（Save）

データが消えてしまわないようにこまめに押す癖をつけましょう。

Ctrl（⌘）＋Z　元に戻す

操作を間違えた場合は、このショートカットキーで1つ前の手順に戻ります。

Ctrl（⌘）＋B・I・U　太字（Bold）・斜体（Itaric）・下線（Under）

Ctrl（⌘）＋L・E・R　左揃え（Left）・中央揃え（cEnter）・右揃え（Right）

テキストボックスの操作の際に活躍するショートカットキーです。

Ctrl（⌘＋option）＋G　グループ化（Group）

オブジェクトを複数選択した状態でこのキーを押すと、グループ化されて一度に動かすことができます。解除する場合はCtrl（⌘＋option）＋Shift＋Gを押します。

これらのショートカットキーを含め、その他さまざまなショートカットキーを実際に手を動かして学べるPowerPointファイルをこちらからダウンロードできます。

→ https://book.impress.co.jp/books/1120101154

スライドマスター

スライドマスターとは

スライドマスターとは、簡単にいうと複数のスライドに一度に同じデザインを反映させることができる機能です。スライドマスターを活用することで、きれいなスライドを作ることができ、また作業スピードも向上します。使い方を説明する前に、スライドマスターとスライドの関係性を図に表すとこのようになります。

このようにPowerPointは3層構造になっており、スライドマスターに加えたものはすべてのレイアウトに反映され、レイアウトに加えたものは、そのレイアウトを適用したスライドに反映される仕組みになっています。ここでは一番基本的な使い方をご紹介します。

スライドマスターのキホン

1

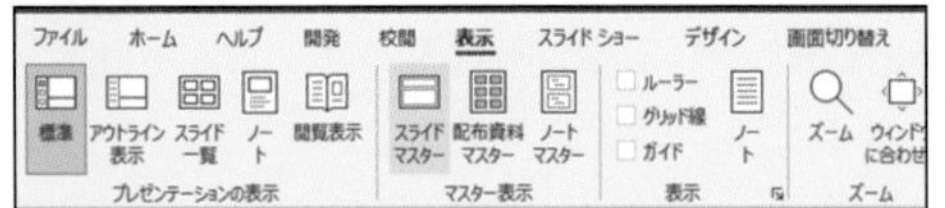

リボン[表示]→[スライドマスター]をクリックすると、スライドマスター編集画面に移行します。

2

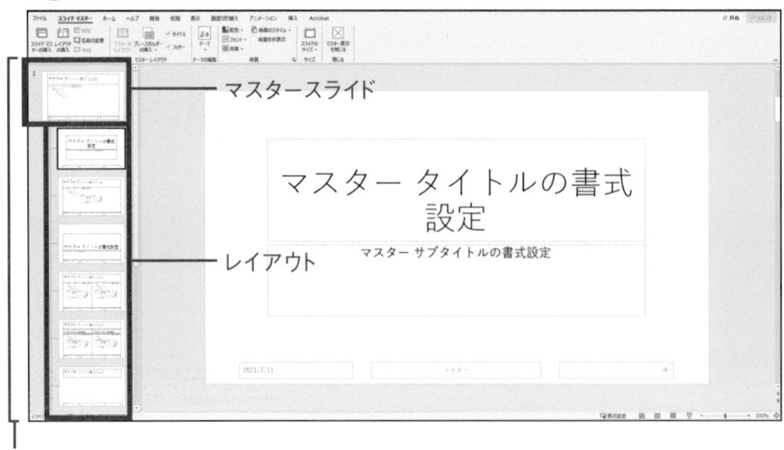

スライドマスターの初期画面はこのようになっています。一番上の1枚を[マスタースライド]、そこから下に連なるものを[レイアウト]といい、これらを合わせて[スライドマスター]と呼びます。また、左側の囲っている部分にあるスライドを[サムネイル]といいます。

3

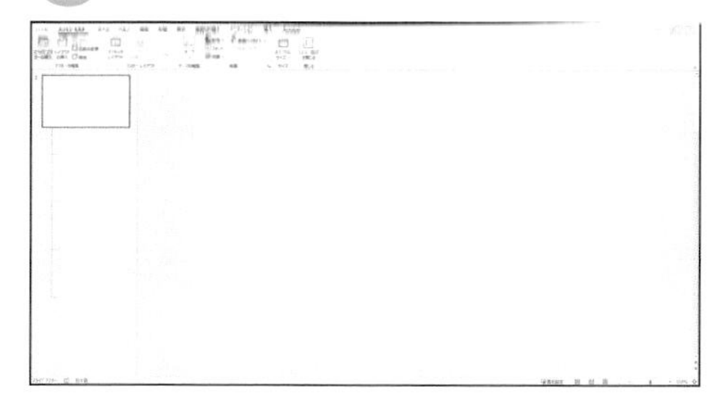

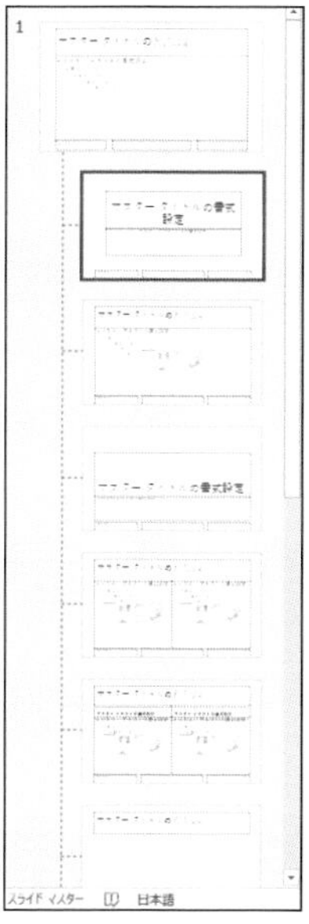

初期設定では、1つのマスタースライドと11種類のレイアウトが設定されています。ここでは例として4種類のレイアウトを作成するので、7つのレイアウトを削除し、わかりやすいように各レイアウト／マスタースライドのプレースホルダーと呼ばれるものを削除して白紙にします。

4

「LOGO」という文字をマスタースライドに挿入すると、自動的に4つのレイアウトにも同じ位置に「LOGO」という文字が挿入されたのがわかります。また、4つのレイアウトでは「LOGO」の文字は動かすことができないことも確認してください。

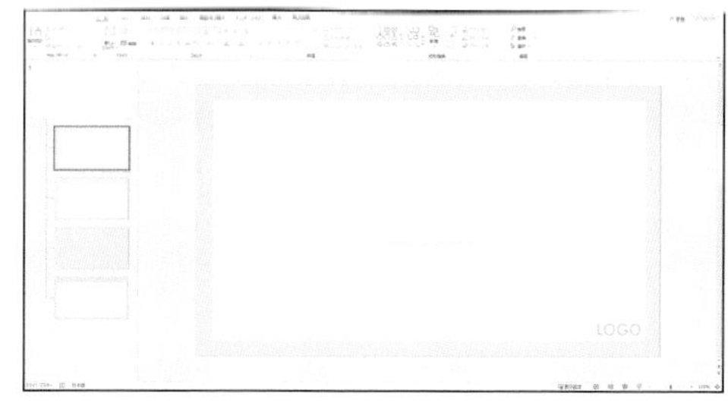

各レイアウトに図形を配置して、異なるレイアウトを作成します。3枚目のレイアウトは上から黄緑の長方形をかぶせているため、「LOGO」が隠れていますが、消えているわけではありません。

レイアウト(L)
スライドのリセット(R)
背景の書式設定(B)...
フォト アルバムの書式設定(P)...
非表示スライドに設定(H)
このスライドへのリンク(K)
新しいコメント(M)
Office テーマ
タイトル スライド
1_タイトル スライド
2_タイトル スライド
3_タイトル スライド

リボン[スライドマスター]→[マスター表示を閉じる]をクリックして、スライドマスターを閉じます。通常の編集画面でサムネイルを右クリック→[レイアウト]から目的のレイアウトを選択すると、スライドマスターで作成したレイアウトを選択することができます。

スライドマスターに配置されたオブジェクトは触ることができません。スライドマスター機能はこのほかにもありますが、ここではPowerPointはスライド・レイアウト・マスタースライドの3層構造になっていることを理解いただければと思います。

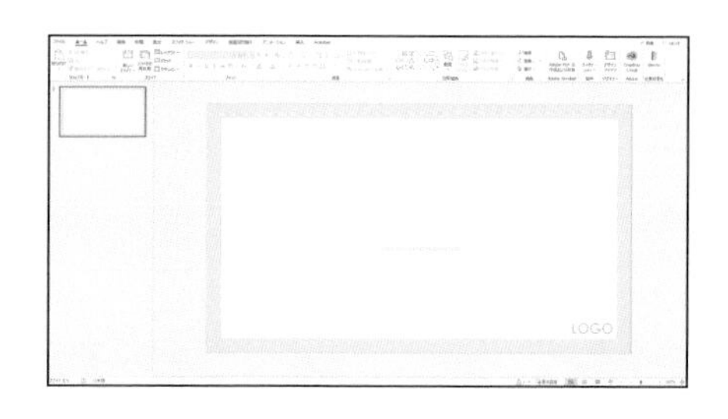

オブジェクトの配置

PowerPointを操作していると、図形や画像の重なり順を変更したい場合が出てきます。ここは重なり順の変更や配置の仕方を紹介します。なお、この作例は #052 をご覧ください。

図形の重なり順を変更する

1

図形を選択した状態で右クリック→［最前面/前面へ移動］or「最背面/背面へ移動］を選択することで、重なり順を変更することができます。

2

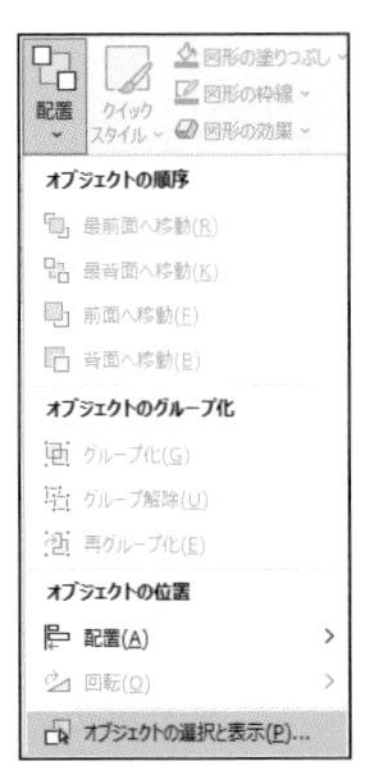

また、リボン［ホーム］→［配置］→［オブジェクトの選択と表示］を選択すると、画面右側に作業ウィンドウが表示されます。

3

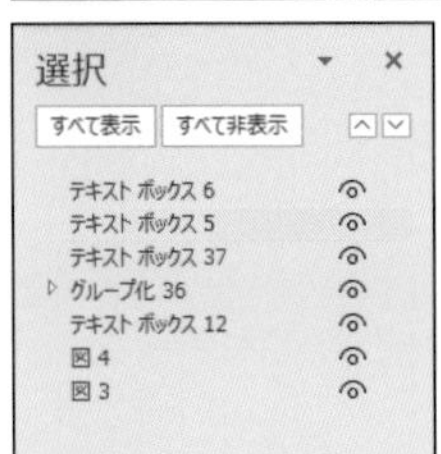

このスライドの［オブジェクトの選択と表示］ウィンドウを見てみます。このままではどれがどのオブジェクトかわかりにくいため、ダブルクリックをしてオブジェクト名を入力します。

4

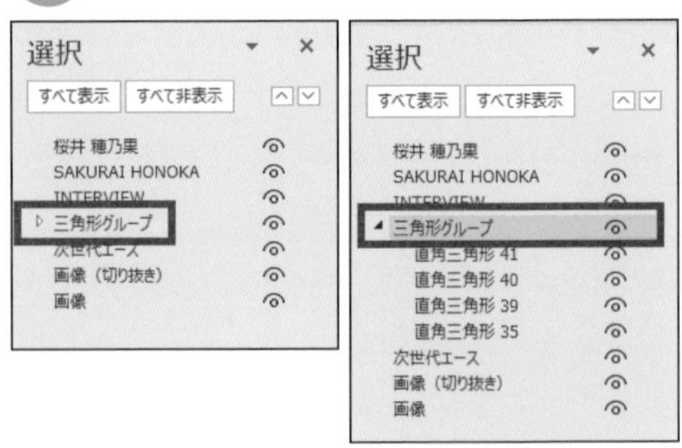

白い三角形をクリックすると、グループ化されたオブジェクトが1つ下の階層として表示されます。再度黒い三角形をクリックすると左の表示に戻ります。

表示する順番はドラッグで入れ替えることができます。[桜井 穂乃果]と[SAKURAI HONOKA]を[画像(切り抜き)]の下側にドラッグして移動すると、画像の裏側に文字が潜り込むようになりました。

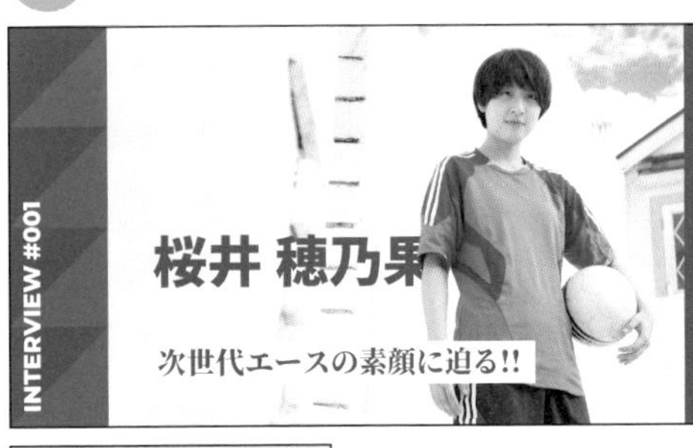

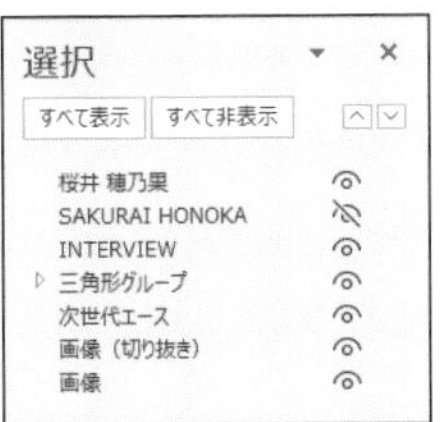

各オブジェクトの名称の右側にある目のマークをクリックすることで[表示/非表示]を切り替えることができます。[SAKURAI HONOKA]を非表示にしてみると一時的に見えなくなったのがわかります。オブジェクト数が増えた際にはこのウィンドウを開いて作業をすると便利です。

本書で扱うデザインには多くのオブジェクトが重なるものもありますので、その際にはこのウィンドウを開いて作業してください。

Mac版PowerPointの場合は、オブジェクトを右クリック→[オブジェクトの並び替え]を選択すると独自のインターフェースが開き、ドラッグにより直感的に重なり順を変えることができます。

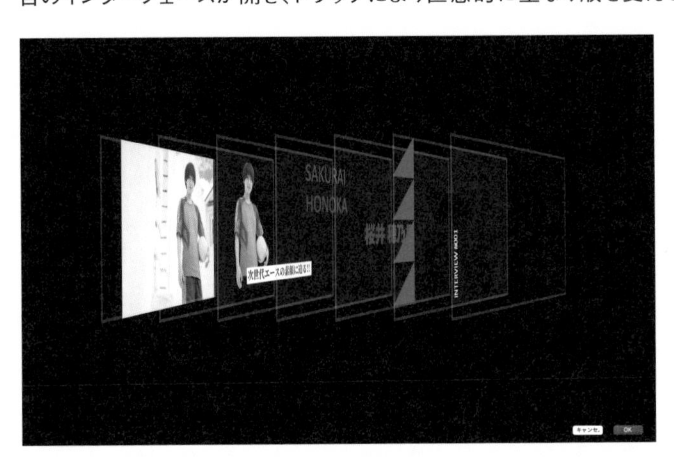

フリーフォントを導入する

本書ではWindows 10、Officeに標準搭載されているフォントおよびフリー(商用可)でダウンロードできるフォントを使用しています。
ここではGoogle Fontsで提供されているフォントのダウンロード方法についてご紹介します。ダウンロード方法はいたってシンプルです。

①Google Fontsのページを開く

Google Fonts(https://fonts.google.com/)にアクセスし、目的のフォントを探します。[Language]から[Japanese]を選択すると、日本語フォントのみ抽出されます。

②フォントのダウンロード

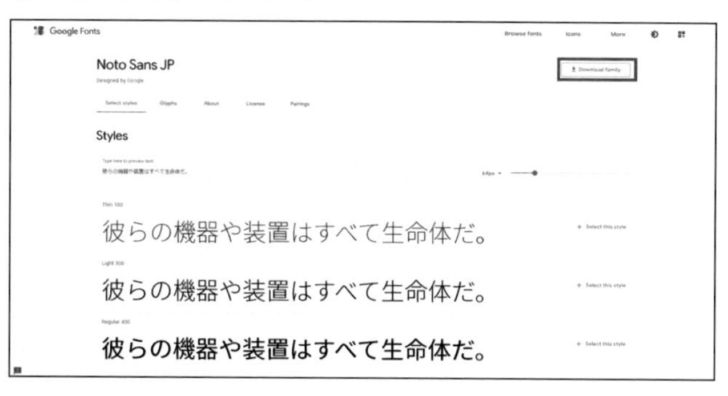

画面右上にある[Download Family]をクリックすると、[Styles]に表示されているフォントのバリエーションがすべて入ったzipファイルがダウンロードされます。

③フォントのインストール

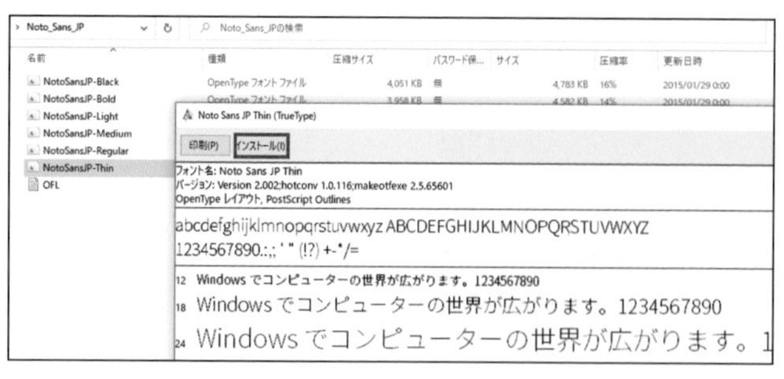

zipファイルをダブルクリック等で解凍すると、フォルダが生成されます。フォルダを開くと、フォントのファイルがあるので、開きます。そうすると、フォントを確認できるので、[インストール]をクリックします。

④再起動する

フォントをインストールしたら、パソコンを再起動します。PowerPointを開きテキストボックスを挿入し、フォントリストを見るとフォントが追加されていることがわかります(PowerPoint以外でも使用できます)。ぜひ、フォントをダウンロードしてより多彩な表現を試してみてください。

第1章

文字で印象づける

文字は、ただテキストボックスを挿入して入力するだけのものではありません。文字にさまざまな工夫をすることで、魅力的なスライドを作成することができます。

文字を重ねるデザイン

完成例

Recruit
新卒採用説明会
株式会社〇〇不動産

Ⓕ☑Noto Sans JP ☑Aharoni Ⓟ☑PowerPointストックアイコン

作り方

1 背景色の変更

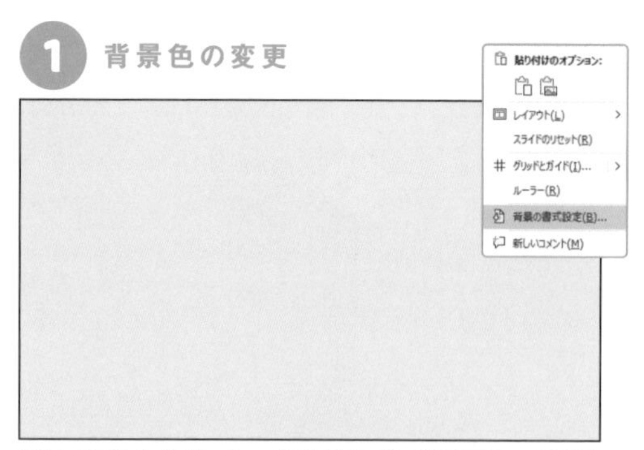

スライドを右クリック→［背景の書式設定］→［塗りつぶし(単色)］で色を変更します。

2 文字を挿入

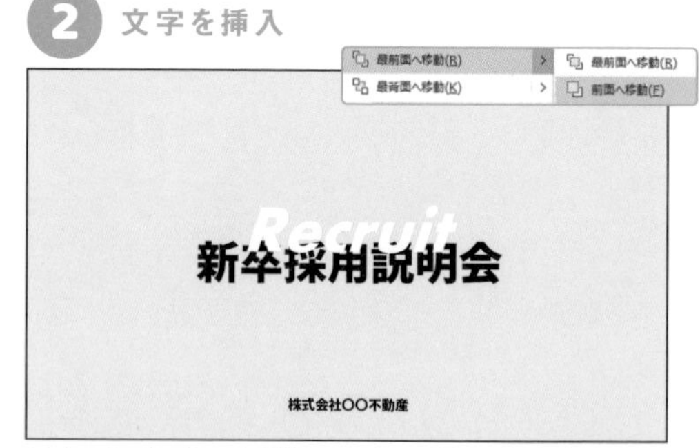

テキストボックスを挿入します。重なり順を変更したい場合はテキストボックスを右クリック→［前面/背面へ移動］で重なり順を入れ替えます。

3 アイコンを挿入

リボン［挿入］→［アイコン］からネクタイのアイコンを挿入します。

4 色の変更

アイコンを右クリック→［塗りつぶし］から色の変更を行います。背景よりも若干濃いめの同系色にすると悪目立ちをせず、背景になじみます。関連#028

other Ideas

Ⓕ☑Noto Sans JP ☑Josefin Sans
Ⓟ☑Unsplash
文字の背面に四角形を敷くことで可読性も高まります。 関連#042 関連#043

新卒採用説明会　新卒採用説明会
新卒採用説明会　新卒採用説明会
新卒採用説明会　新卒採用説明会

英語と日本語を組み合わせることで、おしゃれなタイトルを作ることができます。

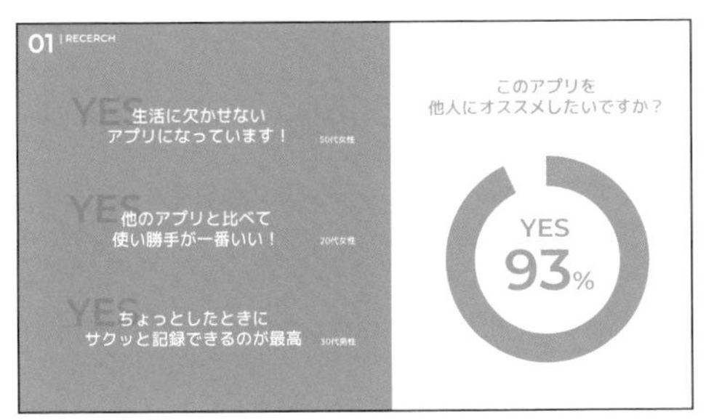

Ⓕ☑M PLUS ☑Montserrat
文字を重ねることで画面に奥行き感が生まれます。読みにくくならないように注意しましょう。
関連#028

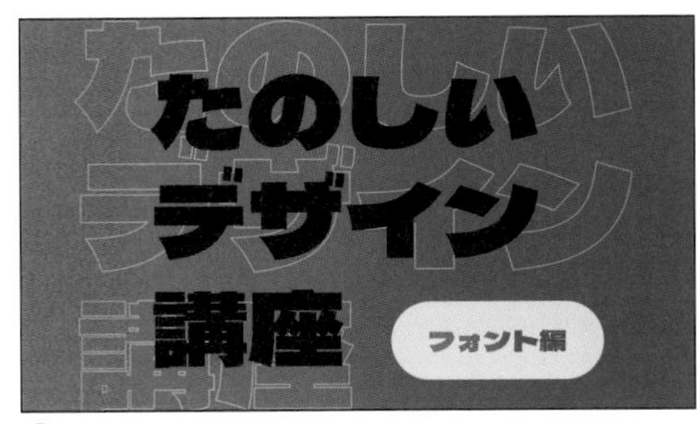

Ⓕ☑デラゴシック
塗りをなし、線の色を白にした文字を背面に重ねると画面に迫力が出るでしょう。

Tips

好みの色を選択する方法 1

PowerPointでは最初からカラーパレットが搭載されています。一番上に元となる[テーマの色]と、その下にその色の濃淡を調整した配色が配列されています。また、それとは別に、[標準の色]というものが搭載されています。

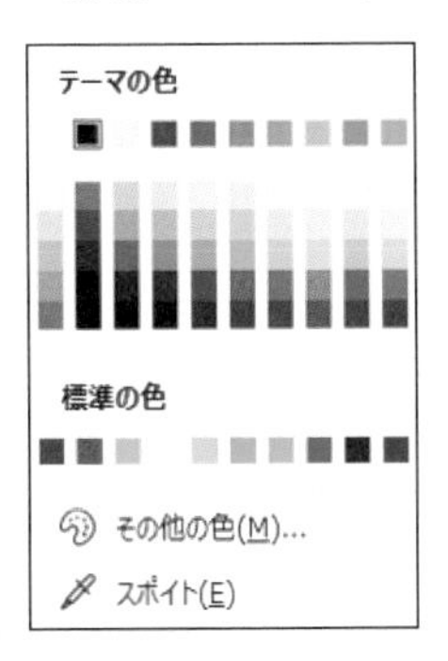

これ以外の色を使用する2種類の方法をご紹介します。

1.スポイト
画像などの形式で自分の好みの色をスライド内に挿入します。
色を変えたいテキストボックスや図形を選択した状態で[スポイト]を選択すると、カーソルの印がスポイトの形に変わります。色を抽出したい部分をクリックすると、元の文字や図形の色がその色に変更されます。

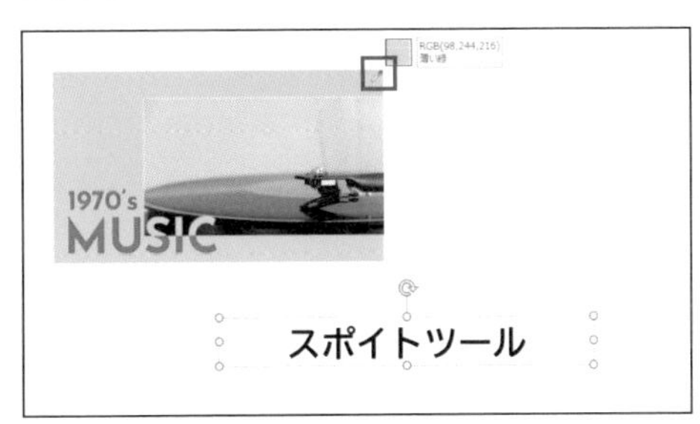

グラデーション文字

完成例

U-18 プログラミングコンテスト
PROGRAMMING CONTEST

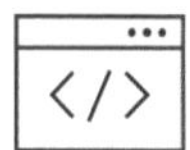

U-18 プログラミングコンテスト実行委員会

Ⓕ☑Noto Sans JP ☑Eras Ⓟ☑PowerPointストックアイコン

作り方

1 文字を挿入

PROGRAMMING CONTEST

テキストボックスを挿入・文字を入力し右クリック→[図形の書式設定]→[文字のオプション]→[塗りつぶし(グラデーション)]を選択します。

2 文字をグラデーションに

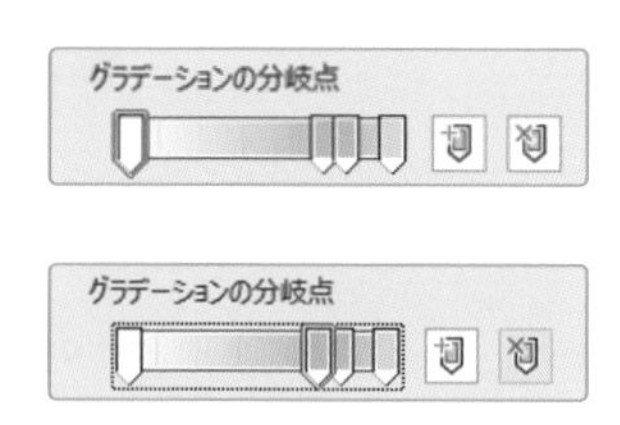

[グラデーションの分岐点]の4つあるつまみのうち、真ん中の2つを選択し、つまみの右側にある[グラデーションの分岐点を削除します]をクリックして分岐点を削除します。

3 カラーコードを入力

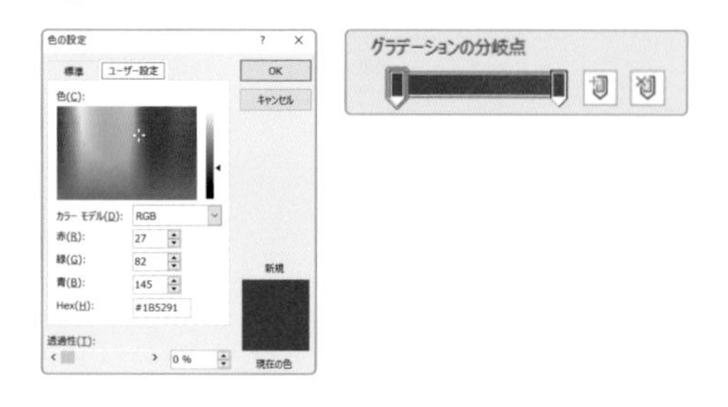

左側のつまみを選択し、[色]→[その他の色]→[ユーザー設定]から[Hex]の欄に[#1B5291]と入力します(右側のつまみは[#D5236D])。

4 グラデーションの方向を決める

グラデーションの[方向]を[右方向]にして文字部分のグラデーションは完成です。

5 文字・図形を挿入

U-18 プログラミングコンテスト
PROGRAMMING CONTEST

文字と長方形を挿入します。図形を右クリック→［図形の書式設定］→［図形のオプション］から文字のときと同様の方法で塗りをグラデーションにします。

6 アイコンを挿入

図形に変換(C)

U-18 プログラミングコンテスト
PROGRAMMING CONTEST

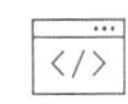

PowerPointのストックアイコンはそのままではグラデーションを適用することはできません。アイコンを右クリック→［図形に変換］をしてから、同様の手順を踏むとグラデーションを適用することができます。

関連#058

other Ideas

Ⓕ☑Noto Sans JP ☑Eras Ⓟ☑Unsplash
白い角丸四角形の輪郭は線ではなく、［図形の書式設定］→［光彩］を設定しています。関連#005

Ⓕ☑Noto Sans JP ☑Eras Ⓟ☑Unsplash
ポイントとなる数字やメッセージにグラデーションの文字を使うと目を引きます。文字部分は読みやすいように光彩をつけています。

関連#005

Tips

好みの色を選択する方法 2

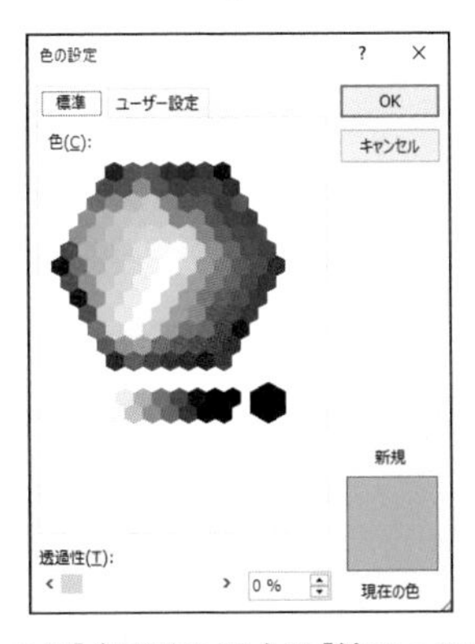

［その他の色］（図形の場合は［塗りつぶしの色］）から自分の理想とする色を選ぶことも可能です。［標準］から色を選んでもよいですし、より詳細に色を選びたい場合は［ユーザー設定］を選択します。

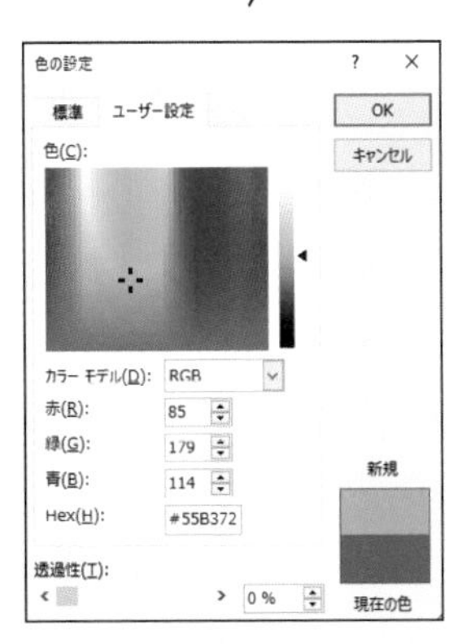

現在の色と新規の色を見比べて理想の色を設定しましょう。［色］パレットから直感的に選ぶことも、下の数値を入力するところから色を指定することもできます。

#003 文字＋図形でフレーズを強調

完成例

あおぞら電工の目指す社会 01

Building the future of Japan

未来を拓く。

品質の良いサービス提供するために、
日々技術を工夫し続けます。

Ⓕ☑游ゴシック ☑Arial Ⓟ☑Unsplash

作り方

1 文字・画像を挿入

VISIONのテキストボックスを右クリック→［図形の書式設定］→［文字のオプション］→［塗りつぶし（グラデーション）］を選択します。水色から青色になるようにグラデーションを設定しましょう。 関連#002

2 図形をグラデーションに

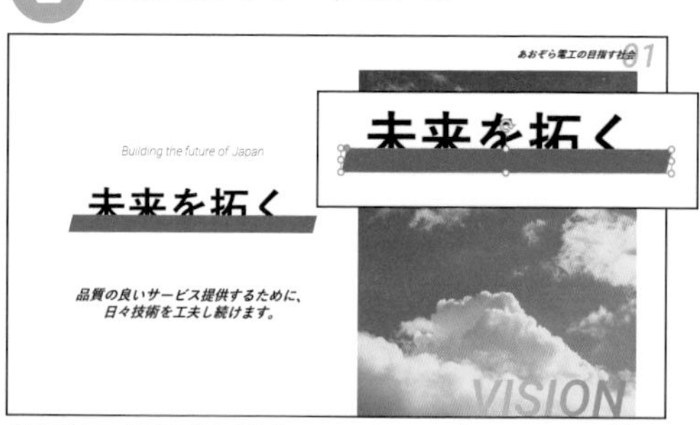

［平行四辺形］を挿入し、テキストボックスと同様の方法で塗りをグラデーションに、線の塗りはなしにします。さらに右クリック→［最背面へ移動］します。

3 タイトルをさらに一工夫

平行四辺形：線（後）＋背景と同じ色で塗りつぶしたテキストボックス（前）の順番で重ねるとおしゃれなタイトルの出来上がりです。

4 見切れたように見せるポイント

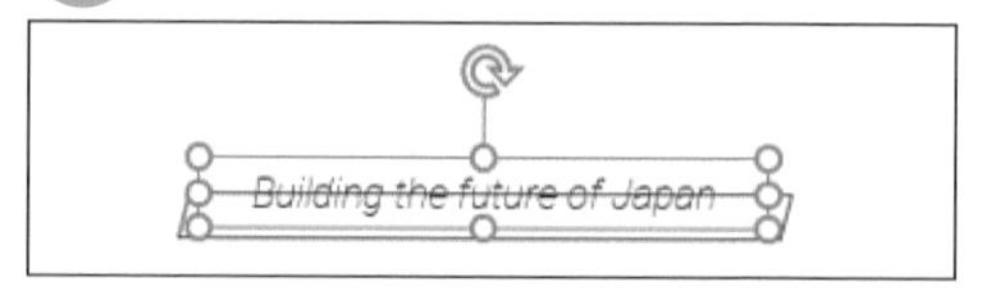

Building the future of Japan

拡大して見てみましょう。テキストボックスを背景と同じ色に塗っても、文字と平行四辺形の間に白い長方形を挟んでもよいです。

other Ideas

未来志向を貫く。 未来志向を貫く。
未来志向を貫く。 未来志向を貫く。
未来志向を貫く。 未来志向を貫く。
未来志向を貫く。 ＼未来志向を貫く。／

さまざまな文字＋図形でフレーズを強調するアイデアです。ほかのページでもいろいろな方法を掲載していますので参考にしてみてください。

Ⓕ☑キウイ丸 ☑Quicksand Ⓟ☑PowerPointストック画像
黄色い文字の上に少しずらして塗りなし・線ありの文字を重ねると、かわいらしい雰囲気になります。三角形を3つ並べると数字をさりげなく強調できます。

Tips

＼ 文字間を変更する ／

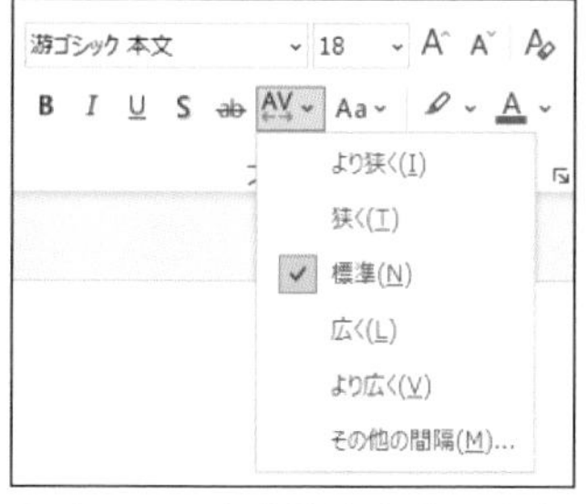

PowerPointでは文字間を自由に変えることができます。テキストボックスを選択した状態でリボン[ホーム]→[フォント]→[文字の間隔]をクリックします。するとより狭くからより広くまで、5段階で文字間を変更することができます。

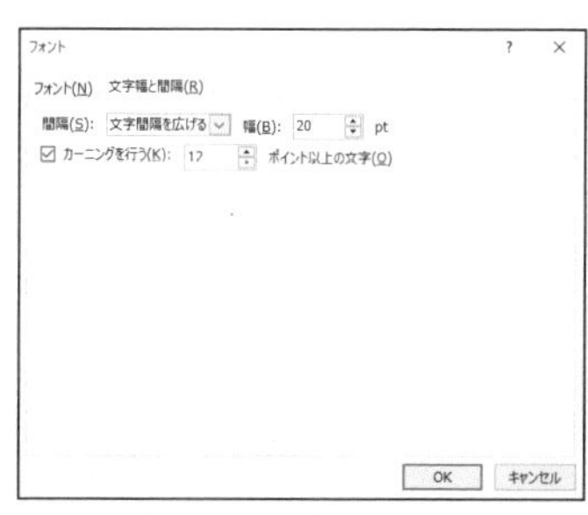

また[その他の間隔]を選択すると、より細かく数値設定ができます。

Ⓕ☑游明朝 ☑Castellar Ⓟ☑Unsplash
何も文字間を調整しない場合は、このように文字が窮屈になっています。

[その他の間隔]から[幅]を20ptにして広げました。元と比べて、文字にゆとりがあり上品な感じが増しました。このようにキャッチコピーやメッセージなどでは文字間を広げることで印象的に見せることができます。

自由自在に文字を配置する

完成例

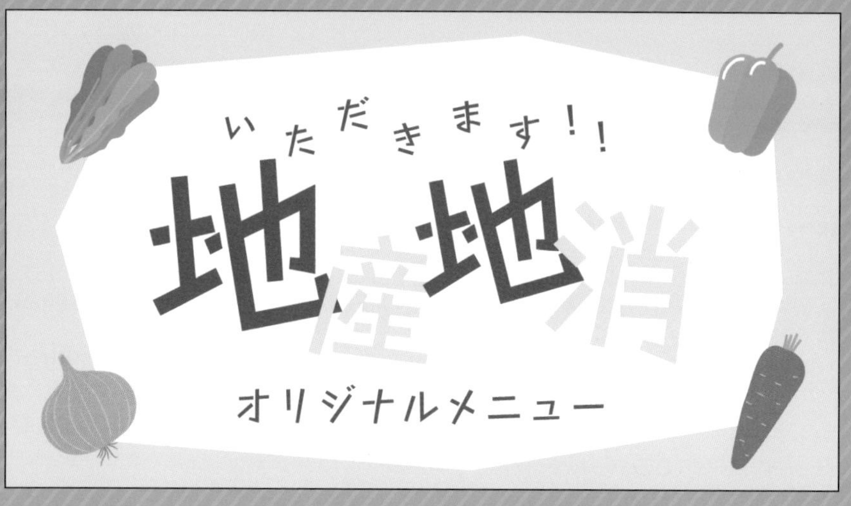

Ⓕ☑スティック　Ⓟ☑時短だ

作り方

1 ランダムに文字を配置

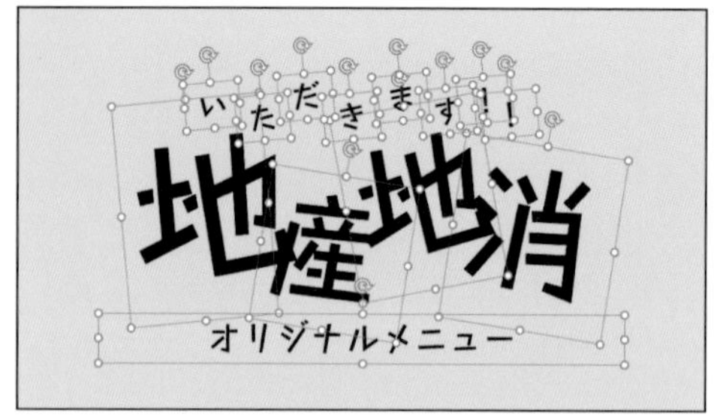

1つのテキストボックスに1文字ずつ入力してばらばらに配置します。回転させたいときは輪になっている矢印を押しながらマウスをドラッグさせます。さらに、スライド背景を黄緑色にします。

2 図形を挿入

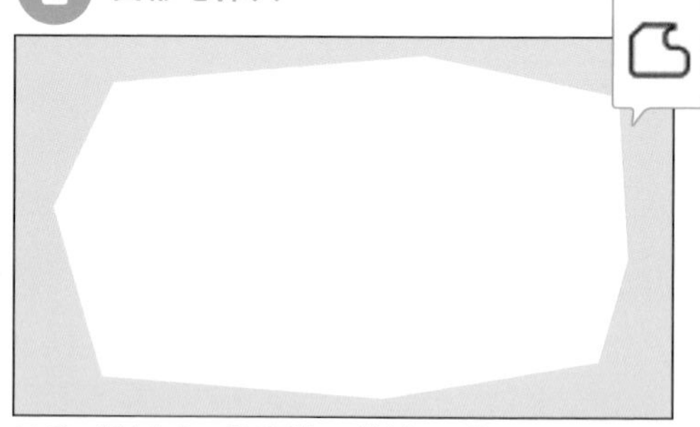

リボン［挿入］→［図形］→［線］から［フリーフォーム：図形］を選び、文字を囲むようにクリックして図形を作成します。最初にクリックしたところにカーソルを近づけて再度クリックすると図形が囲まれて完成します。

関連#034

3 タイトルをさらに一工夫

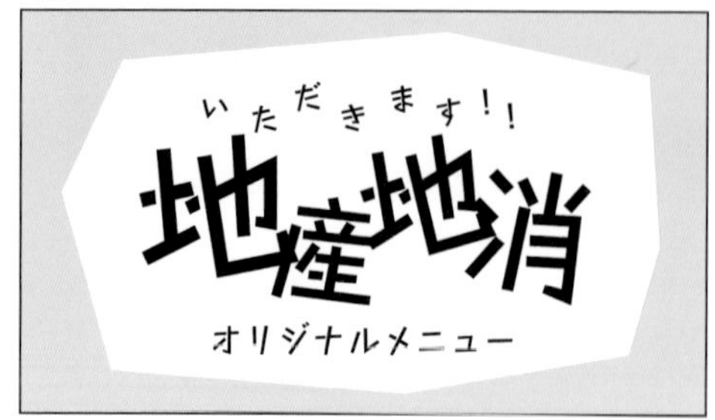

図形を右クリック→［最背面に移動］を選択して重なり順を入れ替えます。

4 図形・イラストを挿入

文字の色を変更し、イラストを挿入して完成です。

other Ideas

日付もただテキストボックスに打ち込むだけでなく、文字と図形を組み合わせて作ることで目を引くデザインになります。

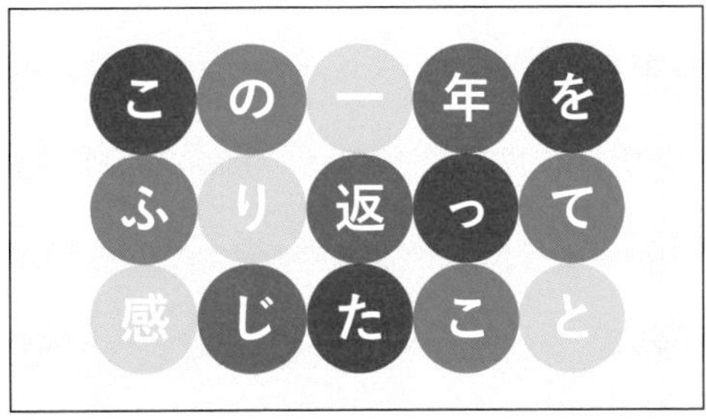

Ⓕ☑游ゴシック
文字を1文字ずつ円で囲むとポップな感じになりますね。色選びも工夫してみましょう。

拡大・縮小のコツ

ここでは図形の拡大・縮小の基本を押さえながら、時短の方法を紹介します。

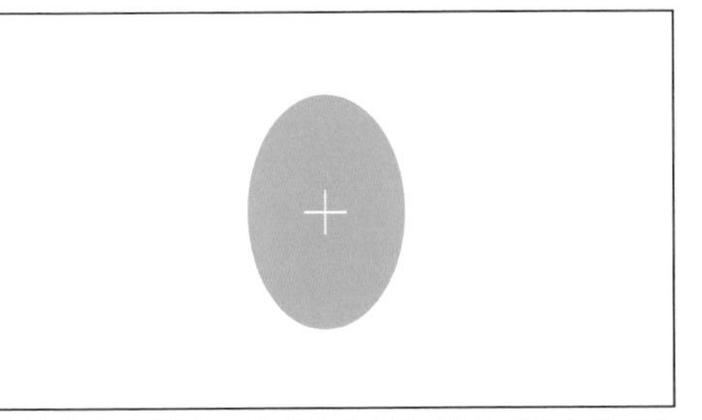

Ctrl（control）キーを押しながら拡大・縮小をすると、図形の中心を基準に拡大・縮小されます（白い十字は元の円の中心点を表しています）。

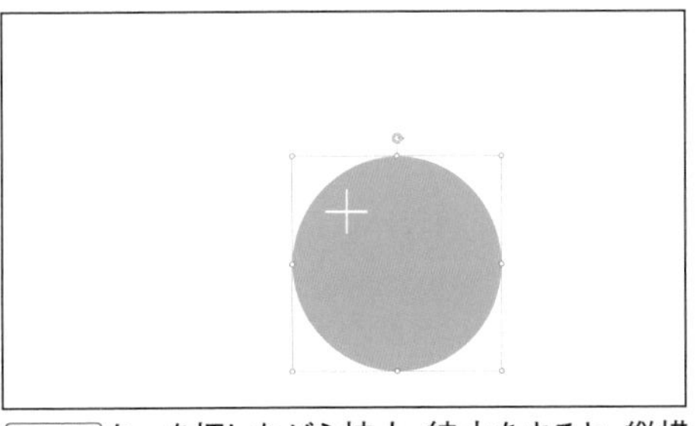

Shift キーを押しながら拡大・縮小をすると、縦横比が固定されたまま拡大・縮小されます。

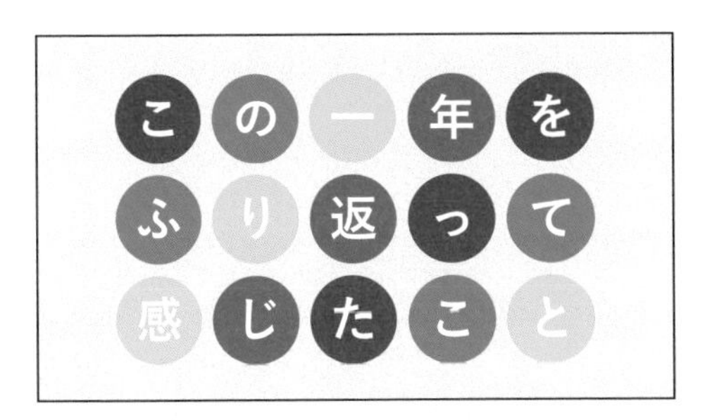

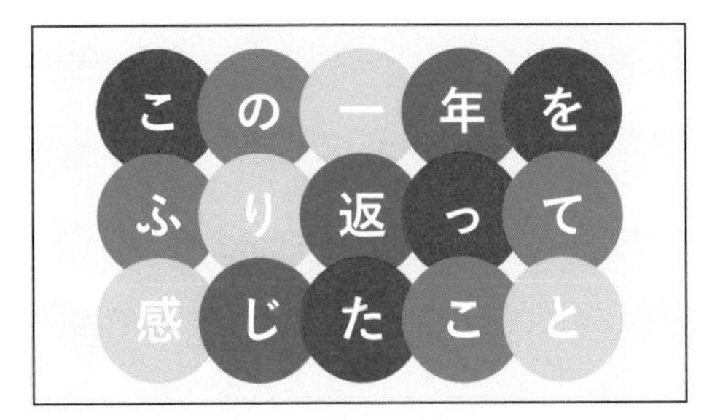

これらは同時押しをすることも可能なため、すべての円を選択した状態で、Ctrl（control）キーおよび Shift キーの両方を押しながらどれか1つの円を拡大・縮小すると、選択したすべての円が連動して拡大・縮小されます。この方法により一瞬で円を小さくしたバージョン（左）も、逆に円を大きくしたバージョン（右）も作れます。それぞれの位置は移動したくないけれど、全体的に図形を小さくしたい（大きくしたい）ときに、このテクニックを知っていると知らないでは大きな違いになるので覚えておきましょう。

いろいろな文字の効果

完成例

Ⓕ☑游ゴシック　Ⓟ☑ぱくたそ

作り方

1 画像を挿入

画像を挿入し、白色で文字を入れます。黒文字より読みやすいですが、もう少し工夫をしたいです。

2 光彩の適用

文字を右クリック→［図形の書式設定］→［文字のオプション］→［文字の効果］→［光彩］から黒色を選びます。［サイズ］を9pt、［透明度］を54%にします。

3 図形の挿入

［台形］を挿入し、右クリック→［頂点の編集］から頂点を追加・移動させ図形を作成します。

関連#035

4 光彩の適用

外側の五角形の枠にも同様に［光彩］を適用します。

other Ideas

文字の効果には[光彩]のほかにも[影][反射][ぼかし][3-D 書式][3-D 回転]がありますが、ここではそのうちのいくつかについて紹介します(これらの効果は図形にも適用できます)。

影

Ⓕ☑M PLUS Rounded

普通に影として使うこともできますが、設定から[ぼかし]を0ptにすることで、文字をずらしたようなデザインにすることができます。

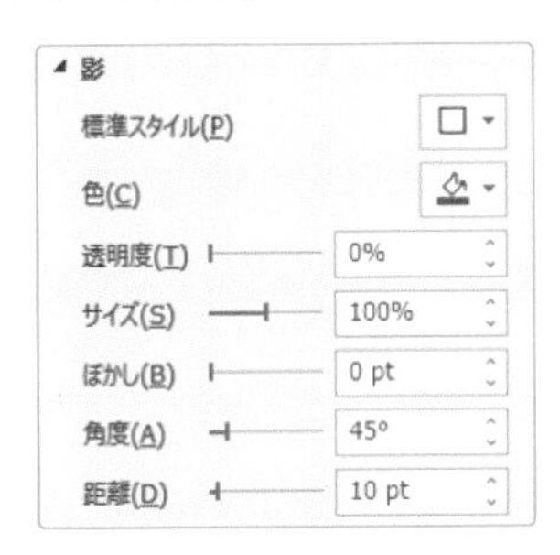

もちろん同じテキストボックスを2つ挿入してずらしてもよいですが、文字を変更する際に両方打ち直す必要があることを考えると、こちらのほうが手間が少なくなります。

反射

Ⓕ☑游明朝 Ⓟ☑シルエットデザイン

反射
標準スタイル(P)
透明度(T) 0%
サイズ(S) 37%
ぼかし(B) 5 pt
距離(D) 2 pt

反射の位置に背景のグラデーションを合わせると、より一体感が出ます。

3D

Ⓕ☑デラゴシック Ⓟ☑時短だ

以下の設定にすると、飛び出たような文字を表現することが可能です。

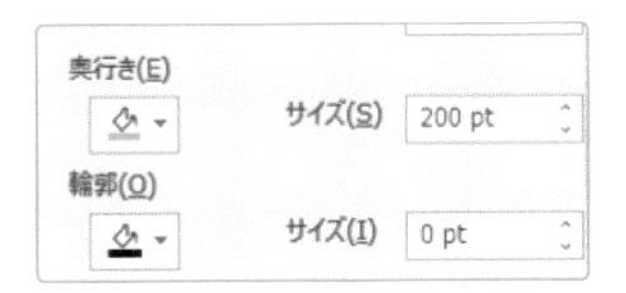

[奥行き]→[サイズ]200pt、[色]背景より明るい緑

[輪郭]→[サイズ]0pt(なし)

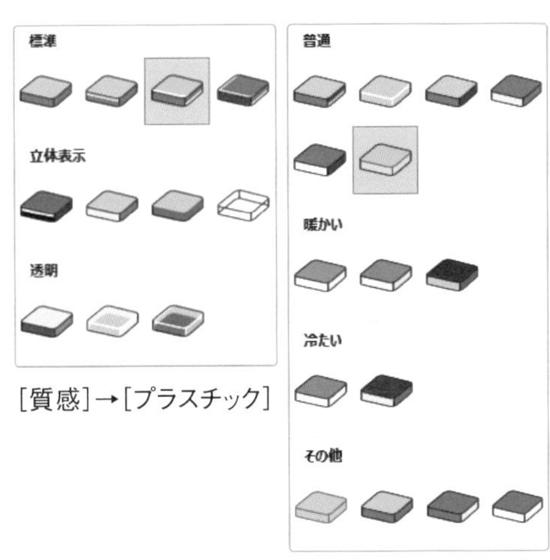

[質感]→[プラスチック]

[光源]→[コントラスト]

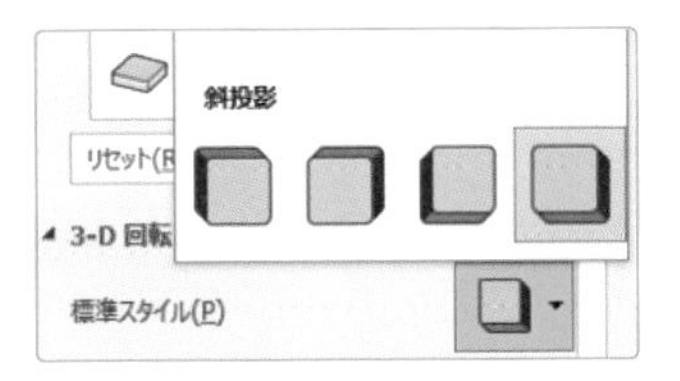

少し手間がかかりますが、一度設定してしまえば書式のコピー&ペーストしたり、既定のテキストボックスに設定することで簡単に使い回しができます。

関連#021

袋文字の作り方

完成例

Ⓕ☑デラゴシック　Ⓟ☑ぱくたそ ☑Unsplash

作り方

1 要素を挿入

同じ文字のテキストボックスを3つ挿入します。また、背面に画像を配置し、その手前に半透明のグラデーション設定をした長方形を配置します。

関連#044

2 線を塗りつぶす

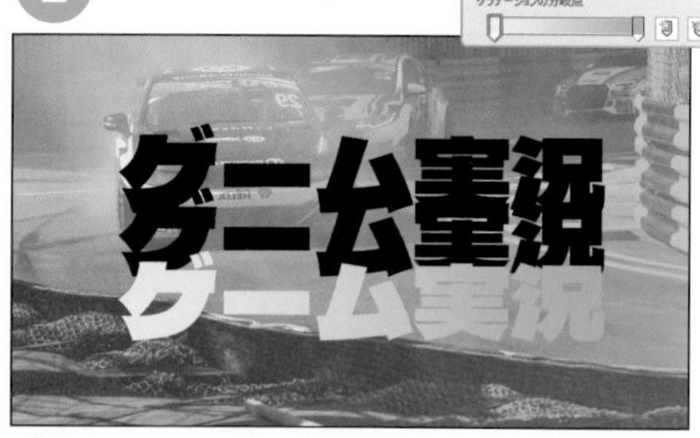

手前のテキストボックスを右クリック→［図形の書式設定］→［文字のオプション］→［文字の塗りつぶし］→［塗りつぶし（グラデーション）］からグラデーションにします。

3 線を太くする

中央は同じく［文字のオプション］から［文字の輪郭］→［線（単色）］より線の色を黒・線の太さを10ptにします。奥は線の色を白・太さを30ptにします。

4 そのほかの袋文字を作る

2つのテキストボックスで作る袋文字や、線をグラデーションにした袋文字なども組み合わせるとよいでしょう。

5 文字を挿入

そのほかの文字を挿入します。場合によっては、リボン[ホーム]→[配置]→[オブジェクトの選択と表示]を開いて重なり順を変更してください。

6 画像を挿入

画像を挿入し、背景の削除を行い、人物部分のみ切り取ります。

関連#051

other Ideas

Ⓕ☑源ノ角ゴシック Ⓟ☑いらすとや

スポーツ新聞っぽい袋文字も作れます。YouTubeなどでも袋文字が使われている場面をよく見かけますね。

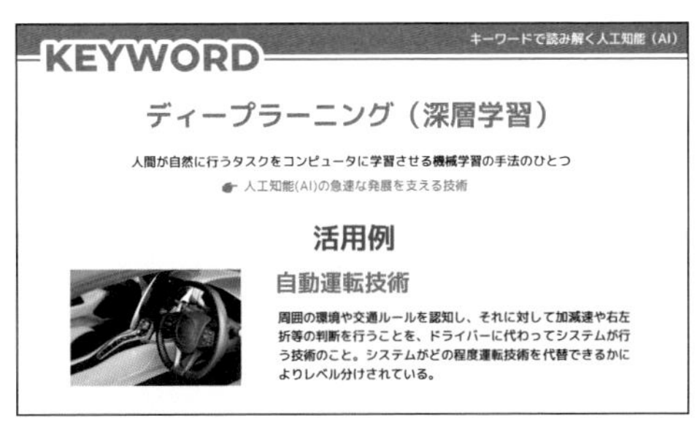

Ⓕ☑M PLUS ☑Eras Ⓟ☑PowerPointストックアイコン ☑写真AC

図形の一部分から文字を飛び出させるときにも袋文字は活躍します。

文字を一気に変える方法

文字を変更したいとき、いちいちすべての文字を変換していては非常に時間がかかります。そんなときには置換機能を使いましょう。

置換 ? ×

検索する文字列(N): [次を検索(F)]

置換後の文字列(P): [閉じる] [置換(R)] [すべて置換(A)]

- ☐ 大文字と小文字を区別する(C)
- ☐ 完全に一致する単語だけを検索する(W)
- ☐ 半角と全角を区別する(M)
- ☐ 発音区別符号を区別する(D)
- ☐ Kashida を区別する(K)
- ☐ Alef Hamza を区別する(H)

Ctrl（⌘）+Hで[置換]を開きます。

変更前の文字を[検索する文字列]に、変更後の文字を[置換後の文字列]に入力し、[すべて置換]を選択すると、ファイル内の同じ文字列すべての文字が入れ替わります。固有名詞や日付、第○回のような使い回しを何度もするファイルで大活躍する機能です。

イレギュラーな使い方ですが、この置換により袋文字の文字をあとから変更したいときにもいちいちずらして、文字を変更してまた重ねるということをせずとも一発で変更できます。

文字を変形させる

完成例

Ⓕ☑Noto Sans JP ☑Anton　Ⓟ☑Unsplash

作り方

1 画像を挿入

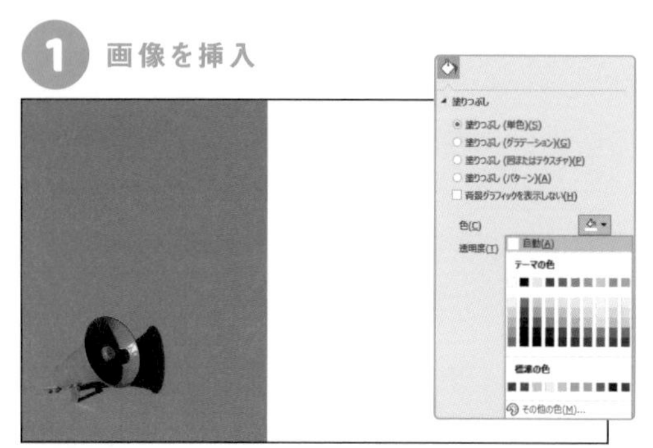

画像を挿入し、スライドを右クリック→[背景の書式設定]→[色]→[スポイト]で画像のオレンジの部分をクリックします。そうすると、画像と背景が一体化します。

2 文字・図形を挿入

次に文字と図形(稲妻)を挿入します。このままではスピーカーから文字が飛び出ているようには見えません。

3 文字の変形

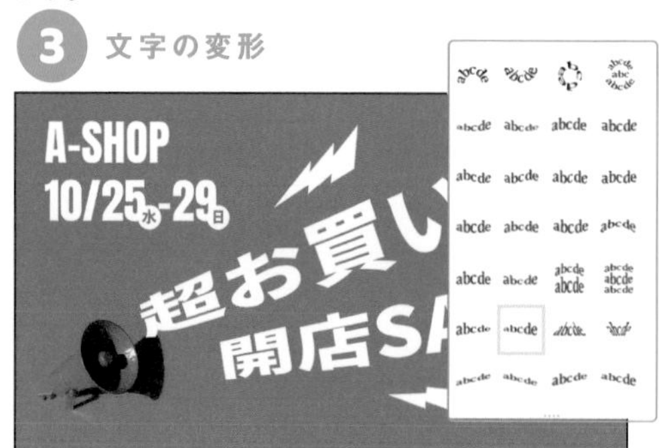

テキストボックスの選択→リボン[図形の書式]→[文字の効果]→[変形]→[フェード左]を選択します。

4 影の適用

最後にお好みで文字にも影をつけて完成です。[図形の書式設定]→[図形(文字)のオプション]→[影]から調整できます。

other Ideas

Ⓕ☑BIZ UDPゴシック ☑Josefin Sans
Ⓟ☑shigureni free illust
図形［波線］と変形［波：上向き］の組み合わせなどほかにもさまざまな工夫ができるので、いろいろ試してみてください。

005
MISSION
AIを誰もが使いこなせる社会をつくる
—
少子高齢化による労働人口の減少、
多種多様なワークスタイルの普及に伴い
日本企業は大きな転換点を迎えています。
生産性の向上が求められる中で、
鍵となるのはAIであることはまちがいありません。
私たちの会社はAIを誰もが使いこなせる社会をつくるために
その先にある一人一人が豊かに暮らせる社会の実現のために
行動していきます。

Ⓕ☑BIZ UDPゴシック ☑Montserrat Ⓟ☑写真AC
［枠線に合わせて配置］→［円］。テキストボックスを選択し、リボン［図形の書式］より高さと幅の数値を揃えて正方形にすると、正円の形に文字が並びます。アニメーションのスピンでゆっくり回転させるのもおもしろいでしょう。 関連#067

さまざまなフォント

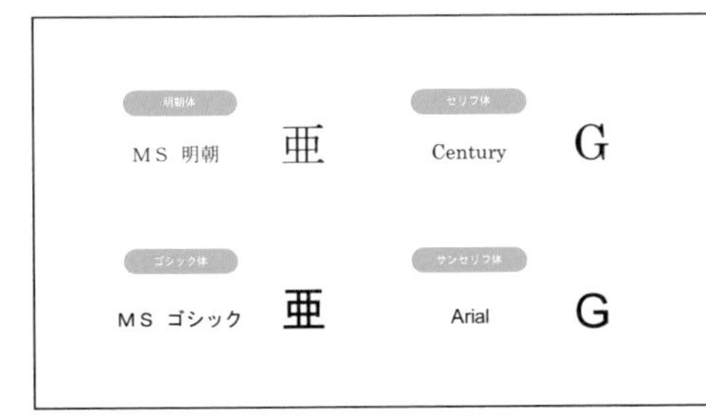

フォントにはその特徴からいくつかのカテゴリーに分けることができます。そのうち代表的なカテゴリーが日本語の「明朝体」と「ゴシック体」、欧文の「セリフ体」と「サンセリフ体」です。日本語の「明朝体」と欧文の「セリフ体」は横線に対して縦線が太く、横線の右端や曲がり角の右肩に三角形の山（ウロコ）があるのが特徴です。一方日本語の「ゴシック体」や欧文の「サンセリフ体」は線の太さがほぼ同じで、ウロコが（ほとんど）ないのが特徴です。

明朝体		セリフ体	
Noto Serif JP	あア亜	Merriweather	Aa
しっぽり明朝	あア亜	CINZEL	AA
ゴシック体		サンセリフ体	
M PLUS	あア亜	Roboto	Aa
さわらびゴシック	あア亜	Quicksand	Aa
その他		その他	
ぱれっとモザイク	あア	MonteCarlo	Aa
はちまるポップ	あア亜	Lobster	Aa
レゲエ	あア亜	BANGERS	AA

左に挙げたフォントはすべてGoogle Fontsからダウンロードできるフォントですが、同じ文字でもフォントによって見た目に違いがあります（フォントにはひらがな・カタカナのみや、大文字のみのものもあります）。
見ている人にどのような印象を与えたいかでフォントを選択するとよいでしょう。そのほかにもさまざまなタイプの書体があります。特徴的な見た目をしているフォントは読ませる文章として使うのではなく、目を引くようにポイントとして使うのがよいでしょう。

長文をきれいに見せる

完成例

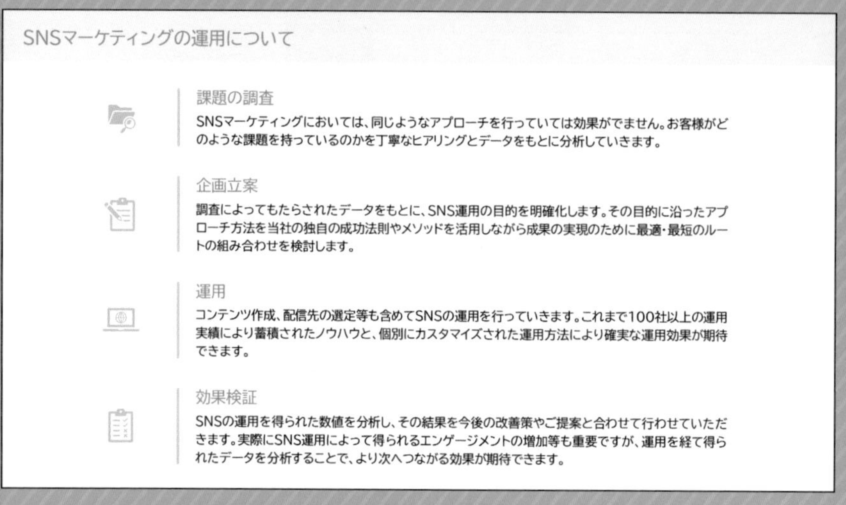

Ⓕ☑BIZUDPゴシック　Ⓟ☑PowerPointストックアイコン

作り方

1 文字・アイコンを挿入

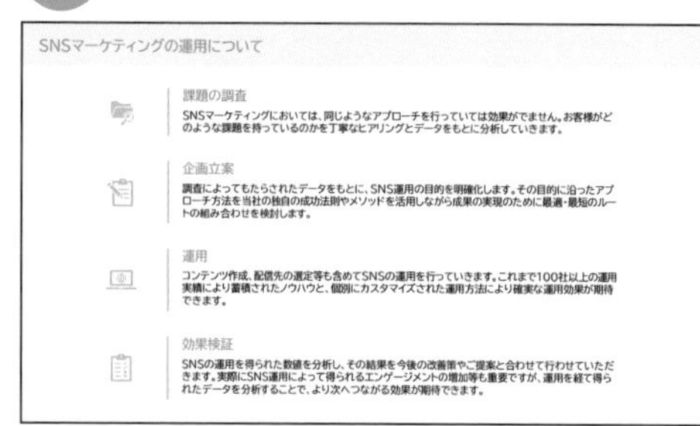

文字とアイコンを挿入します。タイトル部分と本文部分には大きさを変えて、色も変えます。

2 行間を広げる1

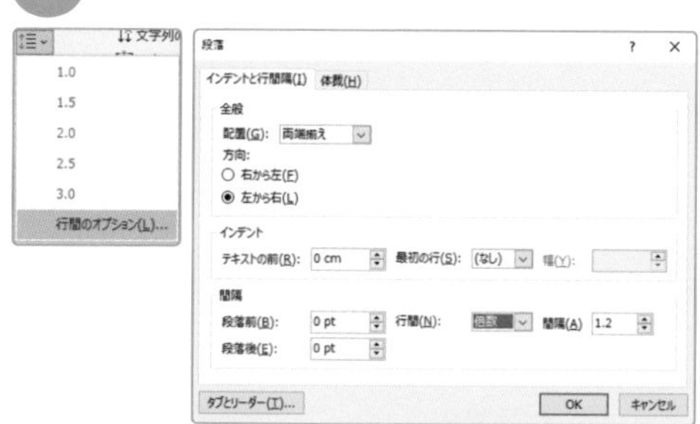

Shift キーを長押ししながら、長文のテキストボックスをすべて選択し、リボン[ホーム]→[段落]→[行間]→[行間のオプション]を選択します。

3 行間を広げる2

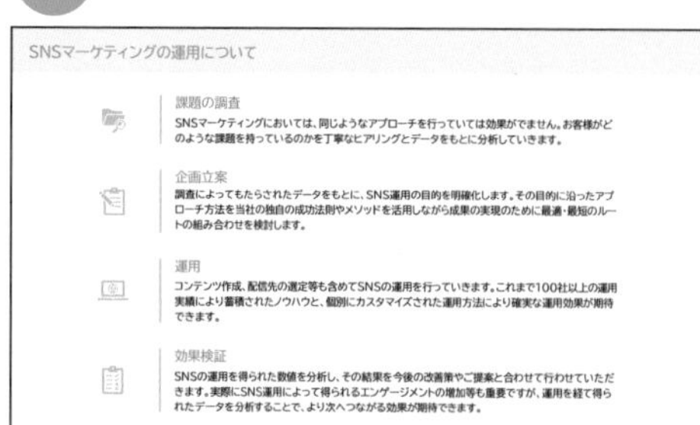

段落のウィンドウが開くので、[間隔]の[行間]から[倍数]を選択し、[間隔]の欄に1.2を入力し、[OK]をクリックします。行間が適度に広がり、読みやすくなりました。

4 両端揃えにする

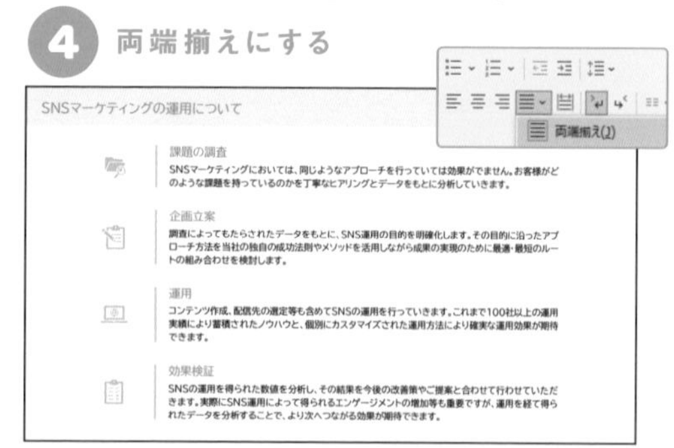

リボン[ホーム]→[段落]→[両端揃え]を選択します。デフォルトは左揃えです。これにより左端だけでなく、テキストボックスの右側のラインも揃います。

other Ideas

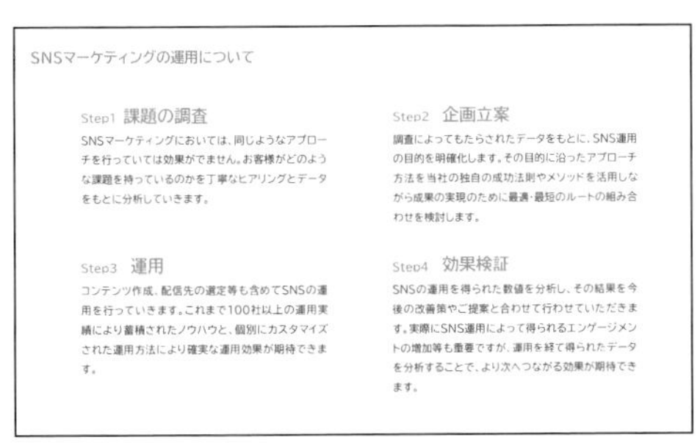

Ⓕ☑BIZ UDPゴシック　Ⓟ☑PowerPointストックアイコン

左右上下に4つ並べるレイアウトです。全体のバランスを見ながら調整してください。

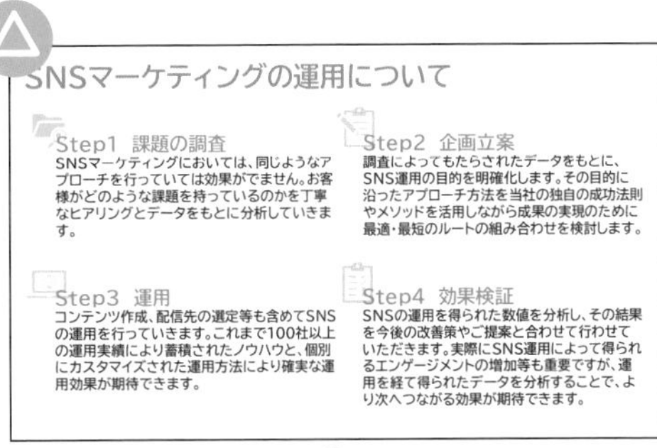

Ⓕ☑BIZ UDPゴシック　Ⓟ☑PowerPointストックアイコン

こちらは文字は大きいですが、要素が詰まっており非常に読みづらい印象です。またアイコンの色も濃く、全体的に圧迫感を感じます。

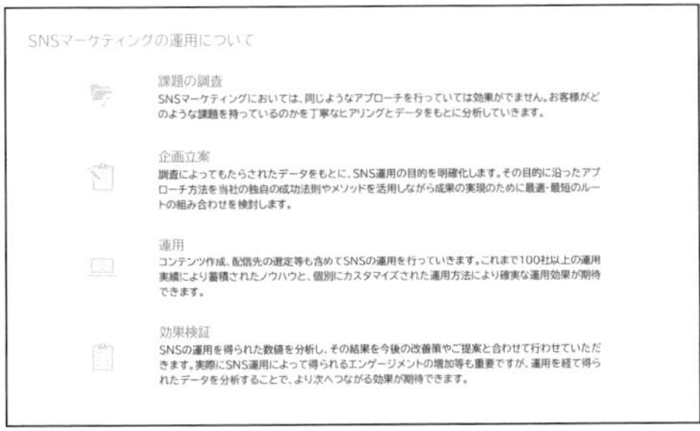

Ⓕ☑BIZ UDPゴシック　Ⓟ☑PowerPointストックアイコン

文字の背景に薄い長方形を敷くレイアウトです。文字の邪魔にならないように薄い色にすることを意識することが重要です。

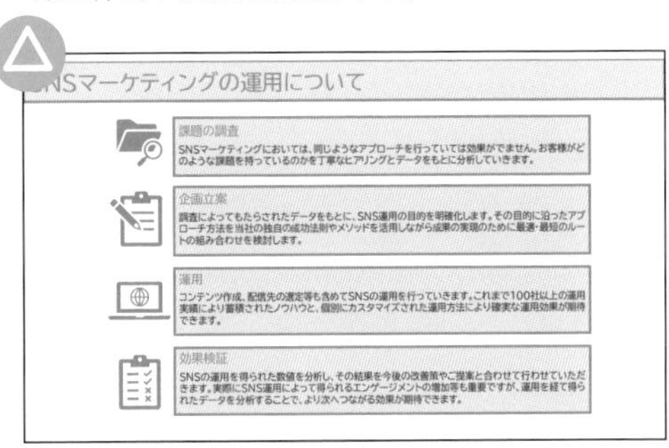

Ⓕ☑BIZ UDPゴシック　Ⓟ☑PowerPointストックアイコン

こちらは四角の背景色が濃かったり、線が太かったりするせいで、本来主役であるはずの文字を押しのけてしまっています。またアイコンも大きすぎるせいで、全体的に圧迫感を感じます。

テキストボックスの揃え方

PowerPointには文字の揃え方が5種類あります。

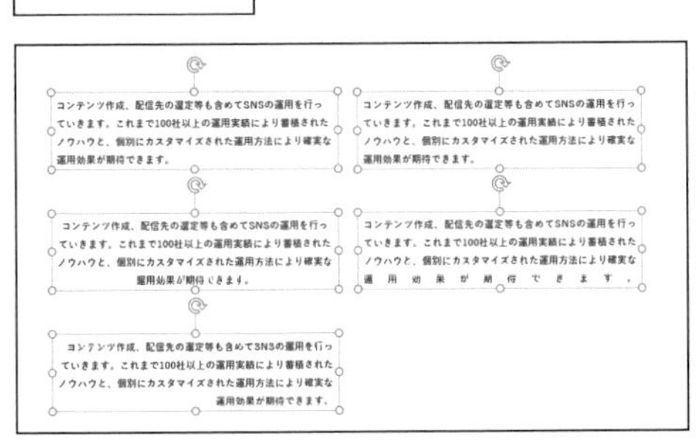

（左上:左揃え　中左:中央揃え　下:右揃え　右上:両端揃え　中右:均等割り付け）

左揃え　Ctrl（⌘）+L
中央揃え　Ctrl（⌘）+E
右揃え　Ctrl（⌘）+R
その名の通り、テキストボックスの左・中央・右を軸にテキストが配置されます。

両端揃え　Ctrl（⌘）+J
テキストボックスの両端に揃えるように配置されます。文字数がテキストボックスの長さよりも短い場合は左揃えと同じように見えます。

均等割り付け
同じくテキストボックスの両端に揃えるように配置されますが、文字数が少ない場合でも文字の間隔を広げて配置されます。

#009 縦書きテキストボックスを活用する

完成例

ウソ？
クイズで学ぶ
栄養学
知って楽しい
ホント？

Ⓕ☑メイリオ

作り方

1 テーマの適用

リボン［デザイン］から［バッジ］のテーマを選択します（スライドマスターを開いて確認すると自動的にさまざまなレイアウトが作成されていることが確認できます）。

2 テーマの色の変更

リボン［デザイン］→［バリエーション］から水色のテーマを選択します。

3 文字を挿入

一度不要なテキストボックスをすべて削除し、リボン［挿入］→［テキストボックス］から［縦書きテキストボックス］を挿入し、文字を入力します。

4 色の変更

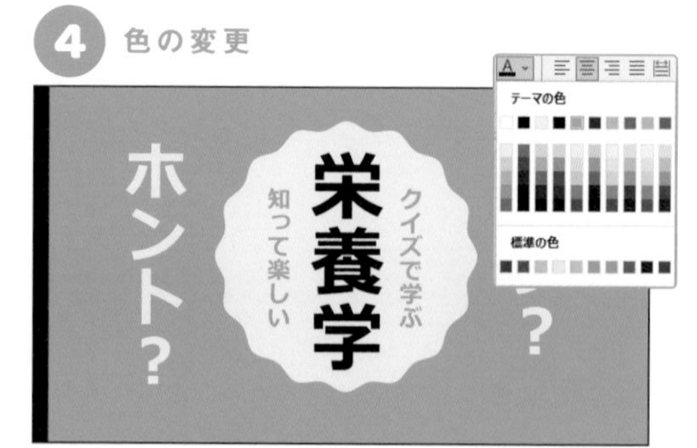

テキストボックスを選択した状態で、リボン［ホーム］→［フォントの色］を見ると、テーマと連動して［テーマの色］も自動的に変わっているので、ここから色を選びます。

other Ideas

Ⓕ☑BIZ UDP明朝 ☑Castellar
Ⓟ☑PowerPointストック画像
横書きテキストボックスと縦書きテキストボックスを組み合わせたタイトルもおもしろいでしょう。

Ⓕ☑游ゴシック ☑Bahnschrift
Ⓟ☑PowerPointストック画像
写真の上に文字を載せると、スペースを効率的に使いながらもより多くのことを伝えることができます。文字は読みやすいように影や光彩をつけるとよいでしょう。 関連#005

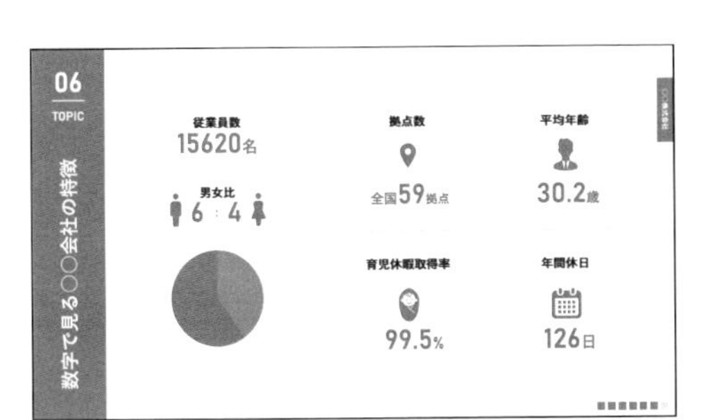

Ⓕ☑游ゴシック ☑Bahnschrift
Ⓟ☑PowerPointストック画像
特段読ませる必要のない文であれば、横書きテキストボックスを90度回転させることで画面に動きを出すことができるでしょう。

Ⓕ☑Noto Sans JP ☑Copperplate Gothic
Ⓟ☑Unsplash
縦と横のテキストを組み合わせるデザインはインパクトがあるでしょう。文字を画面ギリギリのサイズにすることで迫力が増しています。 関連#043

デザインアイデア

スライドに画像等を貼り付けると、画面右側に[デザインアイデア]が表示されることがあります。ワンクリックでさまざまなデザインに変更することができるので、好みのレイアウトがあれば選んでみるのもよいでしょう。
[デザインアイデア]をオフにするにはリボン[ファイル]→[オプション]→[基本設定]から[PowerPoint デザイナー]の[デザインアイデアを自動的に表示する]のチェックマークを外します。

ワンランク上の箇条書き

完成例

本日のまとめ

- ☞ 充分な睡眠をとることで脳内の疲労を解消し、内分泌系のリズムを整えることで、**ストレスの解消につながる。**
- ☞ 不規則な睡眠や慢性的な**睡眠不足は身体の生体リズムに悪影響**を及ぼす。
- ☞ **寝る時間から逆算**して食事をとる、入浴法、寝室の環境づくりなど質のよい眠りにつなげる。

Ⓕ☑UD デジタル 教科書体　Ⓟ☑Loose Drawing

作り方

1 文字を挿入

本日のまとめ

充分な睡眠をとることで脳内の疲労を解消し、内分泌系のリズムを整えることで、**ストレスの解消につながる。**
不規則な睡眠や慢性的な**睡眠不足は身体の生体リズムに悪影響**を及ぼす。
寝る時間から逆算して食事をとる、入浴法、寝室の環境づくりなど質のよい眠りにつなげる。

文字を挿入し、強調したい箇所はCtrl（⌘）＋Bで太字にして、Ctrl（⌘）＋Uで下線を入れます。

2 箇条書きを設定

本日のまとめ

- 充分な睡眠をとることで脳内の疲労を解消し、内分泌系のリズムを整えることで、**ストレスの解消につながる。**
- 不規則な睡眠や慢性的な**睡眠不足は身体の生体リズム**に悪影響を及ぼす。
- **寝る時間から逆算**して食事をとる、入浴法、寝室の環境づくりなど質のよい眠りにつなげる。

テキストボックスを選択→リボン［ホーム］→［段落］→［箇条書き］で箇条書きのタイプを選びます。

3 箇条書きを工夫する

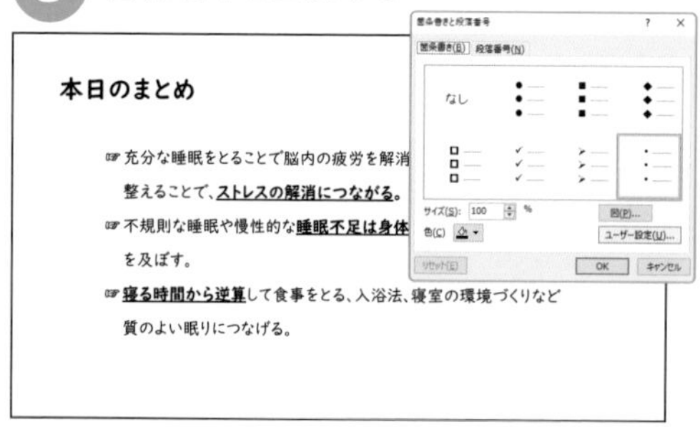

さらに工夫したい場合は、［箇条書き］→［箇条書きと段落番号］→［ユーザー設定］を選択します。

4 箇条書きの行頭記号を変更

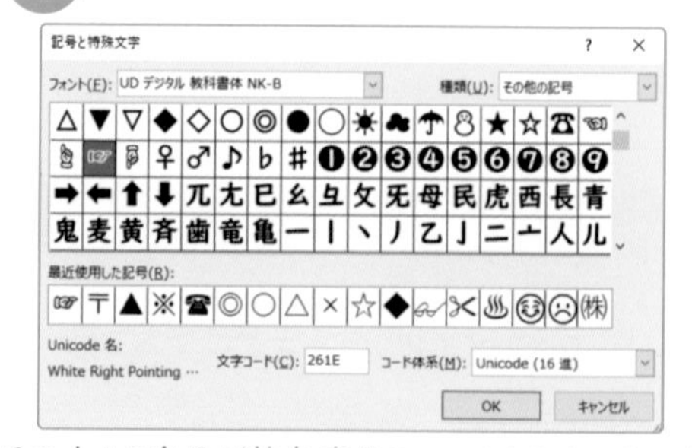

その中から自分が箇条書きのマークにしたいものを選択します。すると、箇条書きの行頭記号が変更されます。

5 図形・イラストを挿入

本日のまとめ

☞充分な睡眠をとることで脳内の疲労を解消し、内分泌系のリズムを整えることで、**ストレスの解消につながる。**

☞不規則な睡眠や慢性的な**睡眠不足は身体の生体リズムに悪影響**を及ぼす。

☞**寝る時間から逆算**して食事をとる、入浴法、寝室の環境づくりなど質のよい眠りにつなげる。

イラストと図形を追加して完成です。なお、枠線はイラストと同じくらいの太さにすると統一感が生まれます。

改行のコツ

改行のコツ

- （改行のコツ）
- Enterを押すと、次の段落に移行してしまいますが（新しい箇条書き）、
- （改行のコツ）
  Shift+Enterを押すと、同じ段落の中で行を変えることができます。

[Enter]キーを押すと次の行に行き、新しい行頭記号が表示されますが、[Shift]を押しながら[Enter]を押すと、行頭記号は表示されず、そのまま同じ段落で書き続けることができます。PowerPointで複数の段落を扱うような文を入力する際には知っておきたいテクニックです。

白黒印刷する場合の注意点

例えば配布資料として配るためにスライドを白黒印刷する場合などでは、文字の強調の仕方には注意が必要です。色の変更ではわかりにくい場合もあるため、太字や下線などの方法を用いるのがよいでしょう。また、リボン［表示］→［カラー/グレースケール］から［グレースケール］［白黒］表示にすることで印刷した際もきちんと見えるかどうかの確認ができます。

目次スライドもかっこよく

完成例

Ⓕ☑BIZ UDPゴシック ☑Tw Cen MT Ⓟ☑Unsplash ☑PowerPointストックアイコン

作り方

1 長方形を挿入

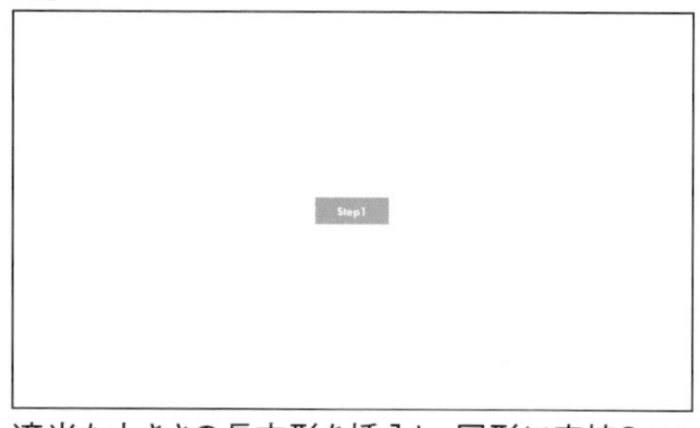

適当な大きさの長方形を挿入し、図形に直接Step 1と文字を入力します。

2 90度傾ける

90度傾けて長方形を複製し、4つきれいに並べます。この際、スライドの縦の長さを超えてしまっても、足りなくてもどちらでもかまいません。

3 長さを揃える

4つの長方形をグループ化した状態（重要）で、長さを伸び縮みさせスライドの縦の長さに合わせます。その後グループ化を解除します。

4 要素を追加

そのほかの要素を追加して完成です。今回はStep 3の目次なので、Step 3のみ色を濃くしています。

other Ideas

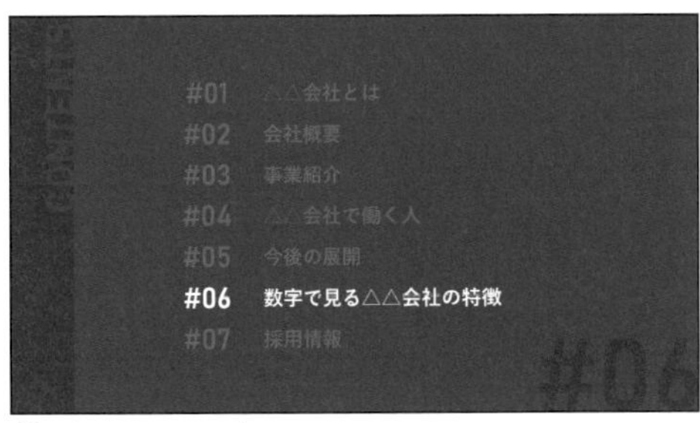

Ⓕ☑游ゴシック ☑Bahnschrift
該当する目次(中扉)の文字のみ目立たせる色にすることで、全体の流れと、これからどこの話をするのかがわかりやすくなります。

Ⓕ☑メイリオ ☑Roboto Ⓟ☑PowerPointストックアイコン
章の内容を表すアイコンがあるとイメージがしやすくなります。

Ⓕ☑游明朝 Ⓟ☑PowerPointストック画像
縦分割の目次も斬新でいいでしょう。文字部分は2色で分かれるように塗っています。 関連#012

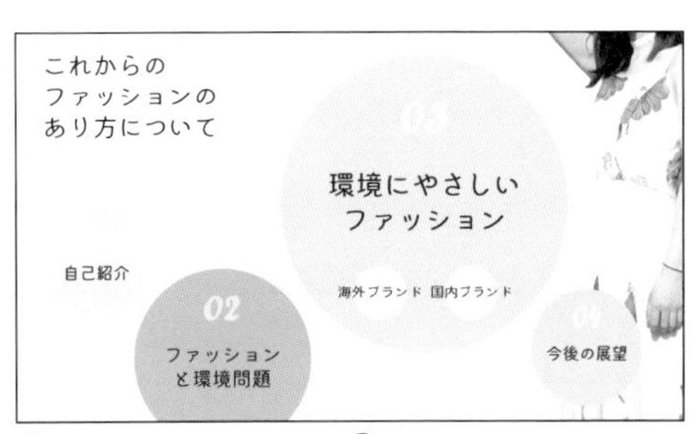

Ⓕ☑マメロン ☑inherit Ⓟ☑Unsplash
重要なポイントを大きくした目次は一目でプレゼンの山場がわかりますね。

太字にならないフォント

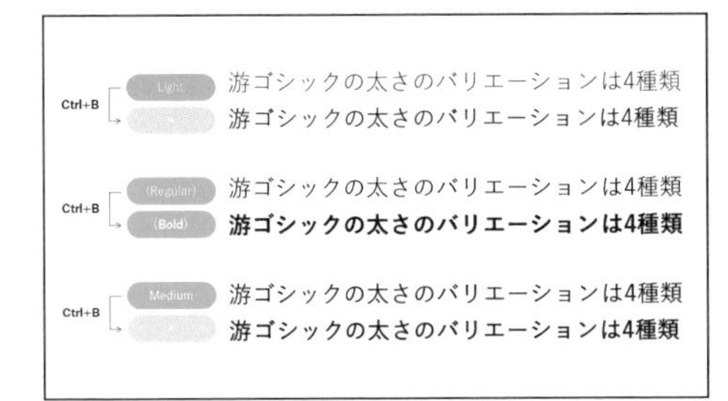

PowerPointではリボン[ホーム]からBのボタンを押したり、Ctrl(⌘)+Bでフォントを太くすることができますが、フォントの中には太字に対応していないものがあります。
例えば、PowerPointにおける游ゴシックはフォントの太さが4種類あります。「游ゴシック Light・Medium」を太字にしてみてください。あまり変化がなく、文字が崩れているように見えます。游ゴシック(表記なし)は太さとしてはRegularとなり、Ctrl+BによってBoldになります。
1つの判断基準になりますが、游ゴシックの例を見てもわかる通りフォント名の後ろに文字のウェイト(Light・Medium・Boldなど)が書いてあるものは、そのまま使うことを推奨します。

文字の色を2分割する

完成例

Ⓕ☑M PLUS ☑からかぜ ☑Josefin Sans　Ⓟ☑ぱくたそ ☑PowerPointストックアイコン

作り方

1 文字・図形を挿入

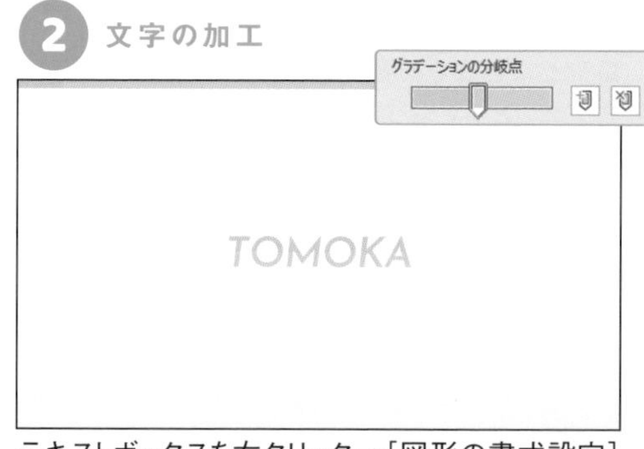

文字と長方形を挿入します。

2 文字の加工

テキストボックスを右クリック→［図形の書式設定］から、グラデーションの分岐点を2つにして色を変更し、両方のつまみの［位置］を［47%］にして重ねます。 関連#002

3 加工の調整

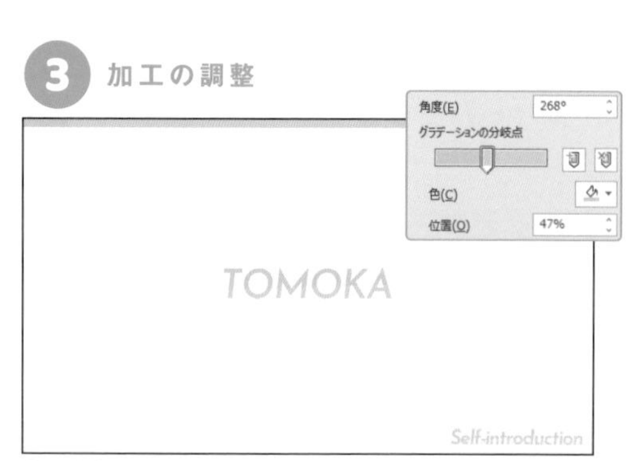

［角度］を268度に変更します。これにより色の分割のラインが少し斜めになります。

4 文字・画像を挿入

そのほかの文字やアイコンを挿入します。画像を挿入し、［十二角形］でトリミングします。 関連#048

other Ideas

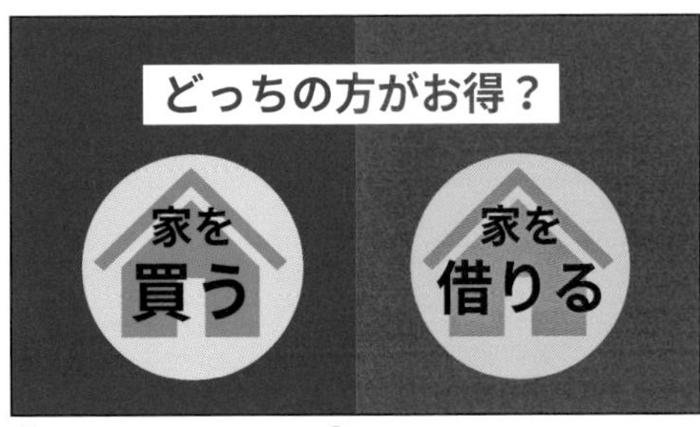

Ⓕ☑Noto Sans JP　Ⓟ☑PowerPointストックアイコン

左と右で半分に分かれるようにしています。色が分割された文字は対比させるレイアウトのタイトルにもってこいです。

中国地方の特徴

島 鳥 山 広 岡
根 取 口 島 山

Ⓕ☑スティック

カラフルな配色&ランダムな角度にするとワクワク感がアップします。

Ⓕ☑コーポレート・ロゴ ☑Montserrat
Ⓟ☑Unsplash

分岐点を4つにすることで三分割もできます（黒と赤、赤と黄が重なっているため2つに見えますが、分岐点のつまみは4つあります）。

Ⓕ☑游ゴシック　Ⓟ☑Bahnschrift

分岐点を増やせばストライプ柄を作ることもできます。同系色でさりげない分割がおしゃれです。

Tips

フォントを一括で変える方法

フォントの置換　?　×
置換前のフォント(P):
游ゴシック
置換(R)
閉じる(C)
置換後のフォント(W):
メイリオ

フォントを変えたいと思ったときに、1つひとつテキストボックスなりをクリックしてフォントを変更していませんか？　実はPowerPointには一括でフォントを変更する方法があります。

リボン［ホーム］→［置換］→［フォントの置換］を選択します。こちらで置換前のフォントと、置換後のフォントを選択したのち、［置換］のボタンを押すと同じファイル内の同一フォントが置換後のフォントとして指定したフォントに入れ替わります。

パワポでポスターを作る

本書では16:9のスライドサイズの作例をメインとして掲載していますが、スライドサイズを変更することで、スライド以外のものもPowerPointで作成することができます。
スライドサイズを変更するにはリボン[デザイン]→[スライドのサイズ]→[ユーザー設定のスライドのサイズ]を開いて、プルダウンからあらかじめ用意されているリストから選ぶか、数値を直接入力してサイズを変更します。

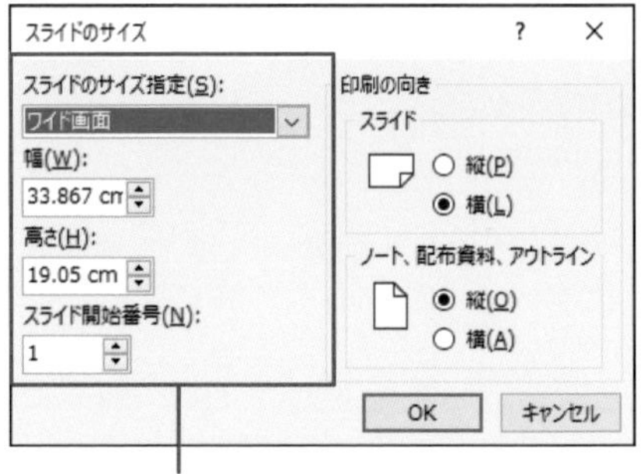

ここでサイズを変更できます

ポスターや名刺、バナーの作例

世の中やインターネットにあるさまざまなデザインを参考にして、本書のテクニックを使って作成してみてください。

名刺

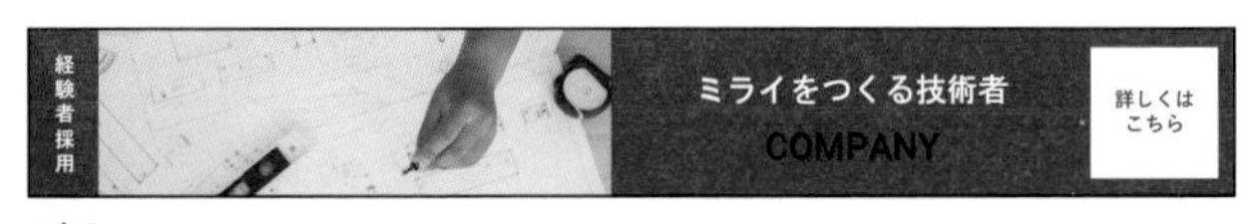

バナー

三つ折りパンフレット

ポスター

チラシ

張り紙

第2章

かっこいい
データの魅せ方

この章ではデフォルトのグラフをかっこよくする方法をはじめとして、データを魅せる方法についてさまざまなアイデアを紹介していきます。

数字を印象的に魅せる

完成例

Ⓕ☑Noto Sans JP ☑Josefin Sans Ⓟ☑Unsplash

作り方

1 図形・画像を挿入

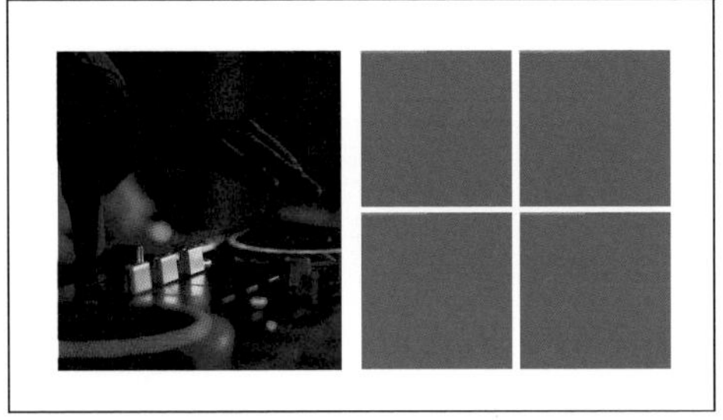

図形と画像を挿入します。必要であれば画像をトリミングします。

関連#046

2 色の変更

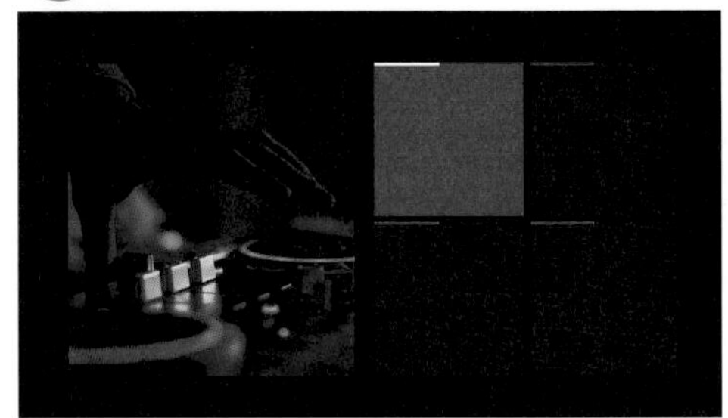

四角形を選択→リボン[図形の書式]→[図形の塗りつぶし]→[スポイト]で左の画像のピンク色の部分を抽出して色をつけます。

3 文字を挿入

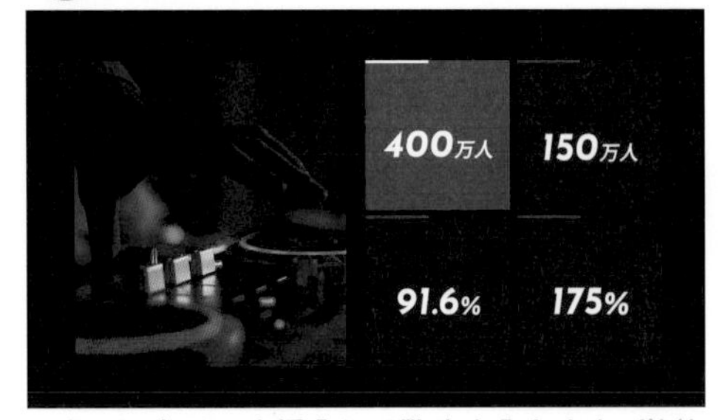

テキストボックスを挿入して数字を入れます。単位を数字より小さくすると数字がより印象的に見えます。

4 文字を挿入

「2021」のテキストボックスを挿入し、[図形の書式設定]→[文字のオプション]から[透明度]を40%に設定します。

other Ideas

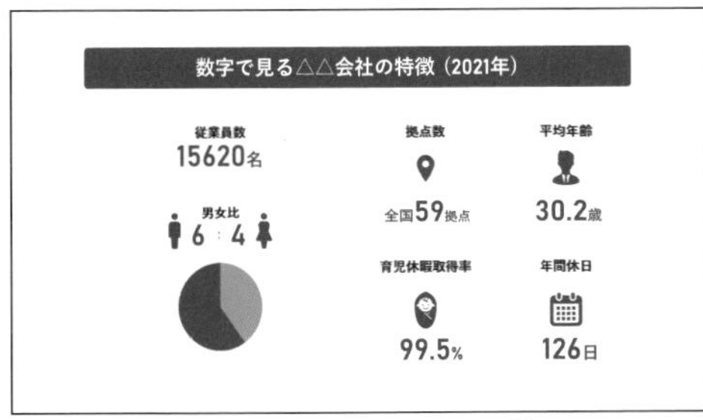

Ⓕ☑游ゴシック ☑Bahnschrift Ⓟ☑ICOOON MONO
アイコンなどと組み合わせるとよりキャッチーに数字を魅せることができます。

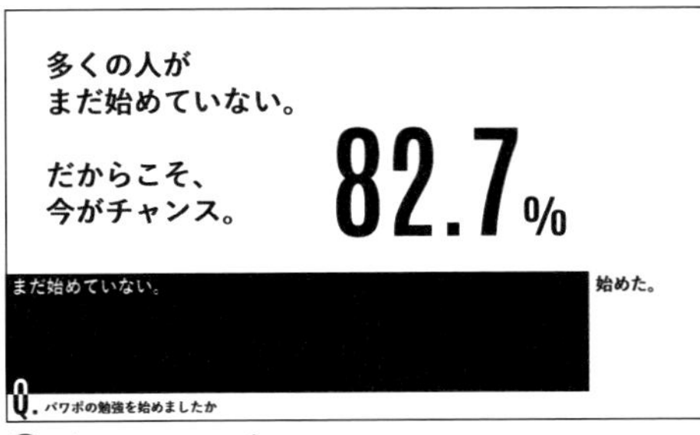

Ⓕ☑游ゴシック ☑Antonio
伝えたいメッセージの数字は勇気を持って大きく配置しましょう。データを示すだけではなく、大きく配置することでデザイン的な役割も果たします。

さまざまなデータの魅せ方

数の大小を直感的に伝える手法として、円の大きさで伝えるというアイデアがあります。

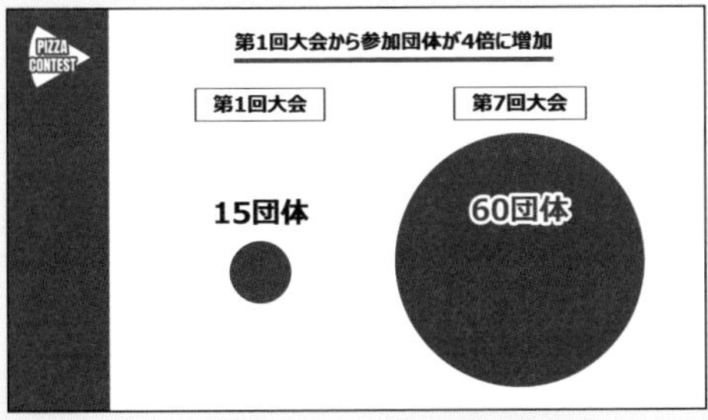

4倍に増加したということを表現するために半径を4倍にするのは正しい方法でしょうか?
これだと面積は16倍になってしまいます。

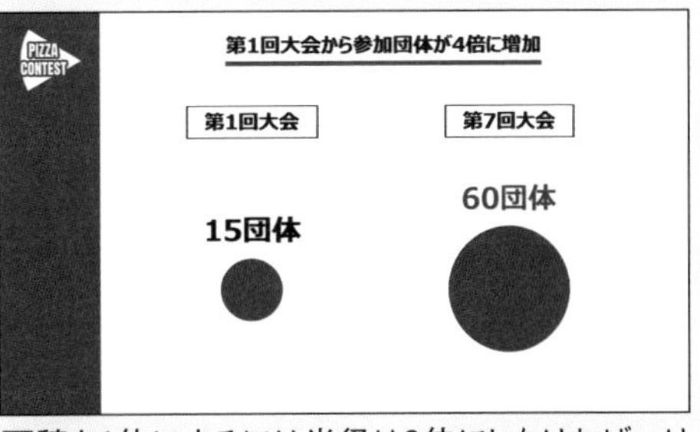

面積を4倍にするには半径は2倍にしなければいけません。面積で見るとこちらが正しい表現になります。

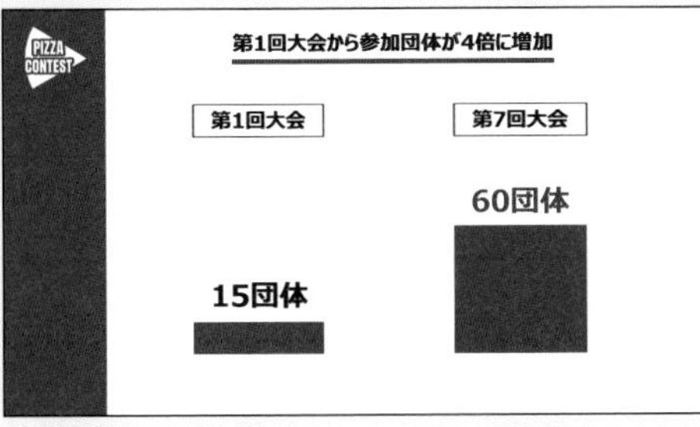

このような誤解を招くことからも、データの正確性が求められる場合はこのような手法は使わず、棒グラフで表現するのがよいでしょう。

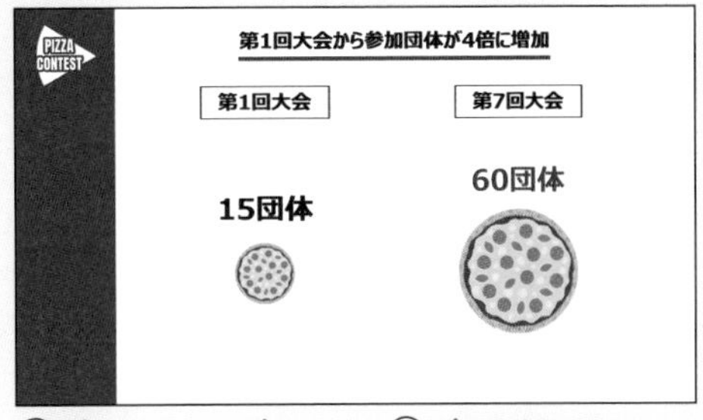

Ⓕ☑Meiryo UI ☑Anton Ⓟ☑いらすとや
円の部分をピザのイラストにして意味を持たせるインフォグラフィック的な表現もおもしろいでしょう。

関連#019

かっこいいグラフの作り方（円グラフ）

完成例

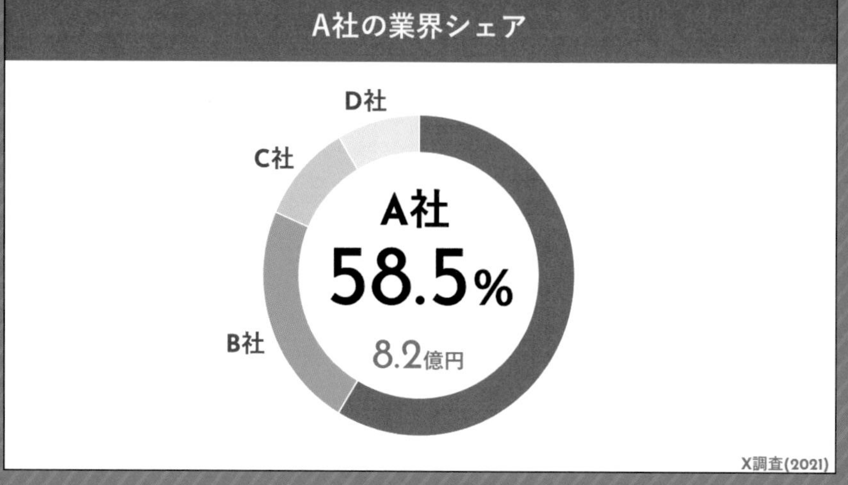

Ⓕ☑游ゴシック ☑Josefin Sans

作り方

1 円グラフを挿入

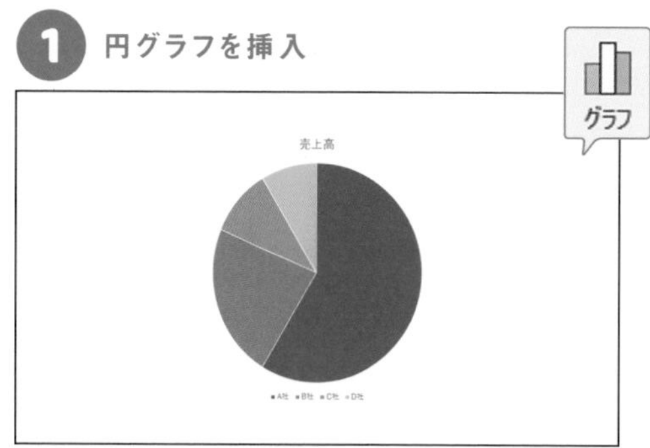

リボン[挿入]→[グラフ]またはExcelのグラフをコピー&貼り付けでスライドに挿入します。
※元から表示されている数字などは削除しておきましょう。

2 色の変更

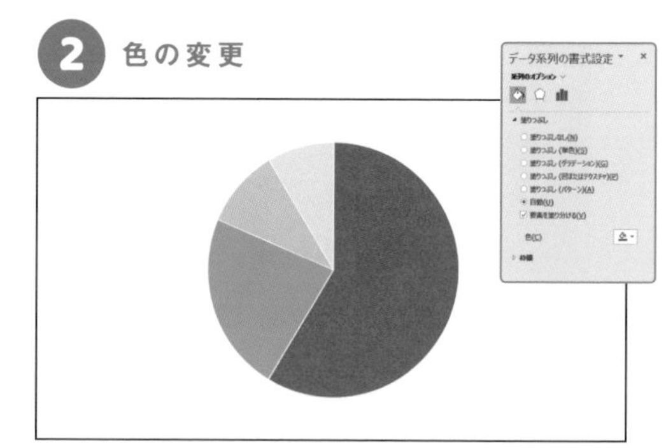

グラフの変更したいパーツを右クリック→[データ系列の書式設定]→[塗りつぶし]で色を変更します（2回クリックするとパーツごとに選択できます）。

3 白い円をかぶせる

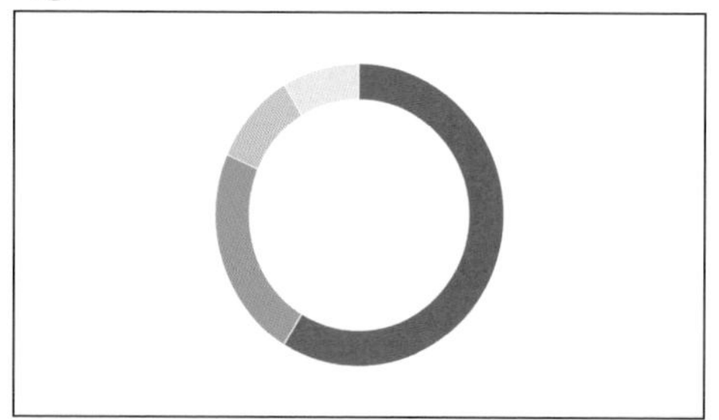

リボン[挿入]→[図形]から白い楕円を挿入して、グラフの上に重ねます。

4 文字を挿入

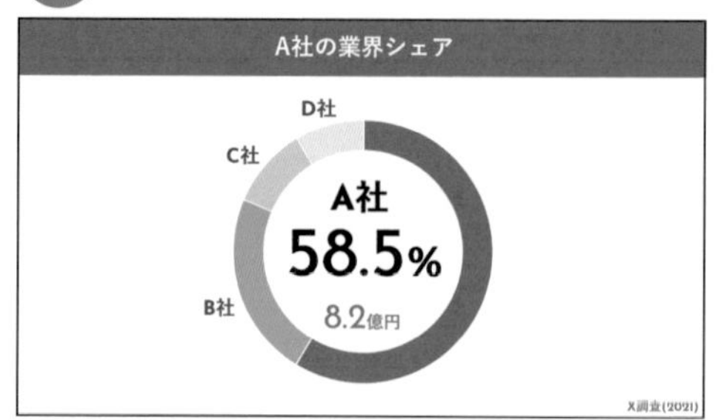

テキストボックスを挿入して文字を追加します。

other Ideas

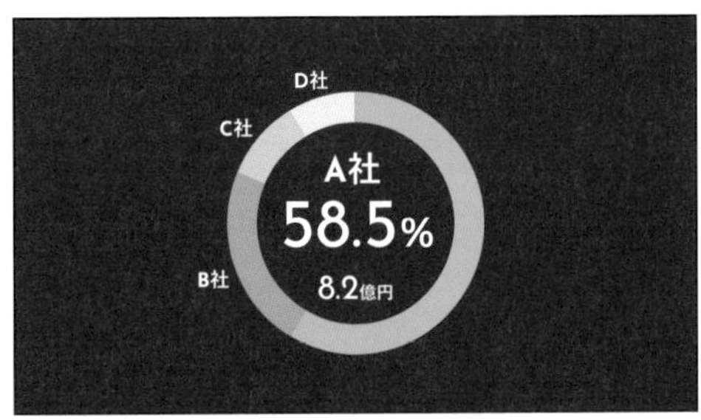

Ⓕ☑游ゴシック ☑Josefin Sans
暗めの背景に明るい色の組み合わせだとまた違った印象を与えることができます。強調したい部分のみ色をつけるとわかりやすくなります。

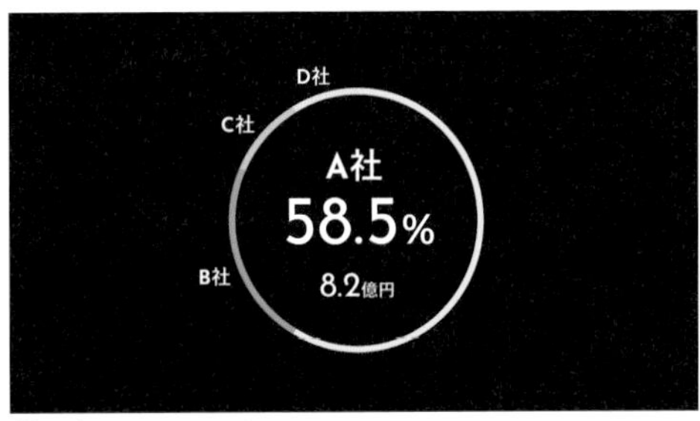

Ⓕ☑游ゴシック ☑Josefin Sans
円の部分を細くするとよりスタイリッシュな雰囲気になります。ただ、A社以外の3社のデータはわかりにくいのでその点は注意が必要です。

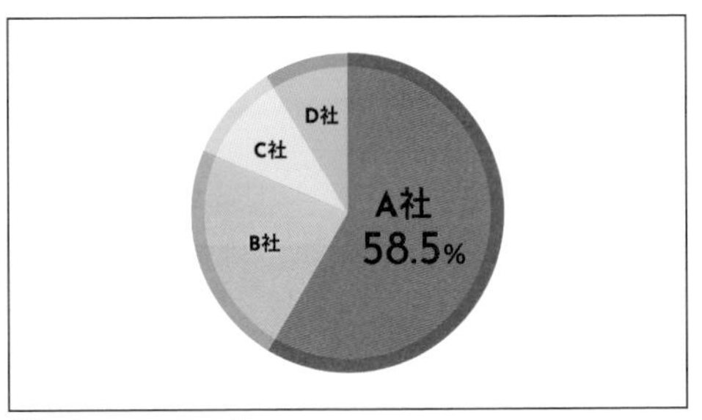

Ⓕ☑游ゴシック ☑Josefin Sans
重ねる円を半透明にすると、また違った雰囲気になります。それぞれ別の色を使用すると、4社ある中でのA社のシェアを示したいという意図が伝わります。

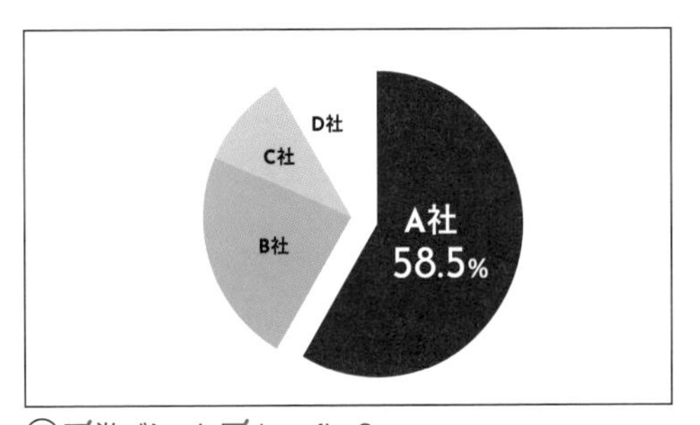

Ⓕ☑游ゴシック ☑Josefin Sans
A社の部分を選択し、右クリック→［データ要素の書式設定］→［系列のオプション］から［要素の切り出し］の数値を変更することで、一部分だけ飛び出した円グラフを作成できます。

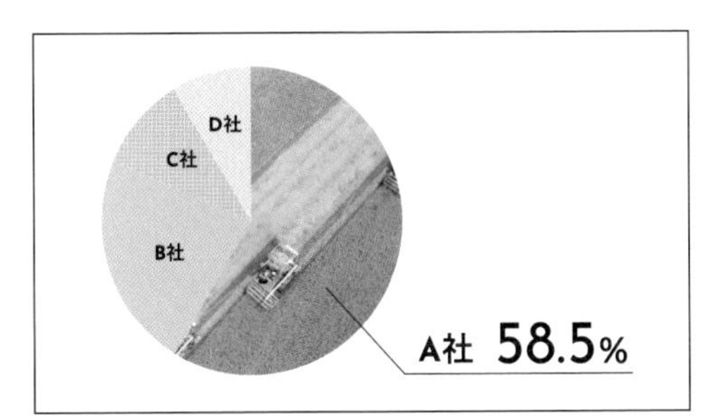

Ⓕ☑游ゴシック ☑Josefin Sans
Ⓟ☑PowerPointストック画像
［塗りつぶし（図またはテクスチャ）］や［塗りつぶし（パターン）］で塗ることもできます。数字を線でひっぱってグラフの外に配置するのもよいでしょう。

関連#021 関連#037

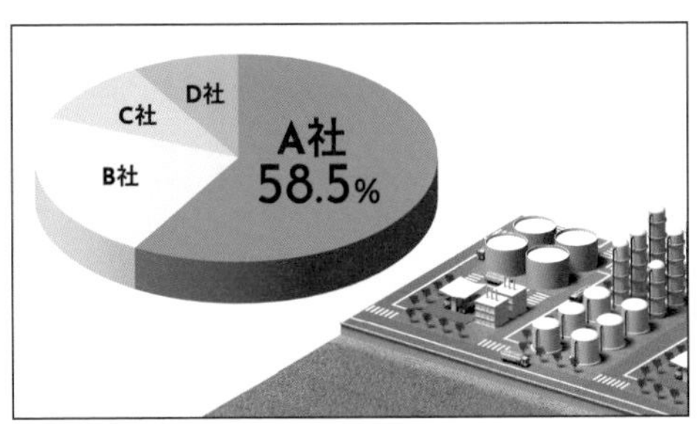

Ⓕ☑游ゴシック ☑Josefin Sans Ⓟ☑イラストAC
3Dグラフは傾きの関係で面積が正確に反映されないため正確性が求められる場面では避けるべきですが、グラフの形を何かに見立てることで効果的に用いることができるシーンがあるでしょう。

かっこいいグラフの作り方(棒グラフ・折れ線グラフ)

完成例

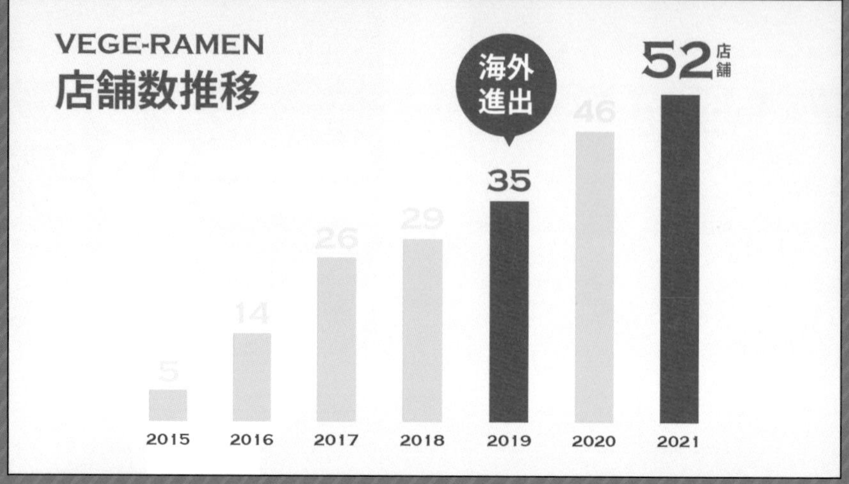

Ⓕ☑Noto Sans JP ☑Copperplate Gothic Ⓟ☑EXPERIENCE JAPAN PICTGRAMJP

作り方

1 棒グラフを挿入

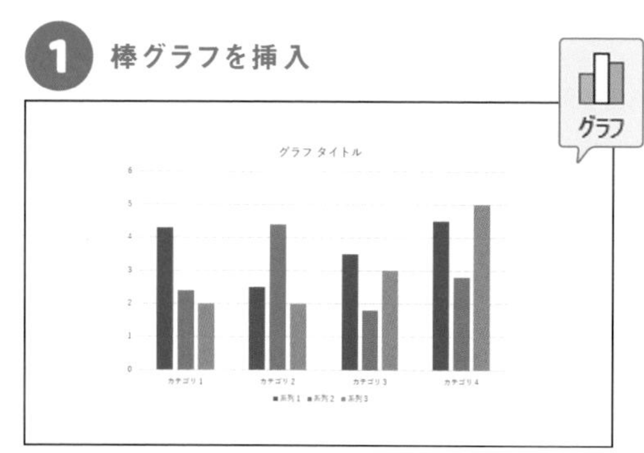

リボン[挿入]→[グラフ]から[集合縦棒]を選択し、グラフを挿入します。

2 データの入力1

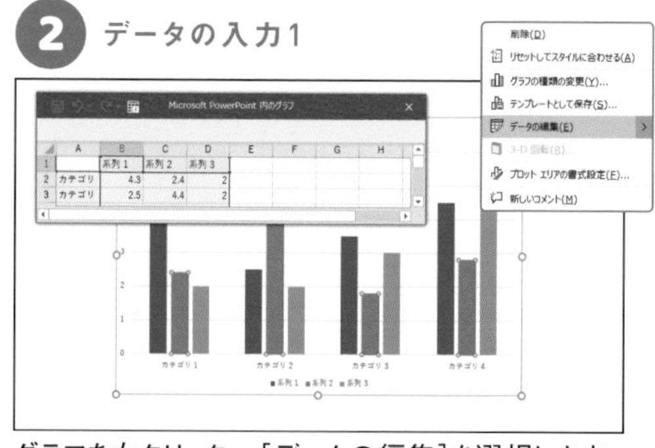

グラフを右クリック→[データの編集]を選択します。すると、Excelのファイルが開きます。

3 データの入力2

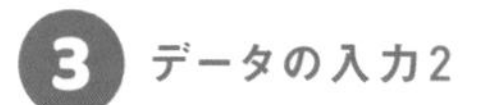

Microsoft PowerPoint 内のグラフ

	A	B
1		店舗数
2	2015	5
3	2016	14
4	2017	26
5	2018	29
6	2019	35
7	2020	46
8	2021	52

系列2・3を削除して、系列1にデータを入力します。

4 グラフの調整

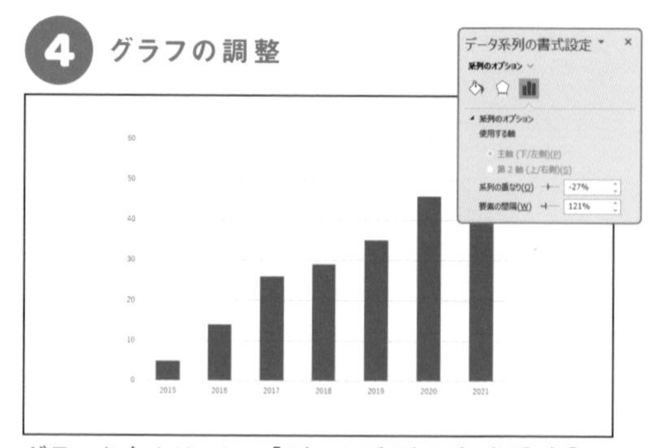

グラフを右クリック→[データ系列の書式設定]→[系列のオプション]から[要素の間隔]を121%に変更します。

5 不要な要素の削除

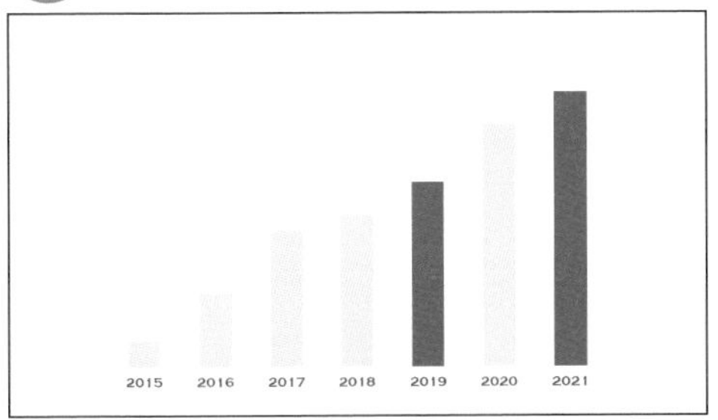

余計な文字や罫線を削除し、グラフの色・背景の色を変更します。西暦の数字を大きくし、フォント・色を変更します。

6 文字・図形を挿入

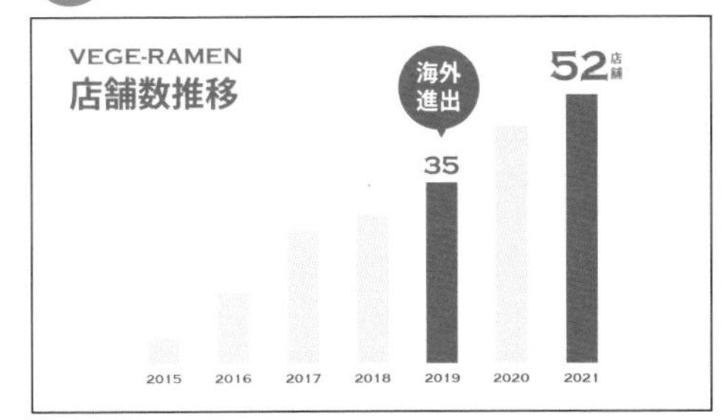

文字や図形・アイコンを追加して完成です。注目したい箇所のみに目立つ着色をすると、よりグラフを通して訴えかけたい要素が引き立ちます。

関連#030

other Ideas

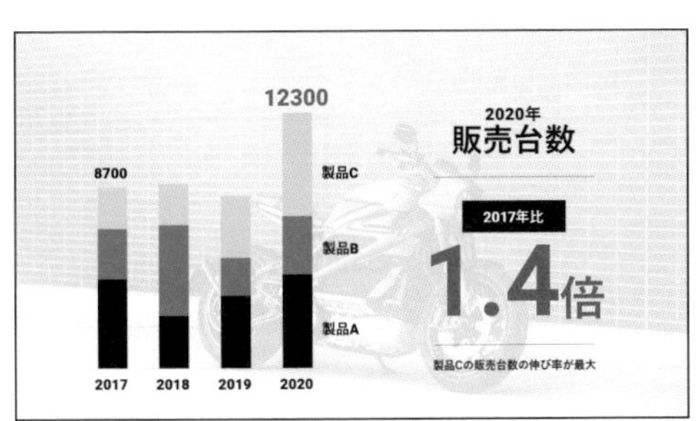

Ⓕ☑游ゴシック ☑Roboto Ⓟ☑Unsplash
[積み上げ縦棒]訴求したい数値のみに色をつけましょう。背景に薄い写真を敷くことでグラフのテーマがわかりやすくなります。

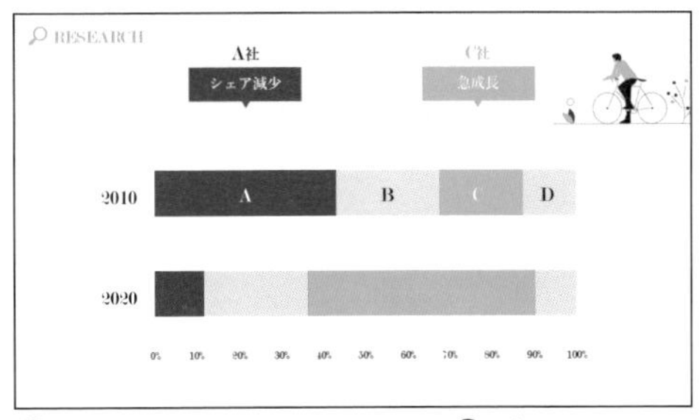

Ⓕ☑游明朝 ☑Modern No. 20 Ⓟ☑unDraw
[100%積み上げ横棒]要素が横に長い場合は横向きの棒グラフもよいでしょう。

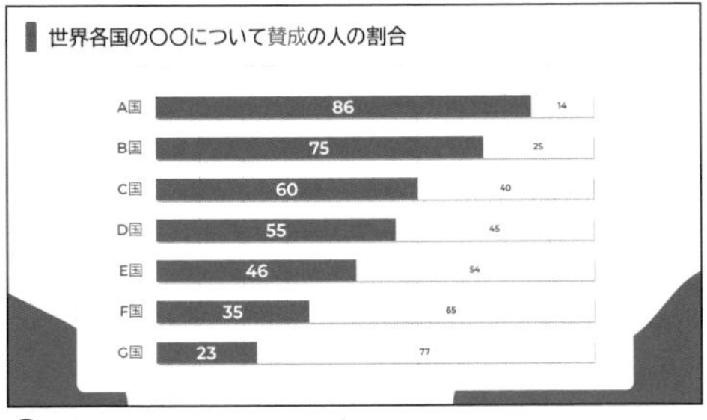

Ⓕ☑BIZ UDPゴシック ☑Montserrat
[100%積み上げ横棒]アンケート調査をまとめる際にもグラフは活躍します。背景の不規則な形は図形[曲線]で作成しています。

関連#033

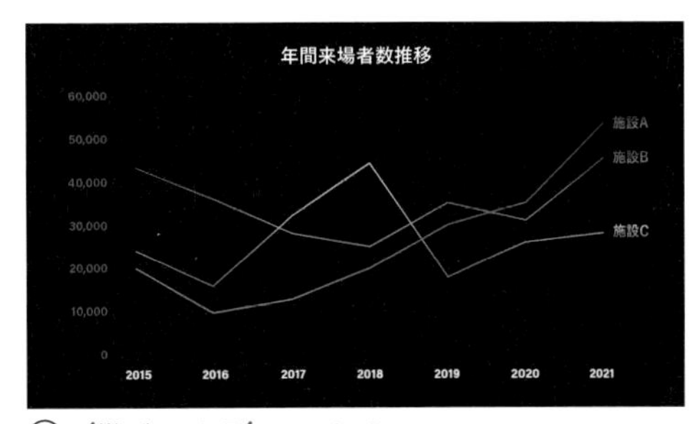

Ⓕ☑游ゴシック ☑Acumin Pro
[折れ線]推移を表すのに折れ線グラフは適しています。線をグラデーションにしてみるとおしゃれですね。

かっこいいグラフの作り方（その他のグラフ）

完成例

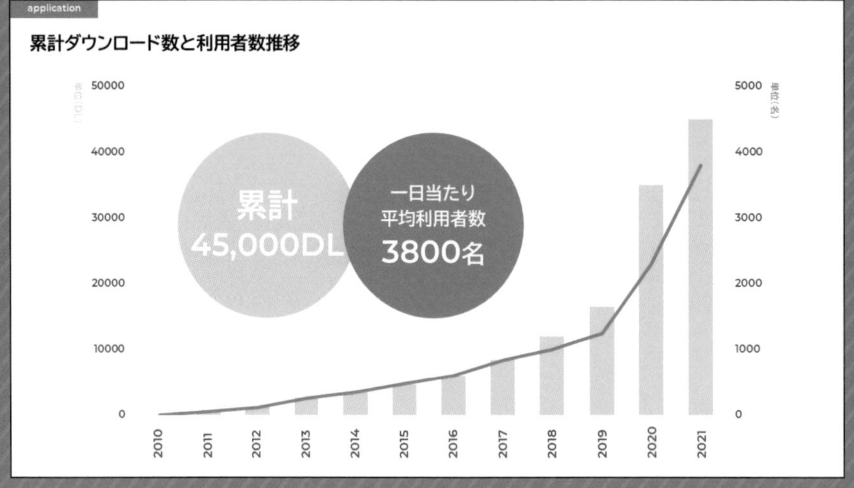

Ⓕ☑BIZ UDPゴシック ☑Montserrat

作り方

1 グラフを挿入

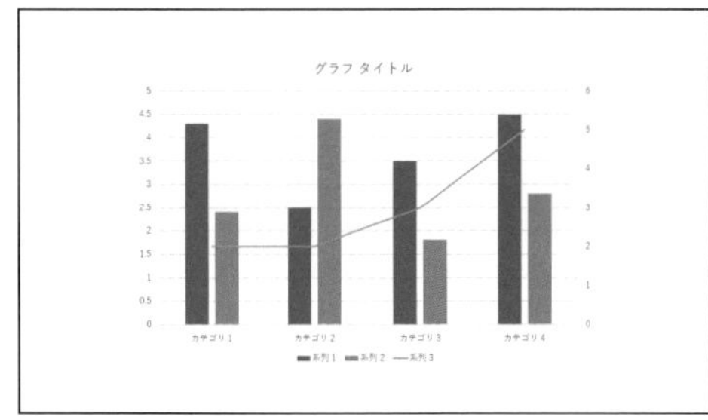

リボン[挿入]→[グラフ]→[組み合わせ]→[集合縦棒-第2軸の折れ線]を選択して[OK]をクリックします。

2 数値の入力

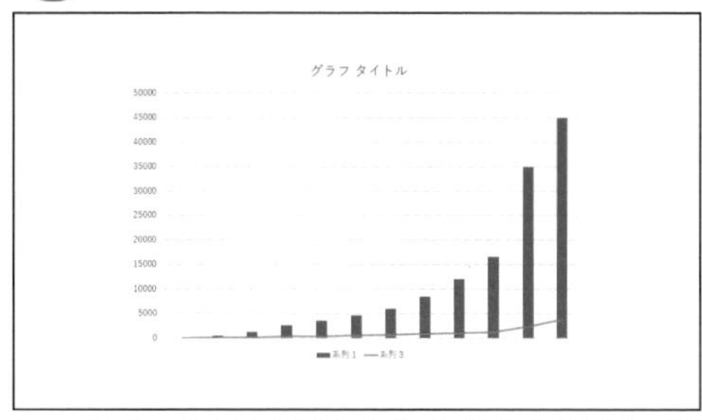

Excelのシートが表示されるので、列や行を挿入、削除して数値を入力します。

3 右側に軸を追加

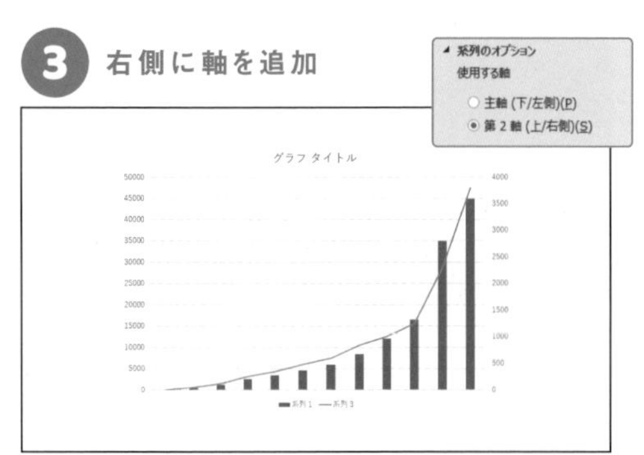

折れ線グラフを右クリック→[データ系列の書式設定]→[系列のオプション]から[使用する軸]の[第2軸]を選択します。

4 軸の調整

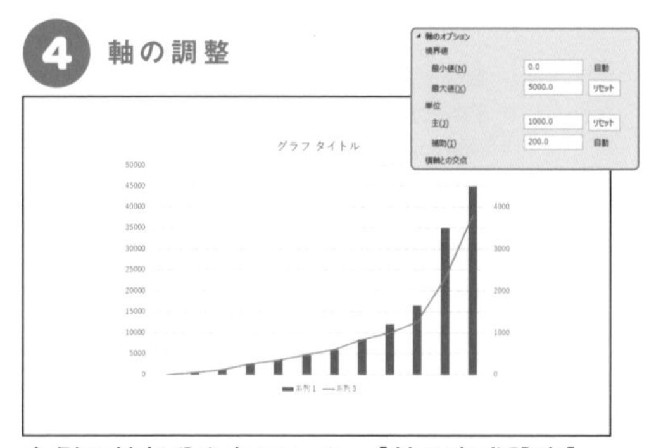

右側の軸部分を右クリック→[軸の書式設定]→[軸のオプション]から[境界値]の「最大値」を5000.0に、[単位]の[主]を1000.0に変更します。

5 軸の調整

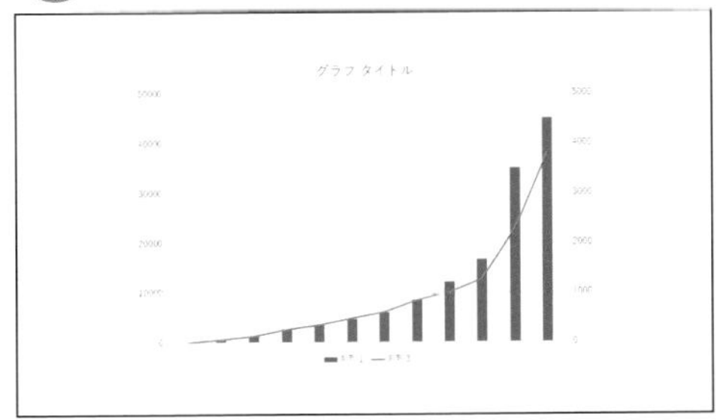

左側の軸部分を右クリック→[軸の書式設定]→[軸のオプション]から[単位]の[主]を10000.0に変更します。これにより左右の軸のバランスがよくなりました。

6 要素を追加

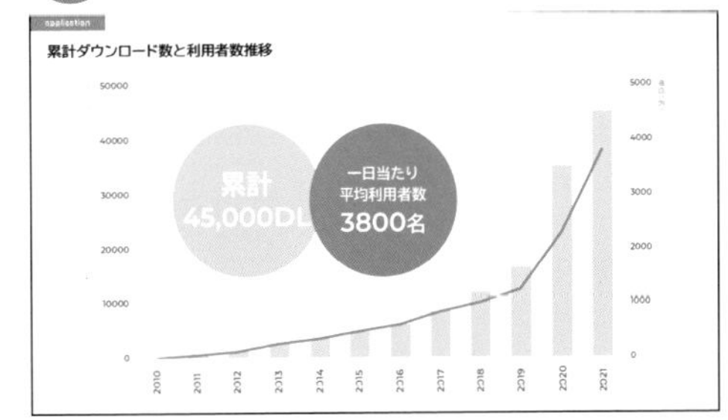

軸の太さの変更・色の変更・文字の入力等を行います。グラフの作成・調整は細かい設定があるため、どのような数値や設定があるのかを調べて自分のものにしてください。

other Ideas

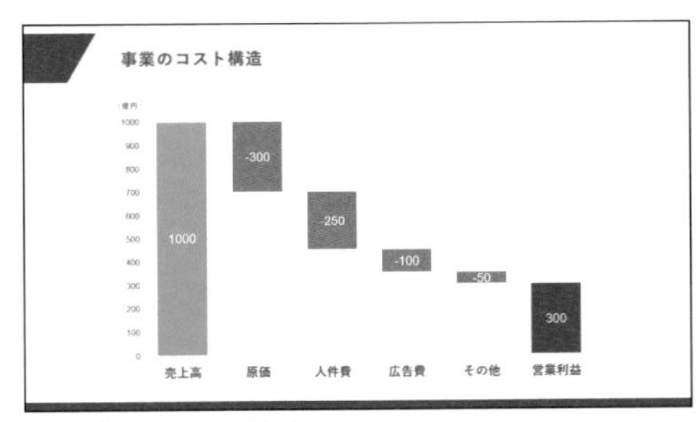

Ⓕ☑游ゴシック ☑Arial
ウォーターフォールチャート(滝グラフ)と呼ばれるグラフです。

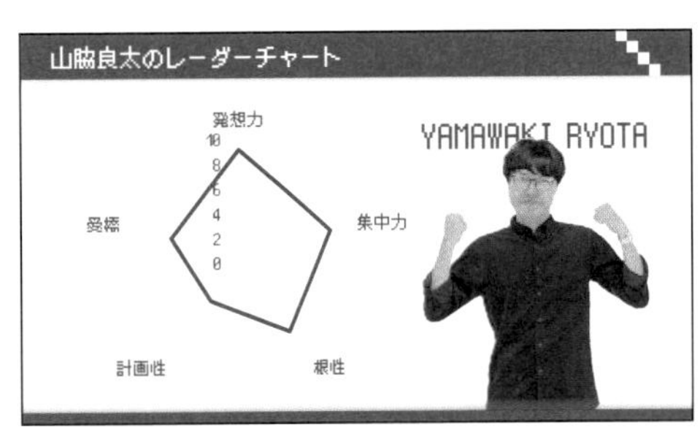

Ⓕ☑ベストテン Ⓟ☑ぱくたそ
人物画像は切り抜き及びアート効果[パッチワーク]を適用しています。 関連#051 関連#055

Tips

スクリーンショット

これはPowerPointの機能ではありませんが、パソコン画面のスクリーンショットを撮影することができます。Windowsでは[Windows]+[Shift]+[S]、Macでは[⌘]+[Shift]+[4]を押すことでパソコンの任意の範囲のスクリーンショットを撮影することができます。Windowsの場合は[Ctrl]+[V]でスライド上に貼り付けることができ、Macではデスクトップに保存されています。
また、リボン[挿入]→[画面録画]から画面を動画形式で保存することができます(右図)。PowerPointの操作画面はもちろん、ほかのアプリケーションの画面も収録できます。

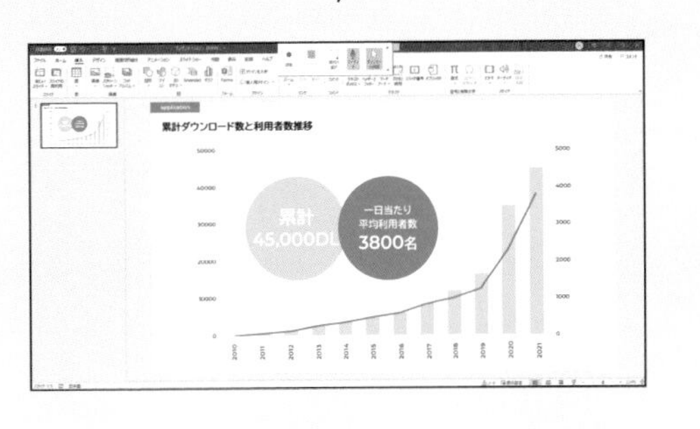

スマートな表の作り方

完成例

	おためしプラン	ライトプラン	レギュラープラン	プレミアムプラン
価格	無料	¥5,000/年	¥10,000/年	¥30,000/年
登録人数	3名	5名	20名	500名
ストレージ	1GB	30GB	500GB	30TB
チャット対応	なし	24時間対応		

Ⓕ☑游ゴシック

作り方

① 表を挿入

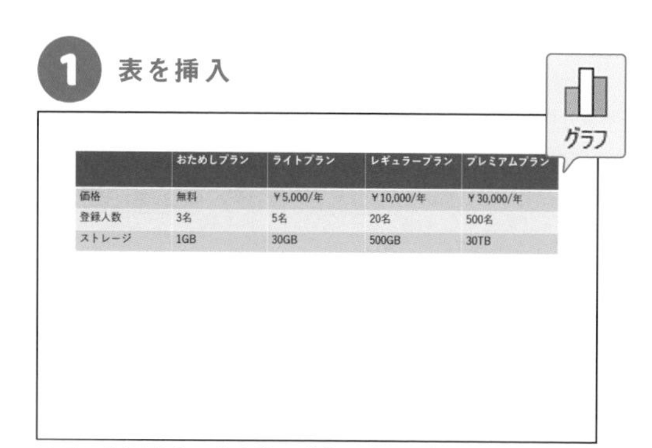

リボン[挿入]→[表]→[表の挿入]から4行×5列の表を挿入し、文字を入力します。また縦方向に表を引き伸ばします。

② 文字位置の調整

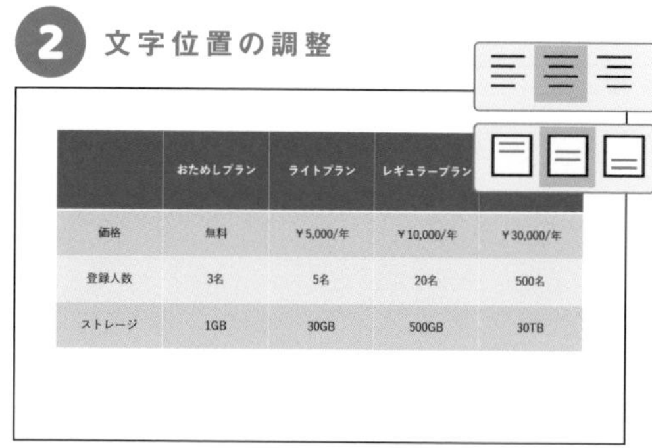

表を選択し、リボン[レイアウト]から[中央揃え]および[上下中央揃え]を選択します。

③ 高さを揃える

	おためしプラン	ライトプラン	レギュラープラン	プレミアムプラン
価格	無料	￥5,000/年	￥10,000/年	￥30,000/年
登録人数	3名	5名	20名	500名
ストレージ	1GB	30GB	500GB	30TB

表を選択して、リボン[レイアウト]から[高さを揃える]をクリックします。

④ 色の変更

	おためしプラン	ライトプラン	レギュラープラン	プレミアムプラン
価格	無料	¥5,000/年	¥10,000/年	¥30,000/年
登録人数	3名	5名	20名	500名
ストレージ	1GB	30GB	500GB	30TB

表の該当箇所を選択し、リボン[テーブルデザイン]から色の変更を行います。文字の大きさや色も変更します。

5 行を挿入

	おためしプラン	ライトプラン	レギュラープラン	プレミアムプラン
価格	無料	¥5,000/年	¥10,000/年	¥30,000/年
登録人数	3名	5名	20名	500名
ストレージ	1GB	30GB	500GB	30TB

表の右下のセルを選択した状態で、Tabキーをクリックすると行が挿入されます（表を右クリック→［挿入］からでも行・列を増やせます）。

6 セルの結合

	おためしプラン	ライトプラン	レギュラープラン	プレミアムプラン
価格	無料	¥5,000/年	¥10,000/年	¥30,000/年
登録人数	3名	5名	20名	500名
ストレージ	1GB	30GB	500GB	30TB
チャット対応	なし		24時間対応	

右下の3つのセルをドラッグして選択した状態で、右クリック→［セルの結合］をクリックします。また文字を入力します。

other Ideas

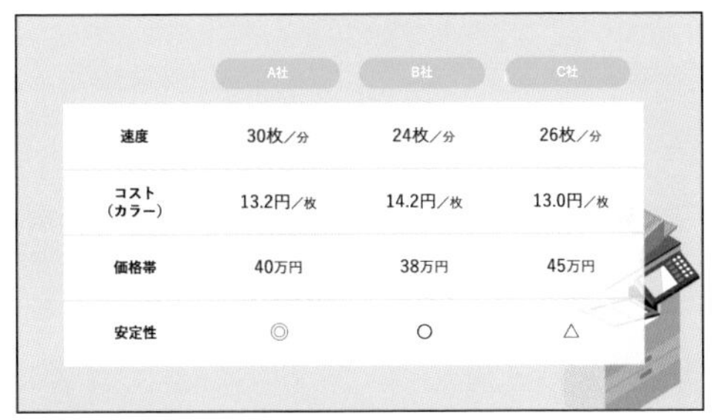

	A社	B社	C社
速度	30枚／分	24枚／分	26枚／分
コスト（カラー）	13.2円／枚	14.2円／枚	13.0円／枚
価格帯	40万円	38万円	45万円
安定性	◎	○	△

Ⓕ☑游ゴシック Ⓟ☑ガジェットストック
表の塗りを半透明にして背景のイラストを透けさせるのもおしゃれです。表の内容が読みにくくならないように注意しましょう。

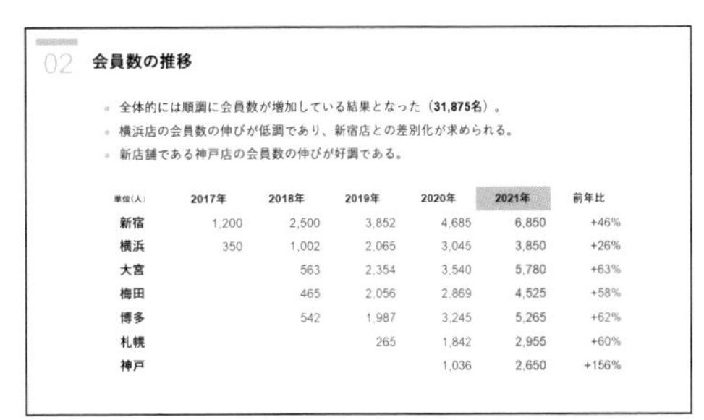

02 会員数の推移

- 全体的には順調に会員数が増加している結果となった（**31,875名**）。
- 横浜店の会員数の伸びが低調であり、新宿店との差別化が求められる。
- 新店舗である神戸店の会員数の伸びが好調である。

単位(人)	2017年	2018年	2019年	2020年	2021年	前年比
新宿	1,200	2,500	3,852	4,685	6,850	+46%
横浜	350	1,002	2,065	3,045	3,850	+26%
大宮		563	2,354	3,540	5,780	+63%
梅田		465	2,056	2,869	4,525	+58%
博多		542	1,987	3,245	5,265	+62%
札幌			265	1,842	2,955	+60%
神戸				1,036	2,650	+156%

Ⓕ☑游ゴシック ☑Arial
データをわかりやすく伝えたいときには、桁数がきれいに見えるように、右揃えにすることが好ましいでしょう。

表作成の機能

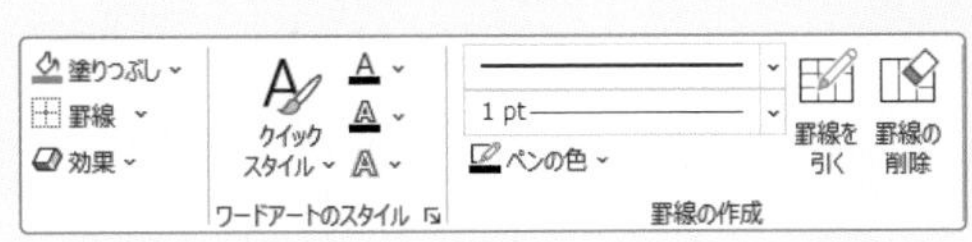

［罫線の作成］から、自由に線の太さ・スタイルを変更できます。［罫線を引く］を使えば、直感的に線を引きたい部分に線を引くことができます（操作を終了したい場合はEscボタンをクリックします）。

削除 上に行を挿入 下に行を挿入 左に列を挿入 右に列を挿入
行と列
セルの結合 セルの分割
結合
高さ: 2.4 cm 高さを揃える
幅: 5.14 cm 幅を揃える
セルのサイズ

［削除］［挿入］表の削除・挿入を行います。
［結合］［分割］セルを結合させたり分割させたりできます。
［高さを揃える］［幅を揃える］複数行/列を選択した状態で行うと、行/列が揃います。

地図とデータをかけ合わせる

完成例

Date_01 世界の何かしらの統計データ

Europe
Asia
North America
Africa
South America
Oceania

Ⓕ☑源ノ角ゴシック ☑Antonio Ⓟ☑イラストAC ☑PowerPointストックアイコン

作り方

1 スライドマスターを開く

スライドマスター

マスター タイトルの書式設定

マスター サブタイトルの書式設定

リボン[表示]→[スライドマスター]を開き、あらかじめ配置されている余計なテキストボックスを削除します。

関連#0章スライドマスター

2 地図を挿入

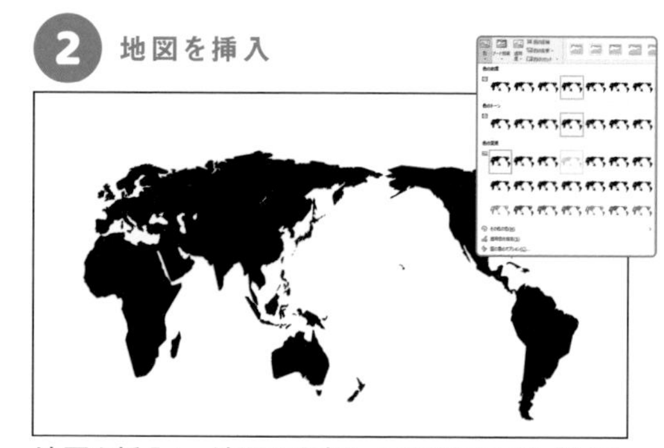

地図を挿入し、地図を選択した状態でリボン[図の形式]→[色]→[色の変更]→[ウォッシュアウト]を選びます。大きさを調整したらリボン[スライドマスター]→[マスター表示を閉じる]をクリックします。

3 図形を挿入

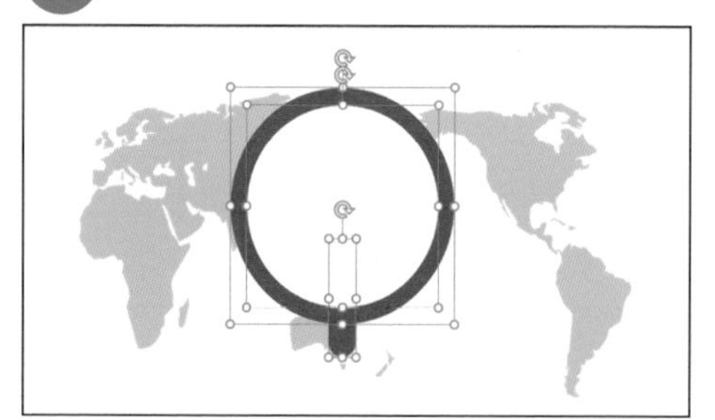

ピンクの円と少し小さな白色の円と角丸四角形を延べ棒状にしたものを重ね合わせてピンを作ります。グループ化をしておくと便利です。

関連#022

4 文字・アイコンを挿入

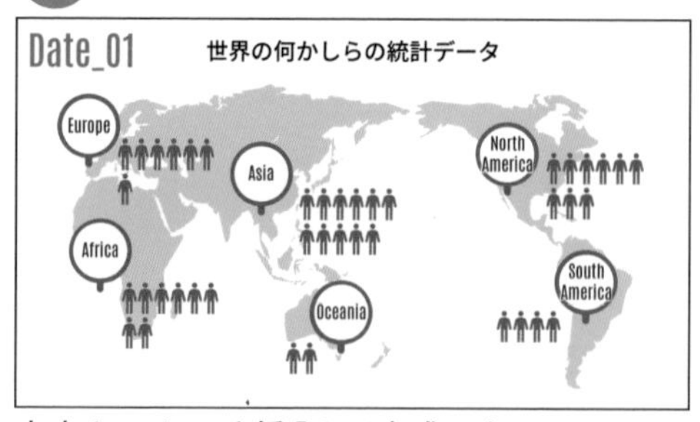

文字やアイコンを挿入して完成です。スライドマスターに地図を配置したことで触ってもずれなくなり、作業がスムーズになりました。

other Ideas

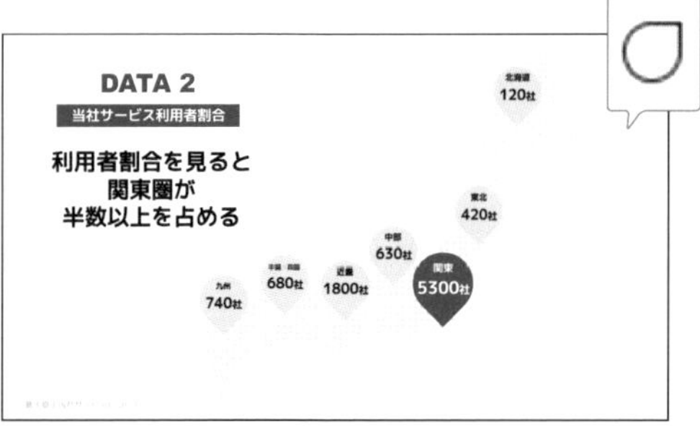

Ⓕ☑M PLUS　Ⓟ☑イラストAC
ドットの地図に図形の[涙形]をピンに見立てて配置しています。

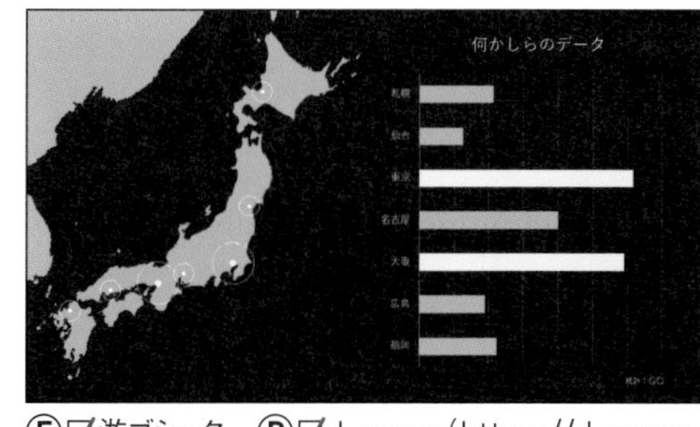

Ⓕ☑游ゴシック　Ⓟ☑d-maps(https://d-maps.com/carte.php?num_car=346&lang=ja)
地図とグラフを隣り合わせて配置するとイメージも伝わりやすいでしょう。

Ⓕ☑ロゴタイプゴシック
デフォルメされた地図なら図形の組み合わせで作ることもできます。

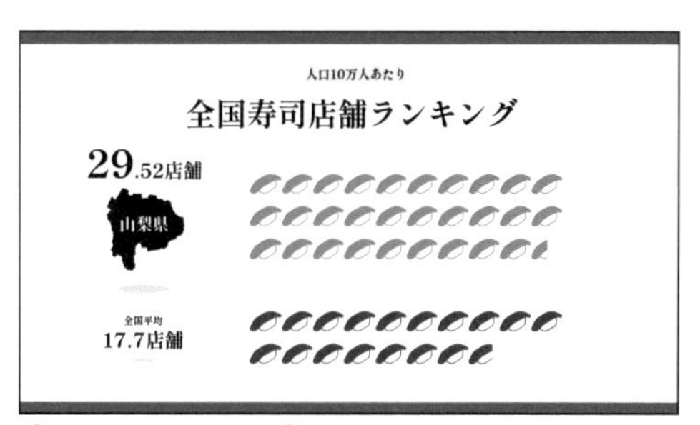

Ⓕ☑しっぽり明朝　Ⓟ☑水扇 -すいせん-
地図の切り抜きをアイコンとして使うのもよいでしょう。アイコンをインフォグラフィック的に使用しています。

関連#019

＼ アイコンを等間隔に複製する方法 ／

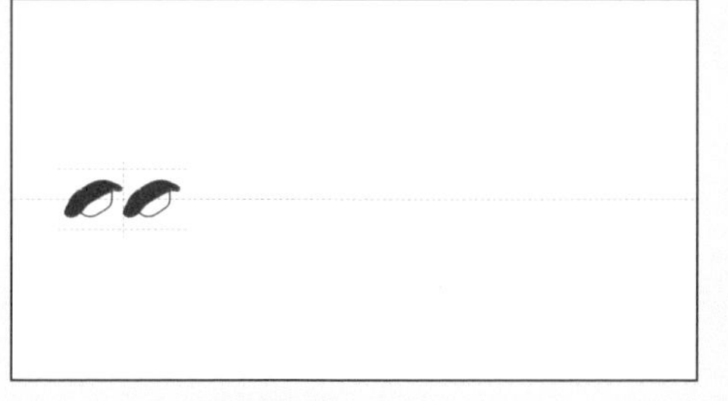

アイコンを1つ挿入します。アイコンをクリックした状態で Ctrl (option / control) ＋ Shift を長押しした状態で右側にドラッグし、表示されるガイド線を参考にマウスを離すと、アイコンが複製されます。

その後、Ctrl (⌘) ＋ Y (前の操作を繰り返す)を連続で押すことで、等間隔でアイコンが並びます。ほかの操作を間に挟んでしまうと複製できない点に注意してください。

インフォグラフィック的に魅せるデータ

完成例

生涯でがんになる確率

63%　　48%

MEMO
生涯で平均して日本人のふたりに一人ががんになっている

Ⓕ☑游ゴシック ☑Acumin Pro　Ⓟ☑PowerPointストックアイコン

作り方

1 アイコンを挿入

PowerPointのストックアイコンから人型のものを選択し、挿入します。アイコンを右クリック→[図形に変換]を選択し、SVG形式から図形に変換します。

関連#058

2 グラデーションの設定

塗りつぶし
塗りつぶしなし(N)
塗りつぶし(単色)(S)
塗りつぶし(グラデーション)(G)
塗りつぶし(図またはテクスチャ)(P)
塗りつぶし(パターン)(A)
既定のグラデーション(R)
種類(Y) 線形
方向(D)
角度(E) 180°
グラデーションの分岐点
色(C)
位置(O) 30%
透明度(T) 0%
明るさ(I) 0%

図形に変換したのでグラデーションで塗ることができるようになりました。グラデーションの設定を開き、青色と灰色のつまみの[位置]を30%のところで合わせます。

関連#012

3 アイコンを並べる

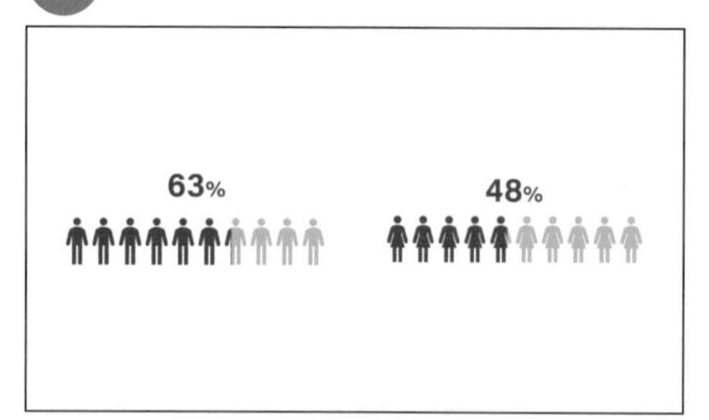

女性の左から5番目のアイコンは80%の位置にグラデーションのつまみが重なるように設定してください。

4 文字・図形を挿入

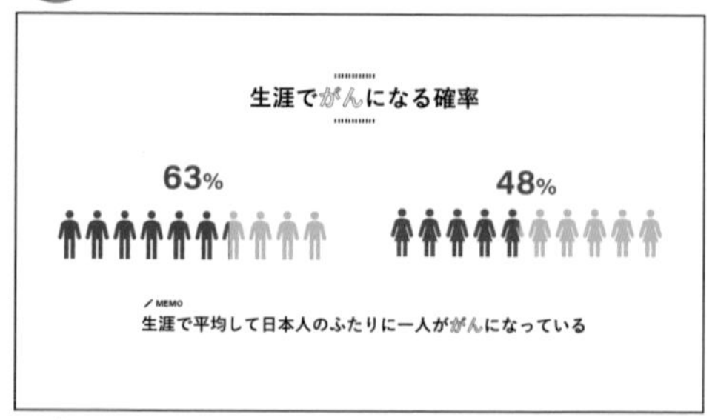

目立たせたいキーワードは文字の塗りを白、線を黒にしています。また、長方形を並べてタイトルの飾りにしています。

other Ideas

ここではハンバーガーをモチーフにしたインフォグラフィックの作り方を紹介します。

1 長方形を挿入

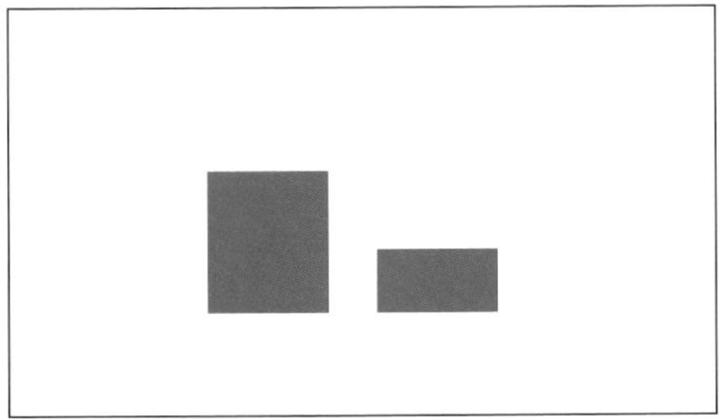

長方形を挿入して、1つ目の長方形の高さを6.62センチ、2つ目の長方形の高さを2.94センチにします。幅は何センチでもかまいません。

2 高さの調節

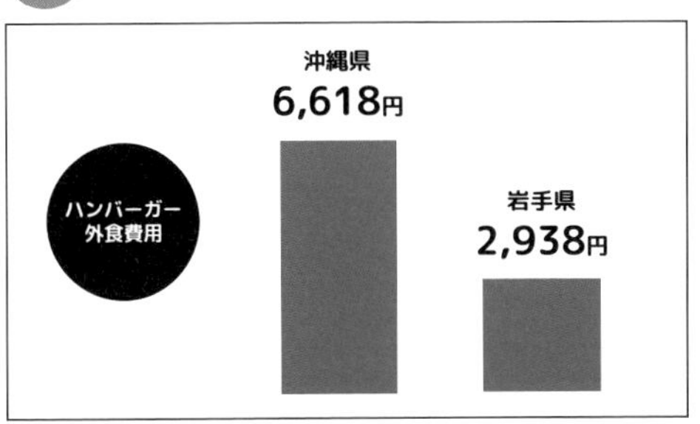

文字を挿入します。2つの長方形を同時に選択した状態で、バランスを見て縦方向に拡大させます。同時に選択して行うことで、2つの高さの比を変えずに長さを変更できます。

3 パーツの作成

空白のスライド上に、図形を組み合わせたり、図形の結合の機能を使いながらパーツを作成します。

関連#032

4 図形を組み合わせる

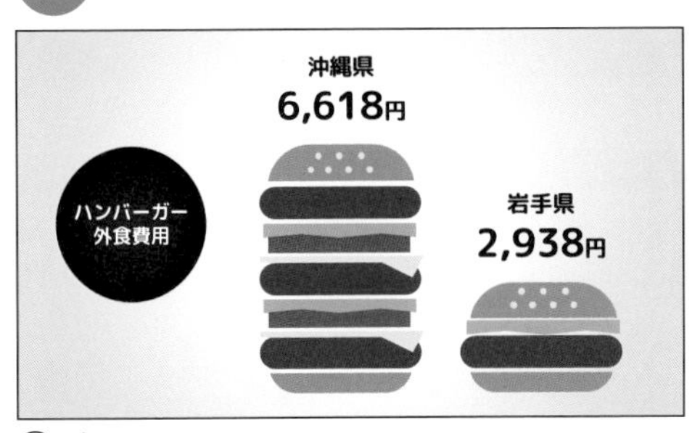

Ⓕ☑M PLUS Rounded
ハンバーガーの上と下を基準として配置した長方形にピッタリ合うようにパーツを配置します。背景は[塗りつぶし(グラデーション)]→[種類]を[放射]をにして中央から外側に色が変化するようにします。

Ⓕ☑游ゴシック　Ⓟ☑PowerPointストックアイコン
グラフを車が走っているように見せるなど、グラフとアイコンを組み合わせるアイデアもよいでしょう。

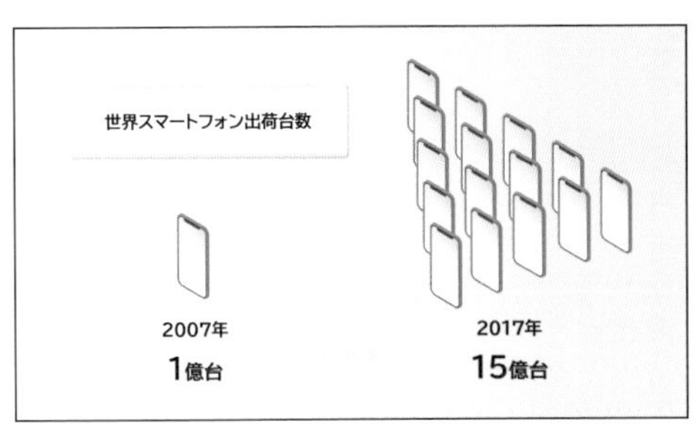

Ⓕ☑BIZ UDPゴシック　Ⓟ☑イージーイラスト
イラストを並べるだけでも、単に数字だけで表記するよりも直感的に変化がわかりやすくなります。

Mac版PowerPointのあれこれ

Mac版はWindows版と異なる仕様となっているものが多くあります。本書はWin版を想定して説明をしていますので、Macユーザーには名称が異なっていたりボタンの場所や表示順が違ったりすることがあります。本書では紙面の都合上Mac版の手順をお載せすることができませんでしたが、本書の手順の通りにできない場合でも、どこかしらにボタンがあったりしますので探してみてください。
ここではいくつか代表的な違いについて紹介したいと思います。

①ダブルクリックでテキストボックスが挿入できる
スライドをダブルクリックするとテキストボックスを挿入できます。とても便利ですのでぜひ使ってみてください。

②フォントの違い
MacとWindowsでは標準搭載されているフォントが異なるため、本書に載っているフォントの中に一部使用できないフォントがあります(BIZ UDPゴシックなど)。フリーフォントは同様にダウンロードして使用できます。一方で、Macにしかないフォントもあるため(ヒラギノ角ゴシックなど)、フォントリストから探してお気に入りのものを探してみてください。
その際、片方にしかないフォントはファイルを共有した際にきちんと表示されないため、注意が必要です。MacとWindowsでファイルをやりとりする際は、游ゴシックかメイリオがおすすめです。

③アニメーションの種類
Mac版のほうが若干アニメーションの種類が少ないです。また、Mac版では速度調整など細かいアニメーション設定を行うことが難しいです。ただ、基本的なものに関しては搭載されているため、オーソドックスなアニメーションを使う場合は問題になる場面はあまりないでしょう。

④ショートカットキーが異なるものがある
[新規スライドを挿入]
Win Ctrl+M、Mac ⌘+Shift+N

[グループ化(解除)]
Win Ctrl+G(Ctrl+Shift+G)、Mac ⌘+option+G (⌘+shift+option+G)

[最前面/最背面に移動]
Win なし、Mac ⌘+Shift+F/B

ショートカットキーについては、実際に手を動かして習得するファイルを用意していますので、実際にダウンロードしてショートカットキーをマスターしてみてください。 関連#0章ショートカットキー

そのほかにも本書の中で違いを説明しているページがいくつかありますので、Mac版のPowerPointを使用されている人は参考にしてください。

第3章

図形を使いこなす

基本的な図形を組み合わせるだけでも非常に多くの種類のデザインを作成することができます。この章を通してぜひ図形を使いこなせるようになってください。

平行四辺形を使ったデザイン

完成例

Ⓕ☑游ゴシック ☑Tw Cen MT　Ⓟ☑ぱくたそ

作り方

1 平行四辺形を挿入

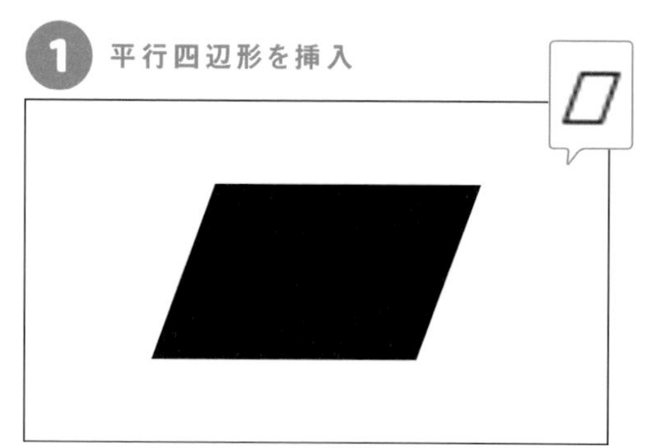

リボン[挿入]→[図形]→[平行四辺形]を選択し図形を挿入します。オレンジ色のつまみを動かして好みの角度に調整してください。

2 平行四辺形を配置

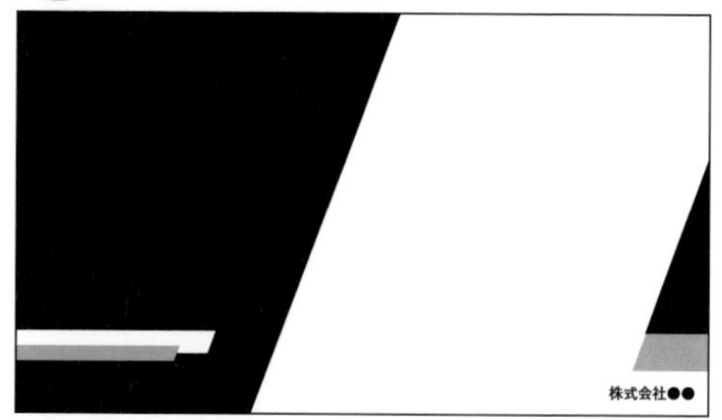

色や大きさを変えた平行四辺形を複製・配置します。この際の重要なポイントは平行四辺形の斜めの角度を統一することです。

3 文字・画像を配置

文字・画像を配置します。文字を斜体にするにはテキストボックスを選択した状態でリボン[ホーム]→[斜体](もしくはCtrl+I)を選択します。

4 文字を挿入

平行四辺形を右クリック→[図形の書式設定]→[図形のオプション]→[効果]→[影]から影を設定します。

other Ideas

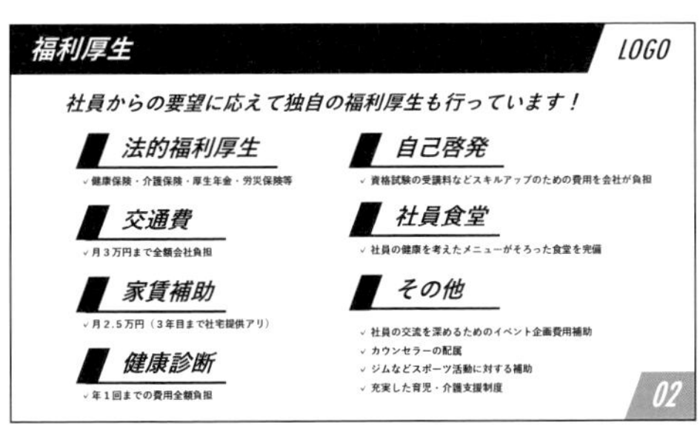

Ⓕ☑游ゴシック ☑Tw Cen MT
表紙以外でも平行四辺形のパーツを使ったデザインを使用することで、全体として統一感を出しながらも変化を出すことができます。

Ⓕ☑游ゴシック ☑Tw Cen MT Ⓟ☑ぱくたそ
画像の形も平行四辺形に切り抜くとよいでしょう。

関連#048

Ⓕ☑Noto Sans JP ☑Eras ☑Unsplash
平行四辺形はスピード感を出すのにもってこいの図形です。

Ⓕ☑さわらびゴシック ☑Century
細い平行四辺形をたくさん横に並べるとストライプ柄になります。

図形の変更

図形の形を変更したいとき、わざわざイチから作り直していませんか？ PowerPointはボタン1つで図形を変更することができます。

変更したい図形を選択した状態で、リボン[図形の書式設定]→[図形の編集]→[図形の変更]から、目的の図形を選択すると図形の塗りなどの設定はそのままに形が置き換わります。

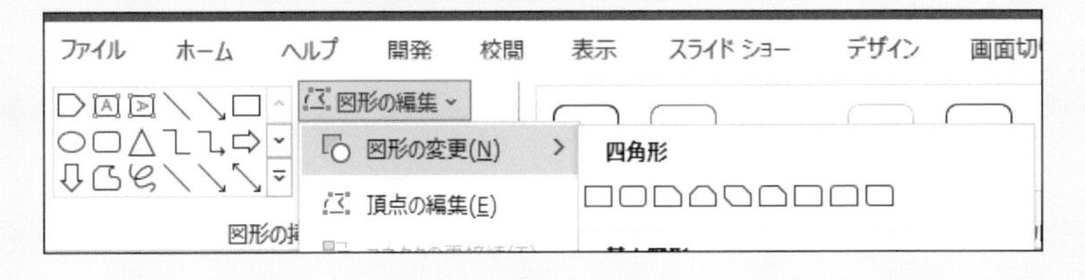

正方形を活用したデザイン

完成例

Ⓕ☑Noto Sans JP ☑Eras Ⓟ☑Pexels

作り方

1 正方形を挿入

正方形を作る際は[基本図形:正方形/長方形]を挿入後、Shift キーを長押ししたままドラッグすることで正方形を作ることができます。

2 画像で塗る

画像にしたい正方形を右クリック→[図形の書式設定]→[塗りつぶし(図またはテクスチャ)]→[画像ソース]→[挿入する]からファイルを開き、画像を選択します。

3 大きさ・位置を調整

[図をテクスチャとして並べる]にチェックマークをつけて、[図形に合わせて回転する]のチェックマークを外します。

4 文字を入力

[移動][幅の調整][高さの調整]の数値を変更し(画像のサイズによって適切な数値は異なります)、文字を入力します。

other Ideas

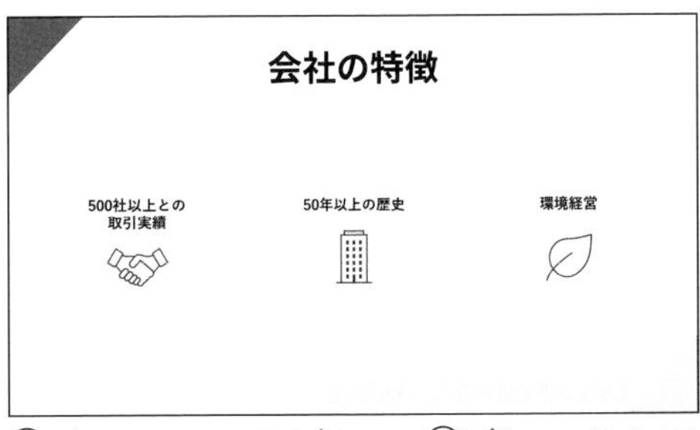

Ⓕ☑Noto Sans JP ☑Eras　Ⓟ☑PowerPointストックアイコン

表紙以外のスライドでも正方形のパーツを使うことで、全体として統一感を出すことができます。

Ⓕ☑スマートフォントUI　Ⓟ☑写真AC

色を少しずらした三角形を2つ組み合わせて正方形を作ると遊び心のあるデザインになります。

関連#028

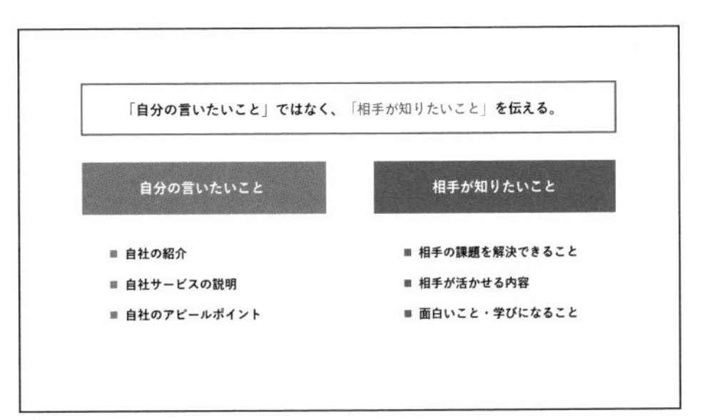

Ⓕ☑游ゴシック

正方形や長方形など四角形は一番基本となる図形です。内容のまとまりを表すのにとても便利です。

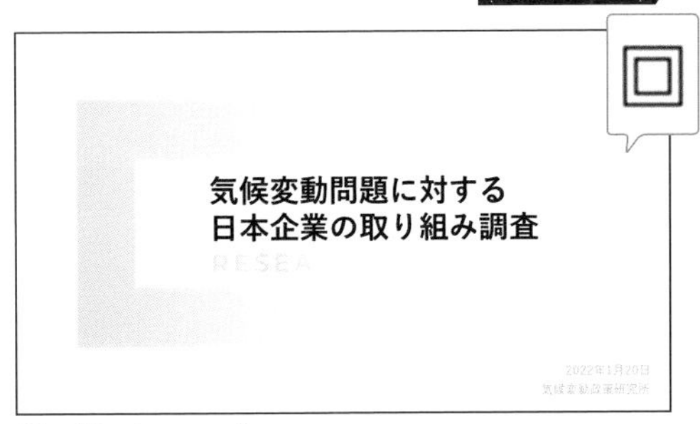

Ⓕ☑游ゴシック ☑Montserrat

[フレーム]を使うと、真ん中がくり抜かれた正方形や長方形を作ることができます。図形1つでもシンプルでおしゃれなデザインを作ることができます。

Tips

既定の図形に設定

図形の色や影の設定をいちいち1個ずつ設定するのはとてもめんどくさいですよね。そんなときは[既定の図形に設定]という機能を使いましょう。

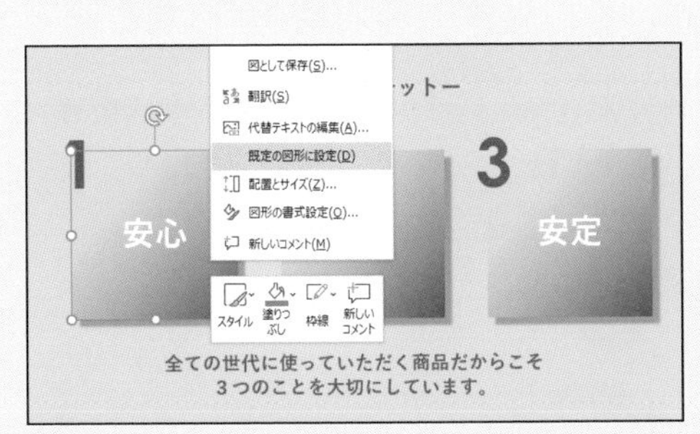

基準にしたい図形を右クリック→[既定の図形に設定]を選択します。線:なし、塗り:グラデーション、効果:影、フォント:游ゴシック、色:白、サイズ:48ptという設定が既定の図形として設定されます。

次に、任意の図形を挿入してみてください。先ほど既定の図形に設定した状態が引き継がれて新しい図形が挿入されました。上書きしてほかの図形を既定の図形に設定し直さない限りは、図形を挿入した際はこの設定が反映されたままになります。

同様の方法で、テキストボックスも[既定のテキストボックスに設定]することができます。フォント・色・サイズなどが固定されます。はじめに、フォントの種類や行間を調整したテキストボックスを既定のテキストボックスに設定しておくと便利でしょう。

角丸四角形を活用したデザイン

完成例

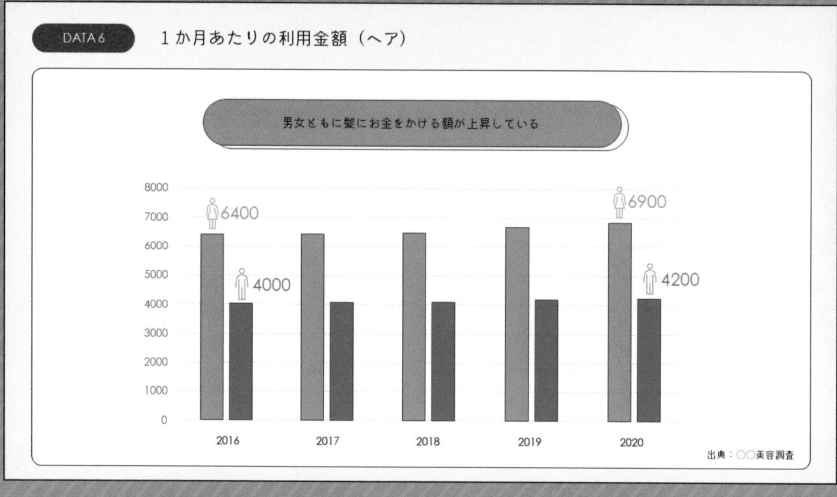

Ⓕ☑マメロン ☑Century Gothic　Ⓟ☑PowerPointストックアイコン

作り方

1 角丸四角形を挿入

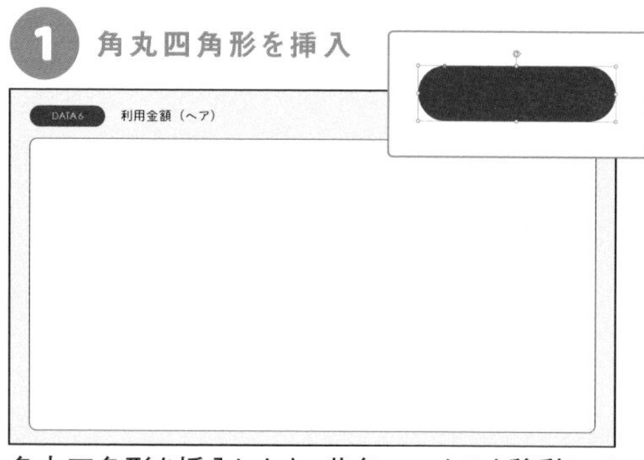

角丸四角形を挿入します。黄色いつまみを移動して好みの丸み具合にします。黄色のつまみを最大限内側に移動すると、丸い延べ棒状の図形が出来上がります。

2 グラフを挿入

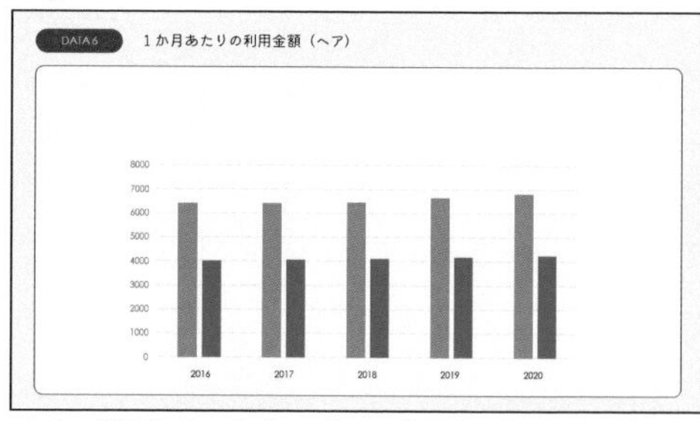

リボン[挿入]→[グラフ]から[縦棒:集合縦棒]を挿入します。

3 グラフの装飾

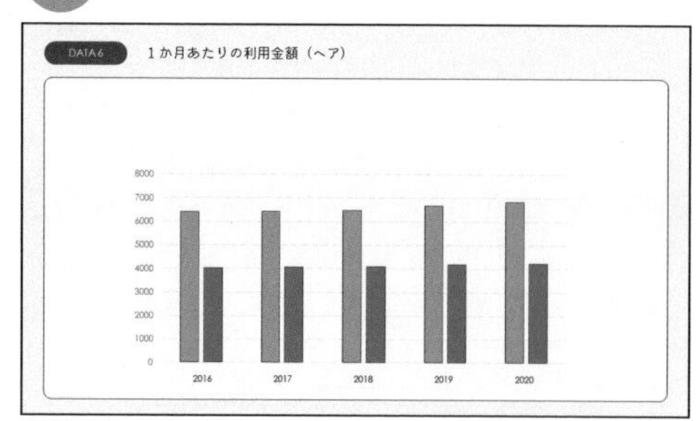

グラフの棒部分を右クリック→[データ系列の書式設定]→[塗りつぶしと線]から色を変更します。

4 文字・図形を挿入

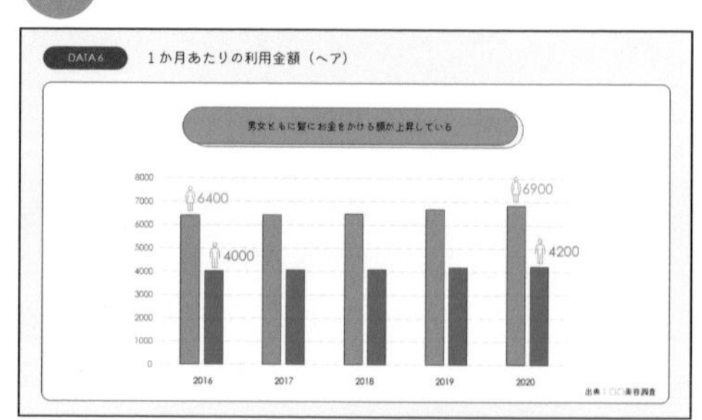

アイコンを挿入するとグラフの指し示すものがよりわかりやすくなります。同じ図形を少しずらして配置するのもおしゃれです。

other Ideas

Ⓕ☑BIZ UDPゴシック
カラフルなグラデーションと図形のランダムな配置が相性抜群です。背景にドットのパターンのあしらいを追加しています。 関連#038

Ⓕ☑Noto Sans JP ☑Acumin Pro　Ⓟ☑写真AC
[四角形:上の2つの角を丸める]を2つ組み合わせて使うのもおすすめです。

リモートワークにおける
チームビルディングの重要性
プレゼンター：内海 朋美

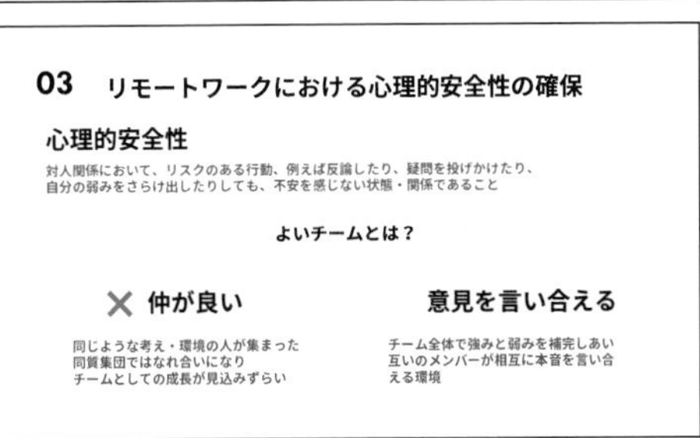

Ⓕ☑Noto Sans JP ☑Tw Cen MT
同じモチーフをタイトルスライド以外にも使うことで、全体としての印象を高めることができます。

回転のテクニック

PowerPointのオブジェクトを回転させるには、オブジェクトを選択した際に表示される回転した矢印のつまみをつかみながらマウスを左右に動かします。
また、Shiftを長押ししたまま左右にマウスを動かすと15度ずつ回転できます。
Alt（option）を長押ししながら←or→をクリックすると15度ずつ回転できます。
Alt（option）＋Ctrl（⌘）を長押ししながら←or→をクリックすると1度ずつ回転できます。
[図形の書式設定]→[図形のオプション]→[サイズとプロパティ]→[サイズ]→[回転]から直接数値を入力して角度を指定することもできます。
オブジェクトの角度をそろえたいときや、45度など切りのいい角度にしたいときに活用してください。

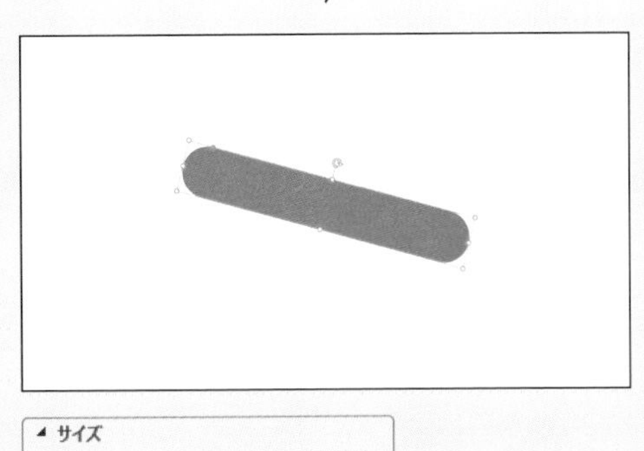

◢ サイズ	
高さ(E)	2.78 cm
幅(D)	16.4 cm
回転(T)	16°
高さの倍率(H)	100%
幅の倍率(W)	100%
□ 縦横比を固定する(A)	

#023 円を活用したデザイン

完成例

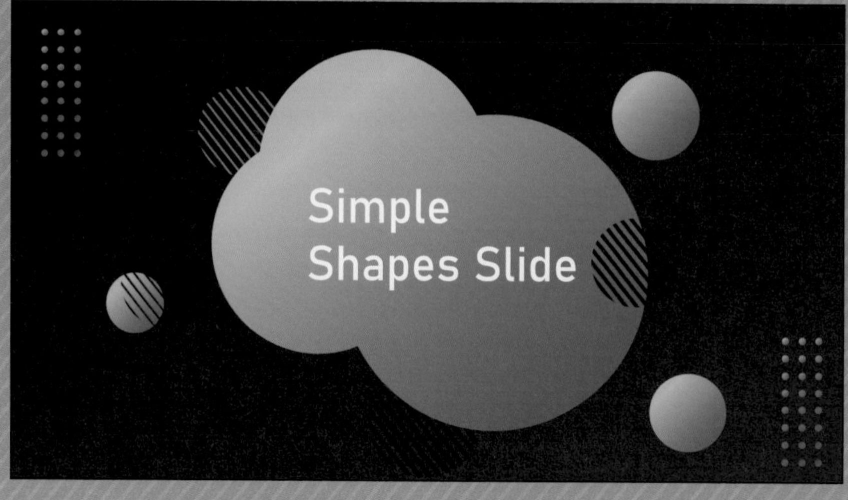

Ⓕ☑Bahnschrift

作り方

1 円を挿入

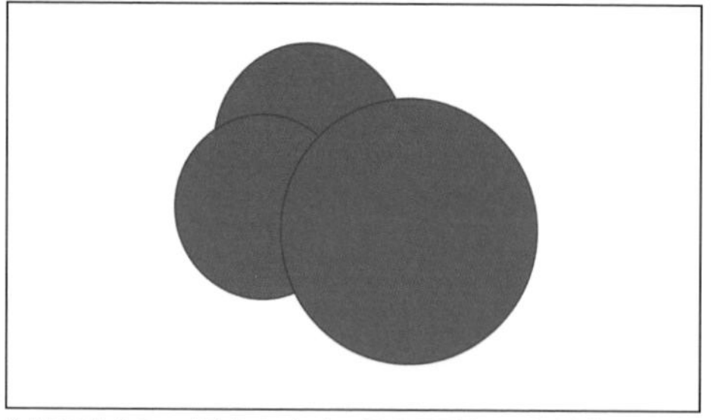

[楕円]を3つ挿入します。Shiftキーを長押ししながら拡大縮小することで、正円になります。

2 グループ化

線をなしにして、3つの円をCtrl（⌘+option）+Gでグループ化します（グループ化をしないと③の結果が変わります）。

3 塗りをグラデーションに

図形を右クリック→[図形の書式設定]を開き、図形の塗りをグラデーションに変更します。

4 文字・図形を挿入

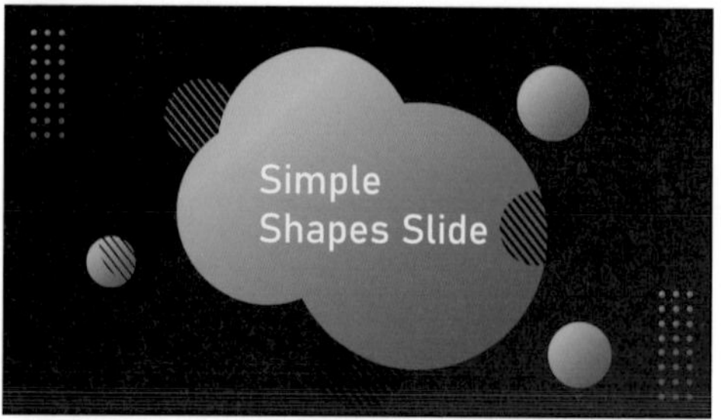

円を整列させて対角に配置します。ストライプパターンの円もランダムで配置します。 関連#038

other Ideas

Ⓕ☑コーポレート・ロゴ　Ⓟ☑Unsplash
図形の[円弧]を飾りに使用しています。これも図形の挿入時に Shift キーを押しながら拡大縮小をすることで、正円の軌跡になります。

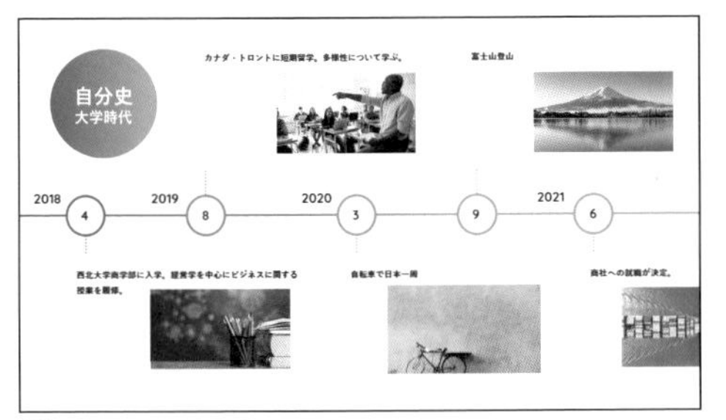

Ⓕ☑游ゴシック ☑Quicksand
Ⓟ☑PowerPointストック画像
線と円をつなげて時系列を表現することができます。画面切り替えプッシュとも相性がよいです。

関連#065

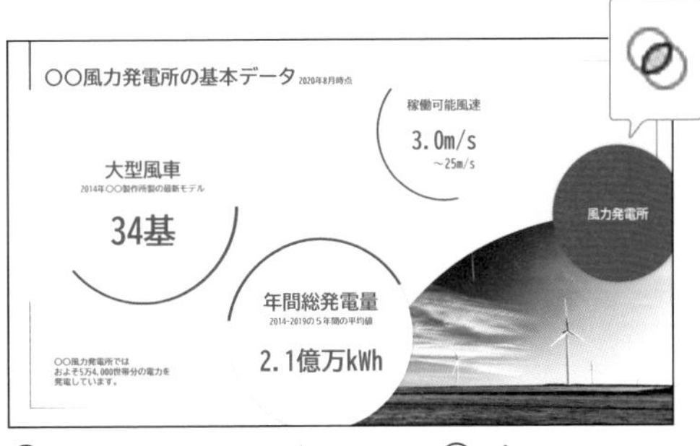

Ⓕ☑BIZ UDゴシック ☑Antonio　Ⓟ☑Unsplash
円（白）と部分円（緑）を重ね合わせて作っています。画像と大きな円を重ねて[重なり抽出]により切り抜いています。

関連#049

楕円のデザイン

楕円は正円と違って形の種類・傾きの角度等考える必要があることが増え、バランスをうまくとるのが難しい図形です。文字と図形の間にゆとりをもたせるとよいでしょう。

Ⓕ☑BIZUDPゴシック ☑Century Gothic

#024 三角形を活用したデザイン

＼完成例／

Ⓕ☑Noto Sans JP ☑Raleway　Ⓟ☑写真AC

作り方

① 文字を挿入

未経験
未経験 から始める パソコン講座

文字を挿入します。「未経験」のテキストボックスを複製します。

② 文字の加工

未経験
未経験 から始める パソコン講座

手前のテキストボックスを右クリック→［図形の書式設定］→［文字のオプション］→［線（単色）］を選び［幅］を2.75ptにします。次に［塗りつぶしなし］を選択します。

③ 位置の調整

未経験 から始める パソコン講座

後ろ側のテキストボックスの位置を手前の線だけのテキストボックスから右下に少しずらすと、版がずれたような文字の完成です。

④ 画像・図形を挿入

［基本図形：三角形］を挿入します。Shift を押しながら拡大縮小することで正三角形を作ることができます。画像を背面に配置して完成です。

other Ideas

Ⓕ☑BIZ UDPゴシック
大小さまざまな三角形を配置すると動きのあるデザインになります。ほかの図形でも試してみてください。

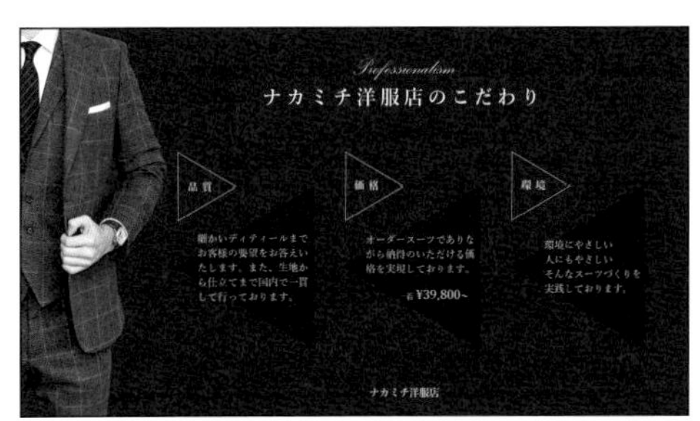

Ⓕ☑游明朝 ☑Palace Script Ⓟ☑Unsplash
基本的な図形を組み合わせるだけでもさまざまなレイアウトが作れます。

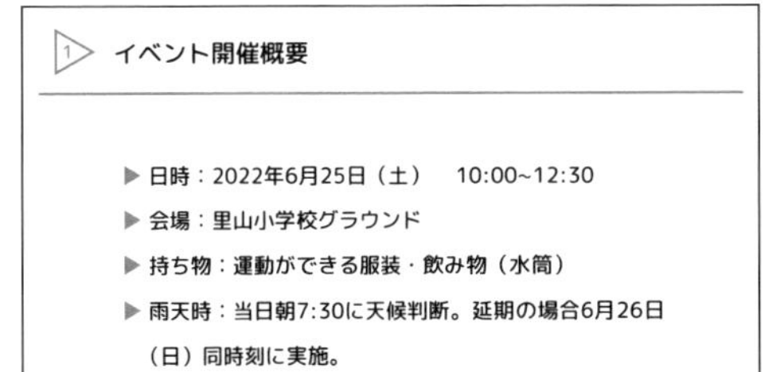

Ⓕ☑M PLUS Rounded
箇条書きの記号を三角形にするには[箇条書きと段落番号]→[ユーザー設定]から三角形の記号を選びます。 関連#010

Ⓕ☑游ゴシック Ⓟ☑Unsplash
三角形を半透明にし、全画面に大胆に配置をします。文字部分は[蛍光ペン]で紺色に塗っています。 関連#043 関連#063

角丸三角形を作る方法

PowerPointでは標準で角丸四角形（[四角形:角を丸くする]）はありますが、角丸三角形はありません。しかし、一工夫することで角丸三角形を作成することができます。

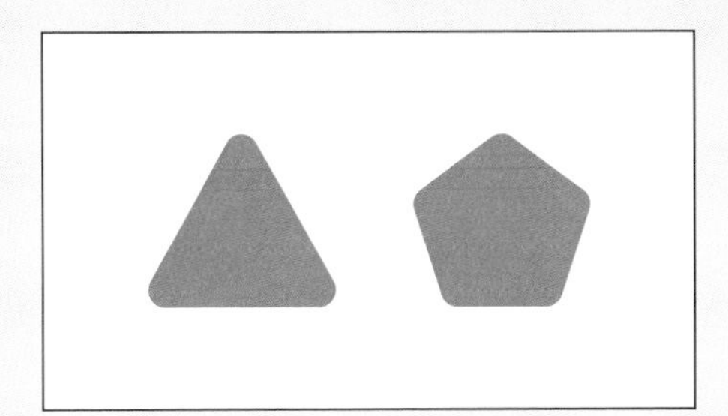

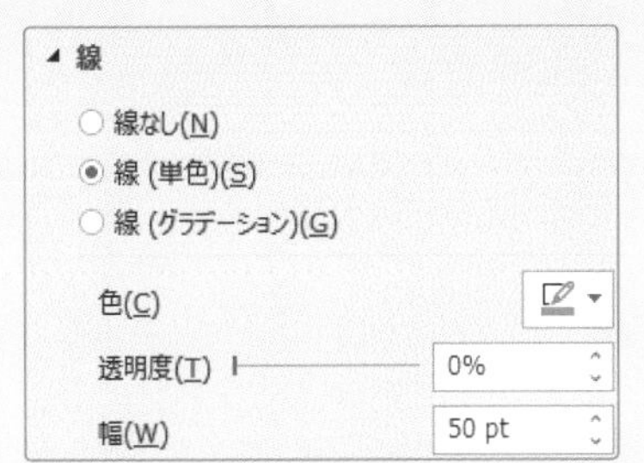

三角形を右クリック→[図形の書式設定]→[図形のオプション]→[塗りつぶしと線]→[線]の[幅]を50ptなど、すごく太くします。さらに[線の結合点]を[丸]に変更すると、角丸三角形の完成です。五角形などほかの図形でも同じように角が丸いものを作ることができます。

その他の図形を活用したデザイン

完成例

話し手：立石明恵

Ⓕ☑Noto Serif JP ☑Vladimir Script

作り方

1 ひし形を挿入

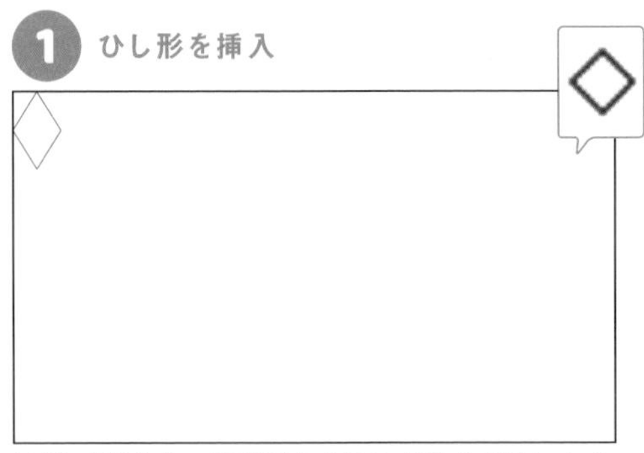

リボン[挿入]→[図形]から[ひし形]を挿入し左上に配置します。塗りはなしに、線は細めにします。

2 ひし形の複製

Ctrl（control）キーおよびShiftキーを長押しした状態で、ひし形を右側にドラッグします。動かしている最中に赤いガイドラインが表示されたらそれに沿ってきれいに並べます。

3 ひし形をさらに複製

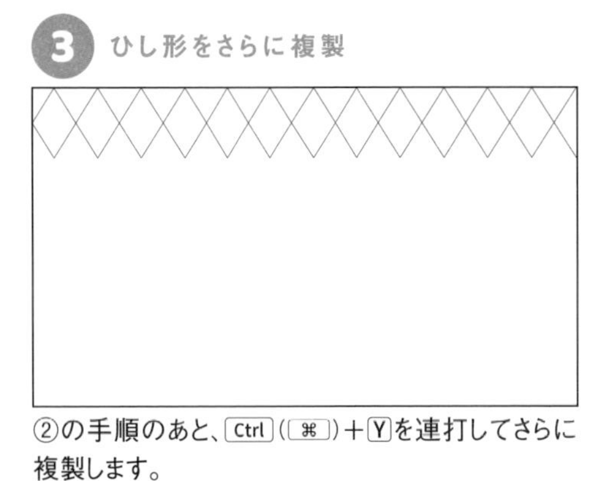

②の手順のあと、Ctrl（⌘）＋Yを連打してさらに複製します。

4 さらに複製

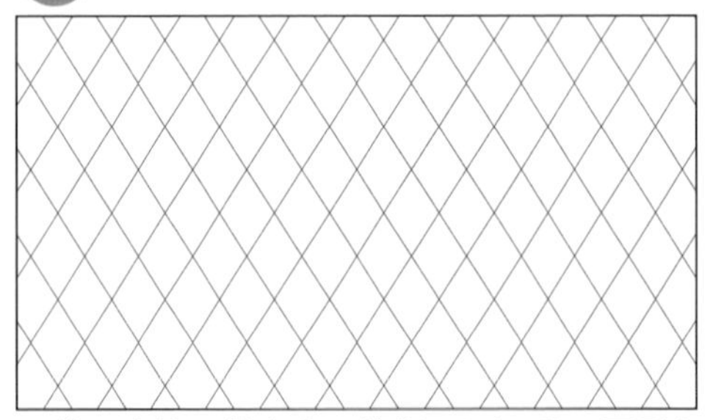

同様の方法で縦方向に複製します。③の図形をCtrl（⌘＋Option）＋Gでグループ化した状態で行うと効率がよいです。

5 ブローチを挿入

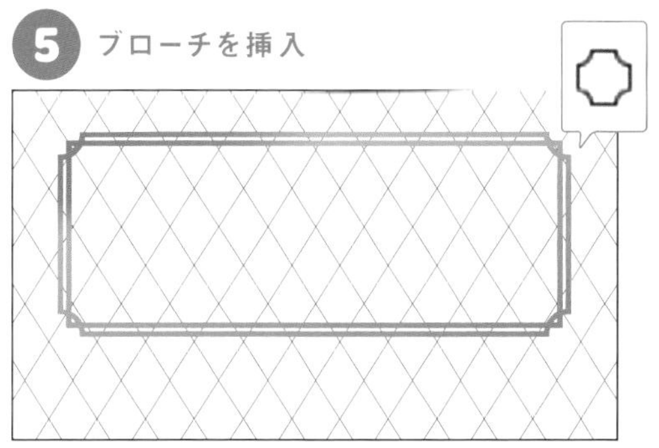

[ブローチ]と[長方形]を挿入します。塗りはなし、線の色はゴールドのグラデーションにします。ブローチは黄色のつまみを動かして適切な形にします。

6 文字・図形を挿入

文字と図形を挿入して完成です。背景のひし形の線は薄い灰色に変更します。

other Ideas

Ⓕ☑Kosugi(MotoyaLCedar) ☑Josefin Sans
Ⓟ☑Unsplash
[矢印:五方向]を使ったデザインです。テキストボックスを大胆に90度傾けて使うのも目を引きます。

Ⓕ☑コーポレート・ロゴ　Ⓟ☑PowerPointストックアイコン
[台形]を活用したデザインです。犬と猫のところをアイコンに置き換えてみました。

Ⓕ☑Noto Serif JP
[矢印:山形]を使ったデザインです。力強い配色とフォントを使用しています。

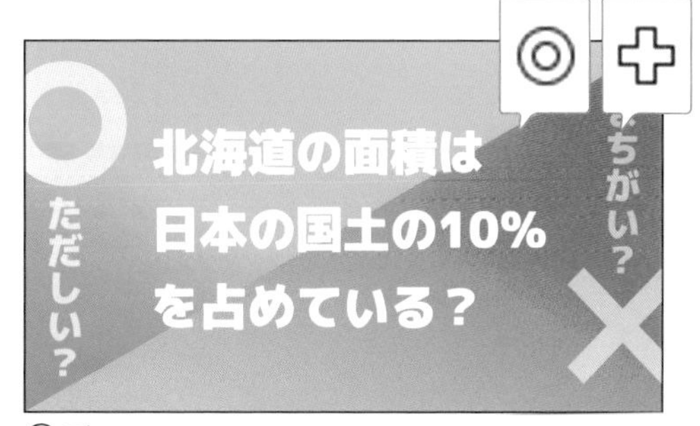

Ⓕ☑M PLUS
[円:塗りつぶしなし][十字形]を使ったデザインです。スライドでクイズをすると盛り上がりますね。

小さな図形でリズムを作る

完成例

Ⓕ☑解星-オプティ

作り方

1 図形を挿入

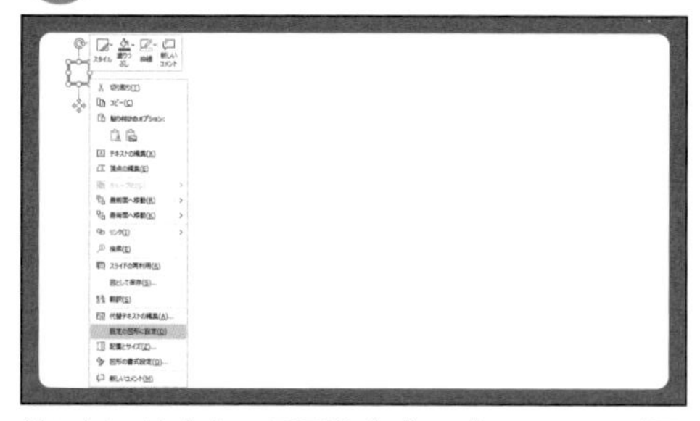

塗りなし・線赤色の図形を作成し、右クリックから[既定の図形に設定]を選択します。

2 図形の描画

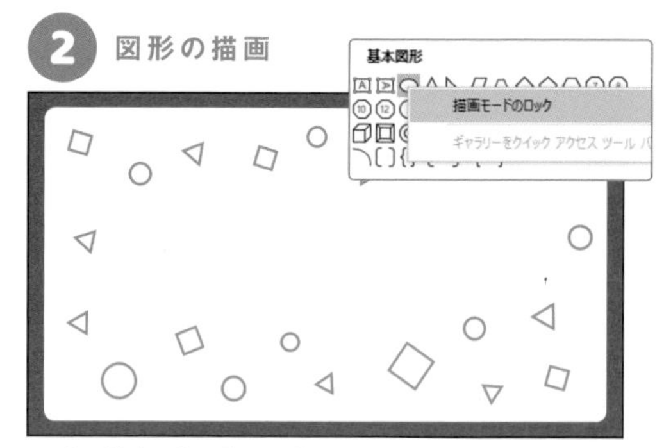

リボン[挿入]→[図形]から挿入したい図形を右クリック→[描画モードのロック]を選択すると、同じ図形を連続で描画できます。終了したい場合はEscキーをクリックします。

3 要素を挿入

[リボン:カーブして上方向に曲がる]とテキストボックスを挿入し、テキストボックスは変形[アーチ]の加工をします。

関連#007

4 サイズの調整

リボンを右クリック→[頂点の編集]からリボンの飛び出し部分のサイズを調整します。

関連#035

other Ideas

Ⓕ☑Montserrat

画面の四隅やタイトルに図形を組み合わせると、文字だけの画面と比べてまとまりが出ます。これらのアイデアはたくさん盛り込むのではなく、数を絞って使うとよいでしょう。

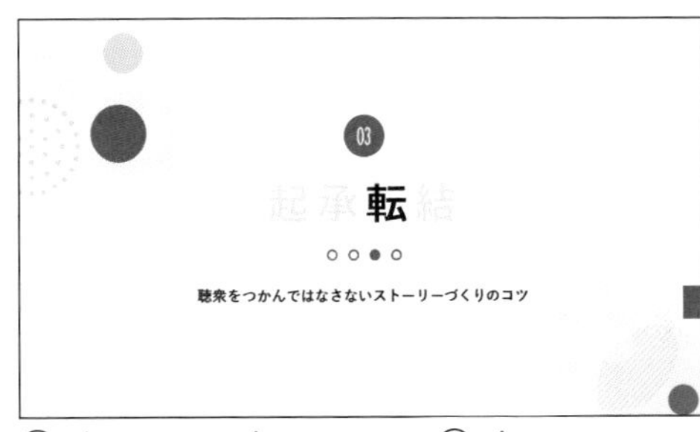

Ⓕ☑游ゴシック ☑The Hand Ⓟ☑PowerPointストックイラスト

塗りつぶしの円と線の円を組み合わせることで、さりげなくストーリーの位置を示すことができ、話にリズムをつけることができます。使い勝手のよいテクニックです。

丸い点線の作り方

線を右クリック→[図形の書式設定]を開き、[線]の[線の先端]を[丸]に、[実線/点線]から[点線(丸)]を選ぶと丸い点線が完成します。ただ、点線の間隔は調整できないため(線を太くすると間隔は広くなるが、線の太さを変えずに間隔を狭めたり、広めたりはできない)、思い通りの点線を作りたい場合は、円を並べて作成するとよいでしょう。

繰り返しのショートカット

Ctrl(⌘)+Yはその前の手順を繰り返すショートカットキーです。具体的な使用シーンを紹介します(なお、F4キーでもCtrl+Yと同様の効果を得られます)。作業スピードに大きな違いが出てきますので、実際に手を動かして体で覚えましょう。

①色・フォントの変更

同じスライド内であれば、Shiftキーの長押しで一度に選択してから変更できますが、複数のページにまたがる際には、Ctrl+Yをうまく活用しましょう。複数色を変更したい場合には、同じ色ごとに変えていくのが効率がよいでしょう。

②図形の複製

図形をCtrl+Shift+ドラッグで1つ複製したあとに、Ctrl+Yを連打すると簡単に等間隔で図形が並びます。

関連#025

③[元に戻す]を元に戻す

Ctrl(⌘)+Z(元に戻す)とCtrl(⌘)+Yを交互に押すことで、変更前と変更後のどちらがいいかを切り替えて判断できます。

#027 線を活用したデザイン

完成例

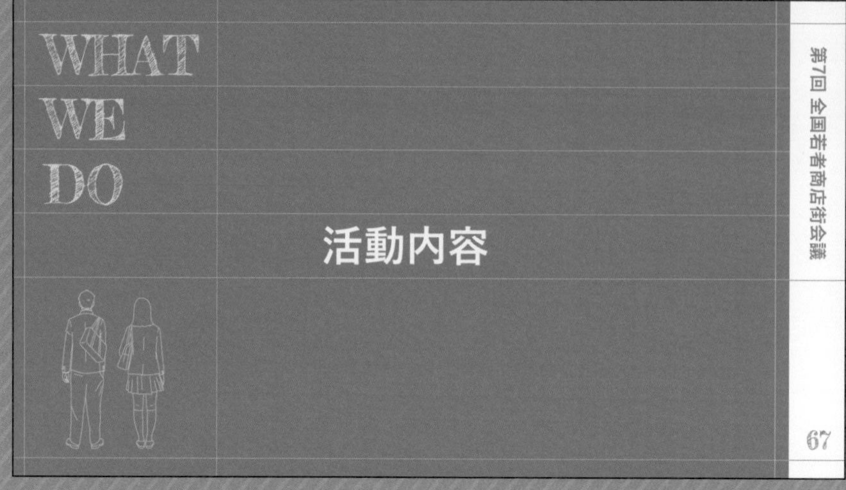

Ⓕ☑游ゴシック ☑Fredericka the Great　Ⓟ☑linustock

作り方

1 線を挿入

正方形と線を挿入し、配置します。線の幅（太さ）は0.5ptです。

2 文字・素材を挿入

文字と素材を挿入します。イラスト（画像）を挿入後、モノトーンに色を変更し背景になじませます。

関連#054

3 ページ番号を挿入

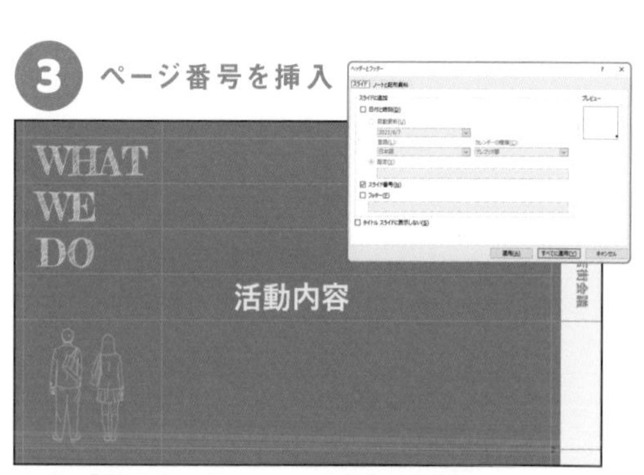

リボン[挿入]→[スライド番号]を選択します。ヘッダーとフッターのウィンドウが開くので[スライド番号]にチェックをし、[すべてに適用]をクリックします。

4 スライドマスターを表示

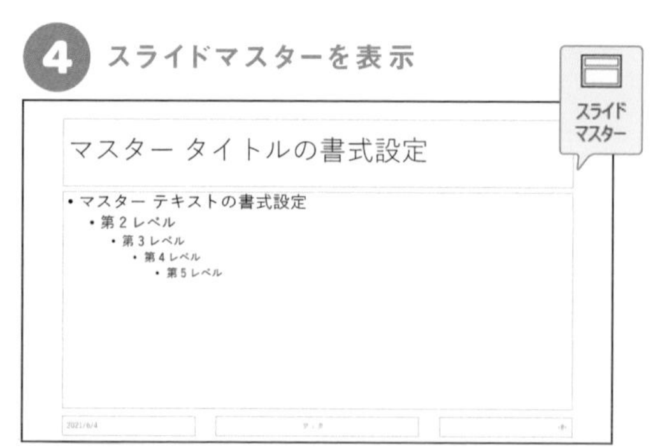

リボン[表示]→[スライドマスター]を選択します。一番上にあるマスタースライドの右下にある<#>がスライド番号に該当します。

5 スライド番号の編集

マスター タイトルの書式設定
• マスター テキストの書式設定
• 第 2 レベル
• 第 3 レベル
• 第 4 レベル
• 第 5 レベル

テキストボックスと同じように、フォント・大きさ・色・位置を調整します。

6 スライドマスターを閉じる

スライドマスターを閉じると、スライド番号が変更されていることがわかります。サムネイルの順番を移動するとスライド番号も自動で入れ替わります。

other Ideas

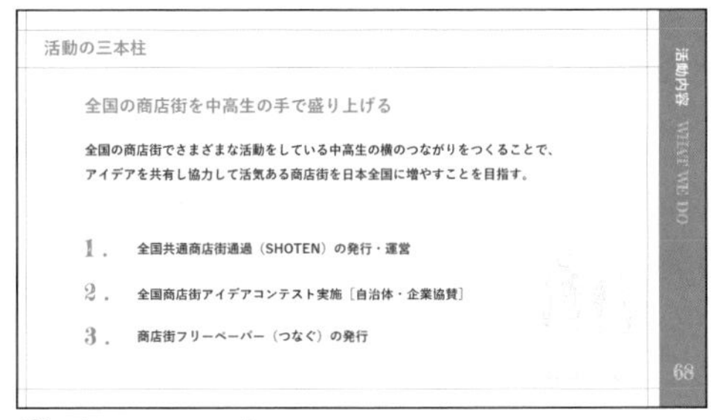

Ⓕ☑游ゴシック ☑Fredericka the Great
Ⓟ☑linustock
作り方では説明していませんが、線を含めレイアウトをスライドマスター上で作成し、サムネイルからレイアウトを適用したほうが間違って触って動かしてしまうこともないのでよいでしょう。

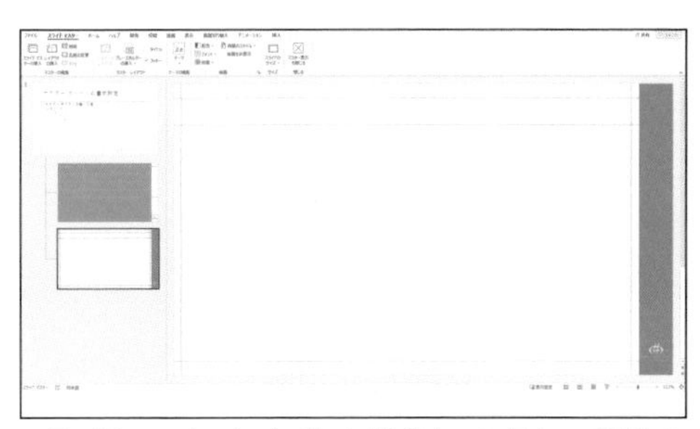

スライドマスターにタイトル部分とコンテンツ部分の2種類のレイアウトを作成。必要であればレイアウトを増やしてほかのパターンも作成可能です。

関連#0章スライドマスター

Ⓕ☑游ゴシック ☑Josefin Slab ☑Raleway
Ⓟ☑Unsplash
線の入れ方にもいろいろなアイデアがあります。線の太さによってもデザインの表情は変わってきます。

目次

はじめに ………… 3
基本方針と成長戦略 ………… 10
今期実績 ………… 12
海外事業の展開 ………… 15
参考資料 ………… 18

Ⓕ☑メイリオ ☑Segoe UI
ページとタイトルを点線でつなぐとスマートに見えます。

色をちょっとずらしておしゃれに

完成例

PRESENTATION

5W1Hの思考法

相手に伝わりやすいコミュニケーション

What

何を実現したいのか

04

Ⓕ☑游ゴシック ☑Josefin Slab ☑Montserrat

作り方

❶ 図形を挿入

スライドを右クリック→[背景の書式設定]から背景の色を薄い黄色にします。また、三角形を挿入します。

❷ 色の抽出

図形を右クリック→[図形の書式設定]→[塗りつぶし]→[色]から[スポイト]を選択し、背景の色を抽出します。これにより図形の色が背景と同色になります。

❸ 色の変更

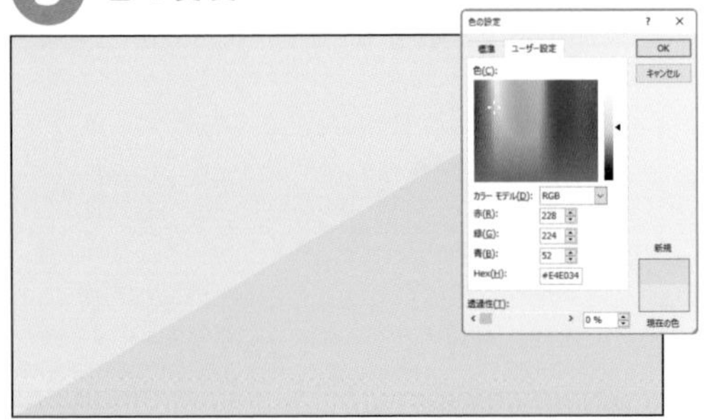

[図形の書式設定]の[色]から[その他の色]を選択します。カラーパネルの黒い三角形のつまみを下に移動させ、元の色より少し暗い色に変更します。

❹ 要素を挿入

テキストを挿入して完成です。章タイトルに視線がいくように、全体のタイトルは先ほど設定した濃い黄色にして目立たなくさせてもよいでしょう。

other Ideas

オンラインセミナー
事業を成長に導く
組織運営の基礎
講師
山中さや
ファシリテーター
嶋村仁

Ⓕ☑游ゴシック ☑Arial Ⓟ☑ぱくたそ
タイトルに関する英語を薄くして大きく配置するとおしゃれでしょう。画像は円形にトリミングしています。

関連#048

Ⓕ☑Noto Serif JP
背景とグラデーションの向きを逆にした図形を重ねると、ちょうど真ん中でグラデーションが反転しておしゃれな雰囲気になります。

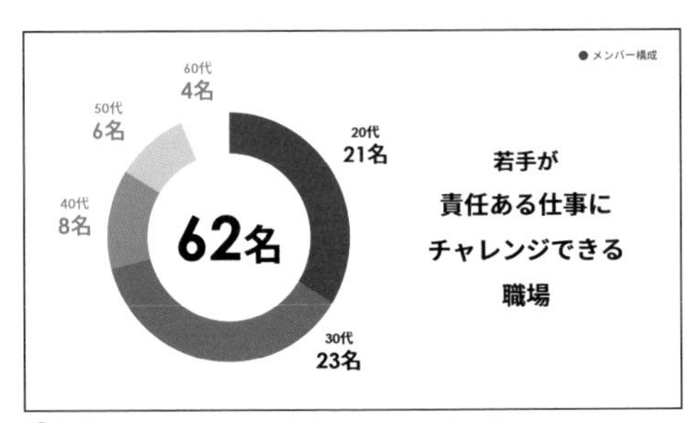

Ⓕ☑NotoSans JP ☑Century Gothic
1つの色を基準にして色を濃くしたり薄くしたりずらすことで、簡単に自然な配色のグラフになります。

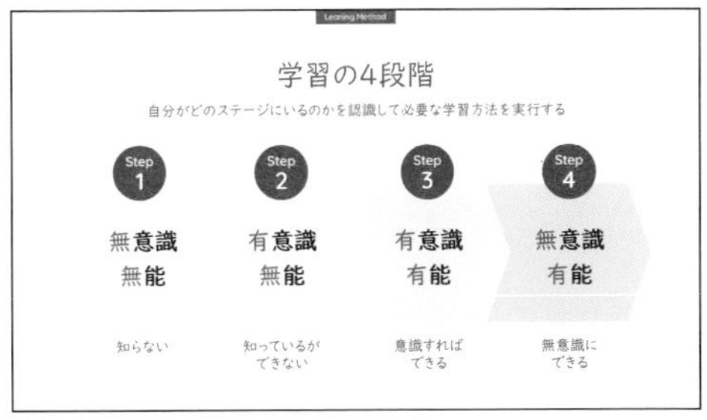

Ⓕ☑UD デジタル 教科書体 ☑Quicksand
Ⓟ☑PowerPointストックアイコン
1つの色を基準に薄くしたり濃くすることで、簡単にまとまった印象を出すことができます。手順を図示するときにとても使い勝手がよいテクニックです。

Tips

RGBとCMYK

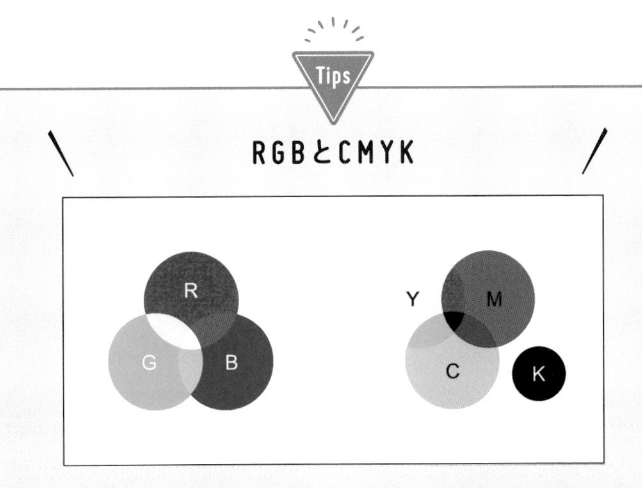

RGBとはテレビやパソコンのディスプレイなどの画面上で使う発色方式で、Red(レッド)・Green(グリーン)・Blue(ブルー)の3色で構成されています。CMYKは紙などの印刷物に使う発色方式で、Cyan(シアン)、Magenta(マゼンタ)、Yellow(イエロー)の3色に黒(K)を足したものです。RGB方式のほうがより広い範囲の色を表現できるため、画面上ではきれいに表示されている色が、紙に印刷した際に同じように表示されないことがあります。PowerPointの発色方式はRGBですので、ポスターやチラシなどの印刷物を作成する場合には実際に印刷してみて色の具合を確認するとよいでしょう(Mac版ではカラー設定で[CMYKつまみ]を設定することができます)。

グラデーションで彩る

完成例

Ⓕ☑游ゴシック ☑Antonio Ⓟ☑Tech Pic

作り方

1 線を挿入

2線を挿入し、10センチと6.7センチにします。線を右クリック→[図形の書式設定]→[線の先端]→[丸]にし10センチを黒、6.7センチをオレンジのグラデーションにします。

2 線を重ねる

2つの線を重ねます。上揃え及び左揃えでぴったり合わせます。

3 文字と線を挿入

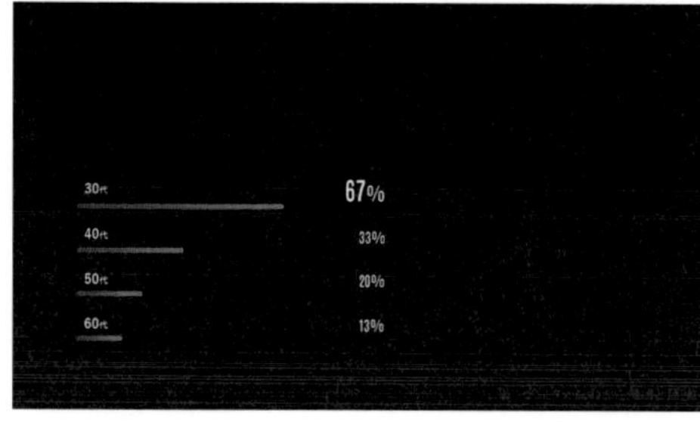

同じように線を追加し、文字を挿入します。背景を暗い灰色にします。

4 要素を挿入

オレンジ色のグラデーションの正方形や、素材を挿入して完成です。

other Ideas

Ⓕ☑BIZ UDPゴシック ☑Montserrat Ⓟ☑シルエットデザイン
グラデーションのつまみを増やせば、レインボーグラデーションも表現できます。

Ⓕ☑游ゴシック Ⓟ☑Unsplash ☑ぱくたそ
グラデーションの分岐点の透明度を高めることで透ける感じのデザインもいいですね。

Ⓕ☑BIZ UDPゴシック ☑Raleway
Ⓟ☑PowerPointストック画像
半透明のグラデーションを画像とずらして重ねることで奥行きが表現できます。

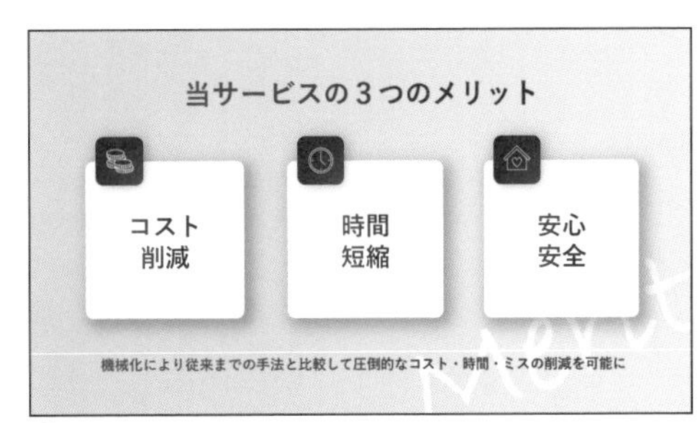

Ⓕ☑游ゴシック ☑Bradley Hand
Ⓟ☑PowerPointストックアイコン
薄いグラデーションと濃いグラデーションを組み合わせています。影をつけることで画面に立体感が出ます。

グラデーションの種類

グラデーションは基本的に直線的に色が変化する[線形]が一番扱いやすいですが、PowerPointにはほかにもグラデーションのつけ方があります。

[線形]いわゆる普通のグラデーションで直線的に色が変化します。
[放射]放射状にグラデーションの色が変化します。
[四角]四角形の中心点を基準にグラデーションの色が変化します。
[パス]図形の辺と図形の中心点を基準にグラデーションが適用されます。円だと[放射]、四角形だと[四角]と同様の効果になります。

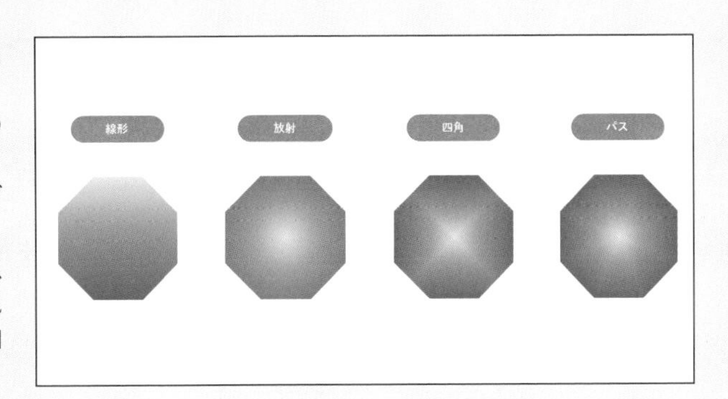

また、向きによってもグラデーションの表情が変わってきます。いろいろ試してみてください。

図形を組み合わせてふきだしを作る

＼完成例／

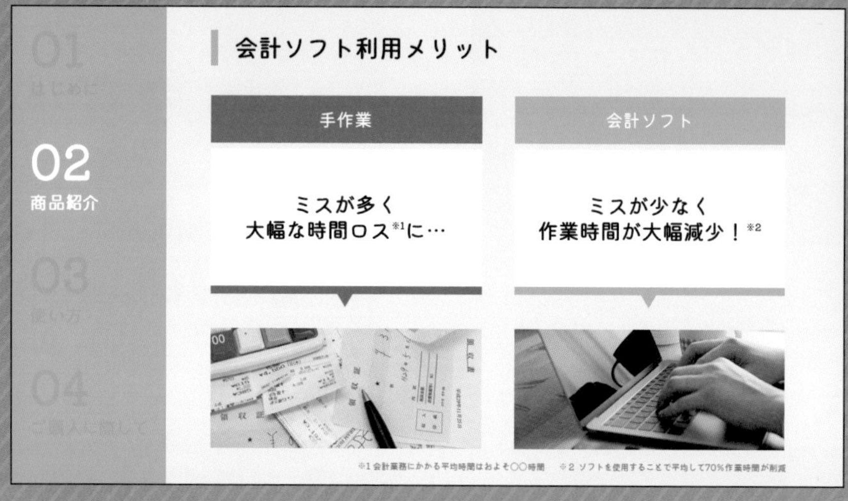

Ⓕ☑キウイ丸　Ⓟ☑写真AC

作り方

1 図形を挿入

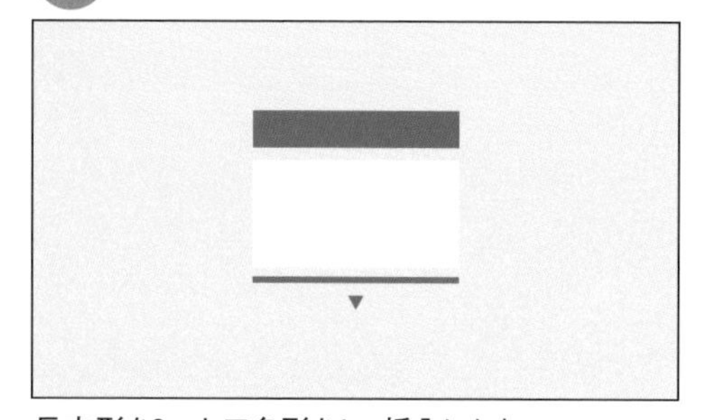

長方形を3つと三角形を1つ挿入します。

2 つなげる

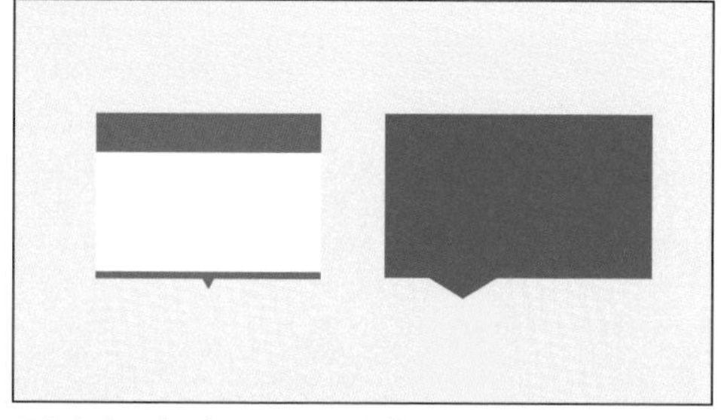

それらをつなげてふきだしを作ります。PowerPointの標準にもふきだし（右）はありますがしっぽの幅が太く、あまりスマートではないため自分で作りましょう。

3 その他の素材を挿入

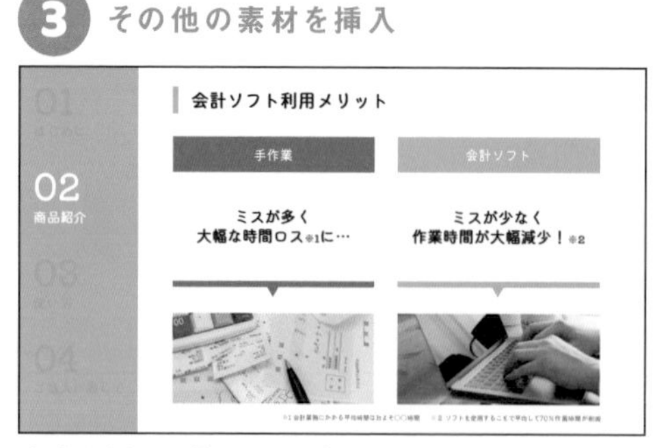

文字を挿入し「※1・※2」をマウスでドラッグした状態で、リボン［ホーム］→［フォント］エリアの右下の矢印をクリックします。

4 上付き文字にする

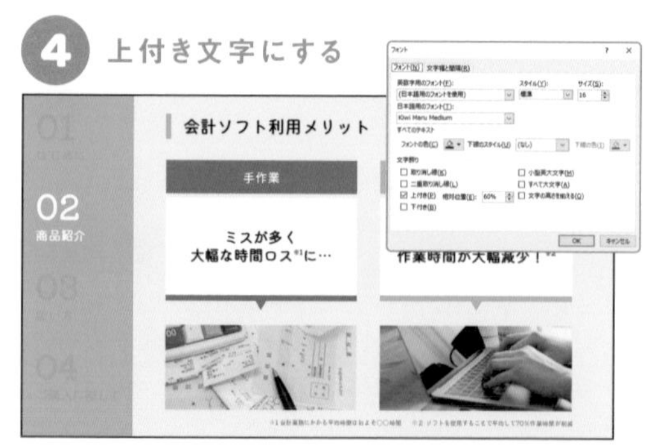

フォントのウィンドウが開くので［上付き］にチェックマークをつけて、［相対位置］を60%にして［OK］をクリックします（フォントによって最適な数値は変わります）。

other Ideas

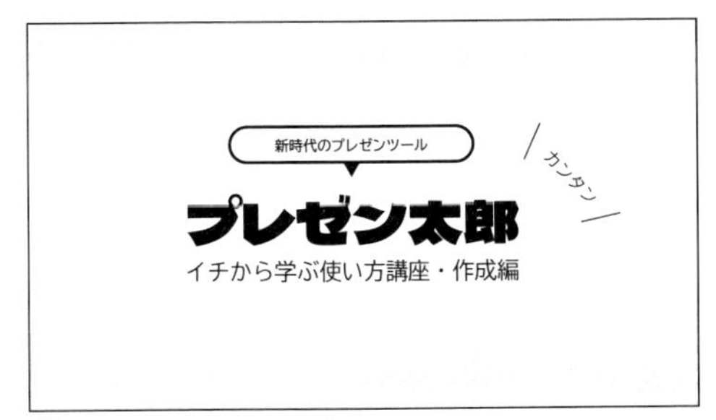

Ⓕ☑BIZ UDゴシック ☑デラゴシック
ふきだしの三角は小さめがよいでしょう。また、線を2つ使うだけでセリフのようなふきだしになります。上下の装飾はフリーフォームで書いています。
関連#034 関連#038

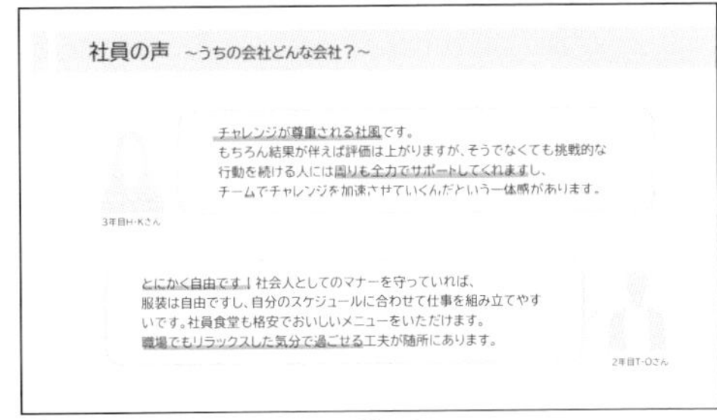

Ⓕ☑BIZ UDPゴシック　Ⓟ☑シルエットデザイン
[線の先端]→[丸]にした線をふきだしに使うのもおしゃれですね。セリフの部分は行間を1.2〜1.5くらいに広げて読みやすくしましょう。
関連#008

Ⓕ☑NotoSans JP　Ⓟ☑イラストナビ
[フローチャート:順次アクセス記憶]を挿入し、右クリック[頂点の編集]から1か所頂点を削除すればポップなふきだしになります。
関連#035

Ⓕ☑ロゴタイプゴシック　Ⓟ☑写真AC
線の先端を[始点矢印の種類]から[円形矢印]にすると、矢印としてではなくふきだしとしても活用できます。

頂点の編集でふきだしをスマートに

デフォルトのふきだしはしっぽがとび出すところが自由に決められず、形がスマートではありません。ただ、頂点の編集により思い通りのふきだしを作ることができます。
関連#035

ふきだしを挿入後、右クリック→[頂点の編集]を選択します。頂点の編集モードになるので、ふきだしのしっぽがとび出す部分の頂点を移動させます。理想の形になった場合は、画面のほかの部分をクリックして編集モードを終了します。

ふきだしをスマートに見せる方法としては、とび出すところの幅を狭めることと、あまりしっぽを長く伸ばしすぎないことです。その点を意識して頂点の編集を行ってください。ただし、頂点の編集を行うと黄色いつまみがなくなるので、自由にしっぽを動かせなくなることには注意してください。

矢印を使いこなす

完成例

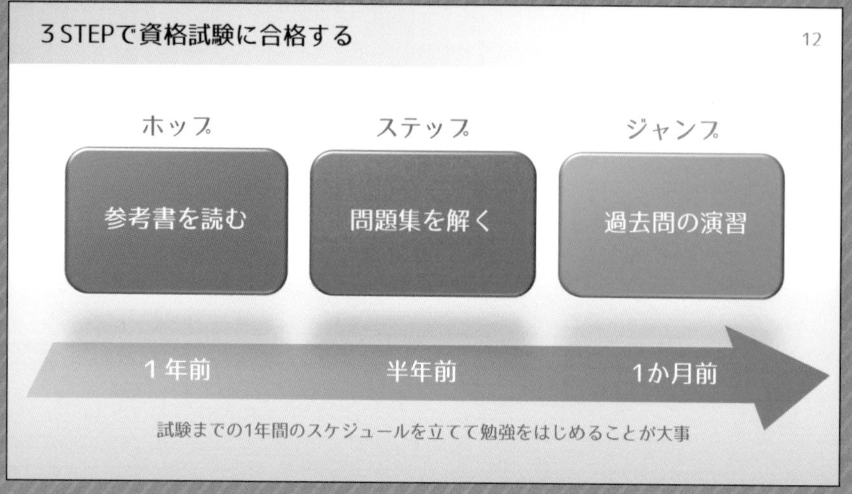

Ⓕ☑ロゴタイプゴシック

作り方

1 図形・矢印を挿入

リボン[挿入]→[図形]→[矢印:右]と角丸四角形を選んで挿入します。黄色のつまみなどを動かして矢印の大きさを調整します。

2 矢印の加工

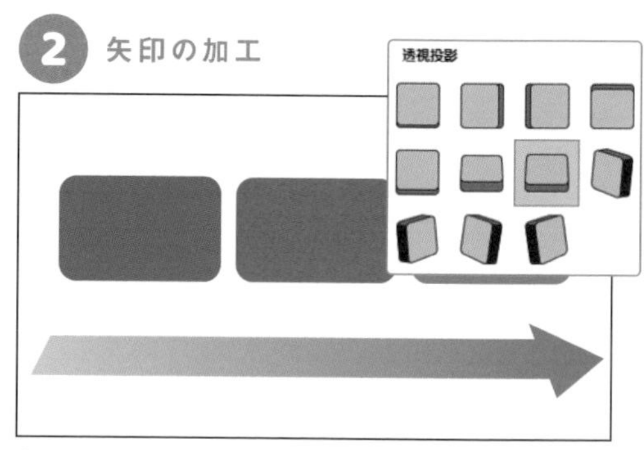

矢印を右クリック→[図形の書式設定]→[図形のオプション]→[効果]→[3-D回転]→[標準スタイル]の中から[透視投影:緩い傾斜]を選択します。

3 角丸四角形の加工

角丸四角形を右クリック→[図形の書式設定]→[図形のオプション]→[効果]→[3-D書式]→[面取り:上]を[丸]、[質感]を[メタル]にします。

4 文字・図形を挿入

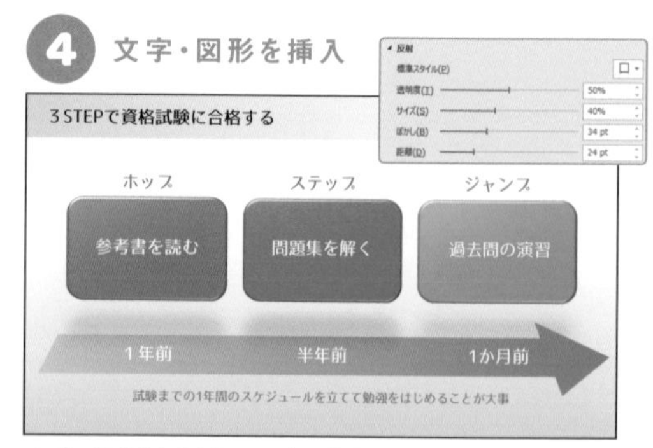

文字・図形を挿入します。背景にも薄くグラデーションをつけています。角丸四角形に反射を適用し、右上のように数値を設定しています。

other Ideas

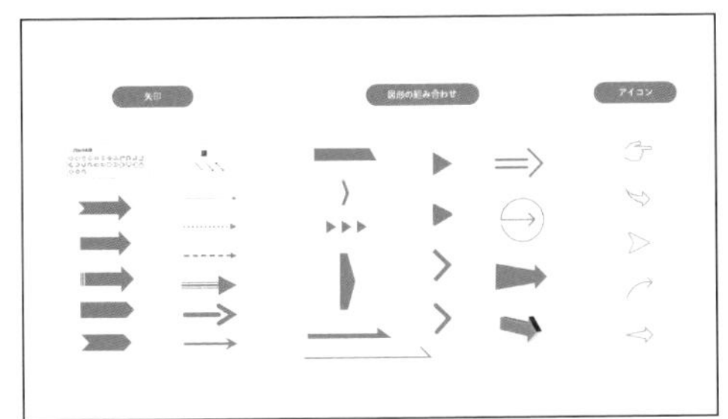

矢印には図形として最初から用意されているもの以外にも、図形を組み合わせたりすることでさまざまなバリエーションを作ることができます。

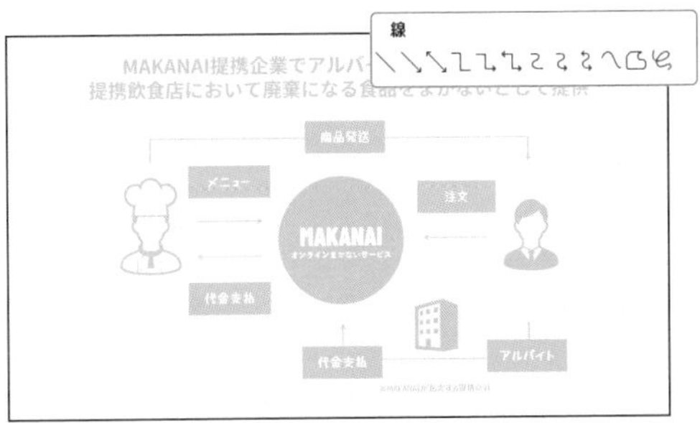

Ⓕ☑Yusei Magic ☑Noto Sans JP ☑Barlow
Ⓟ☑ICOOON MONO
カテゴリー[線]の矢印は[図形の書式設定]から矢印の種類や線の種類を変更することができます。

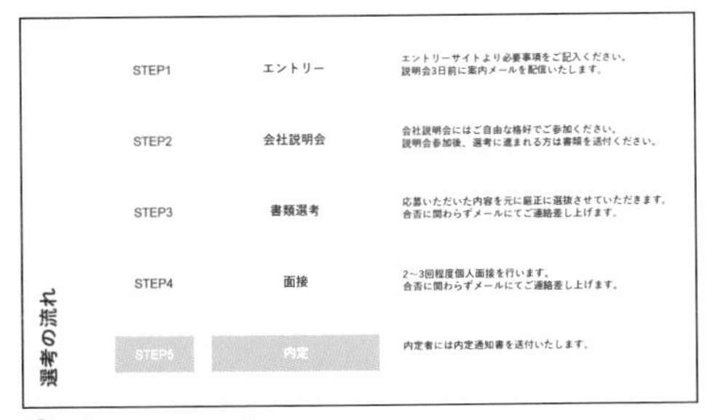

Ⓕ☑游ゴシック ☑Arial
矢印ではなく三角形でも順序や因果関係を表せます。矢印が悪目立ちしないよう薄い色にするのがポイントです。

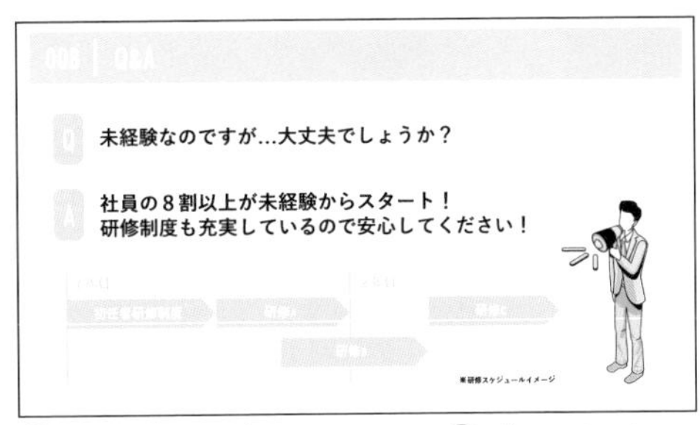

Ⓕ☑游ゴシック ☑Tw Cen MT Ⓟ☑イラストAC
[矢印:五方向]を使えばスケジュールを表現することも容易です。ほかにもアイコンの矢印を使うなど、矢印といってもさまざまな種類があります。

Tips

コネクタ

[線]の先端(矢印でなくてもよい)を図形(この場合[円])に近づけると、灰色の丸(コネクタ)が表示されます。この丸に矢印をくっつけると、矢印と円が吸着した状態になります。

この状態で、円を移動させると、吸着した矢印もくっついた状態で移動・伸び縮みします。
一方でコネクタに吸着してほしくないときもあります。そんなときは Alt (Option) キーを押した状態でオブジェクトを移動することで、コネクタやガイドに吸着せずに移動・拡大縮小させることができます。

032 オリジナルの図形を作る（図形の結合）

完成例

Ⓕ☑ロックンロール　Ⓟ☑Unsplash

作り方

1 接合

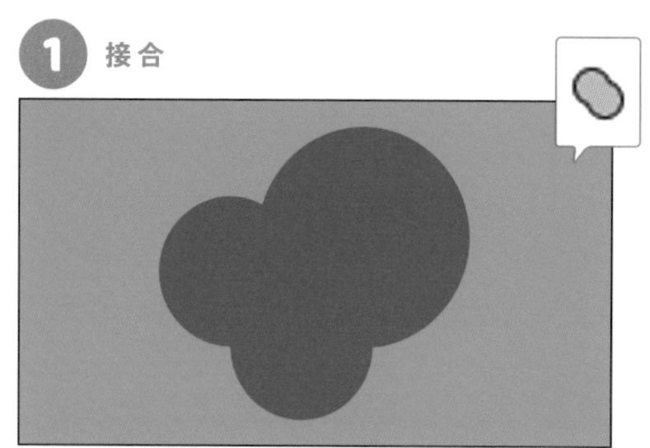

円を3つ挿入します。すべて選択した状態でリボン［図形の書式］→［図形の結合］→［接合］で1つのオブジェクトにします。背景は水色にします。

2 単純型抜き

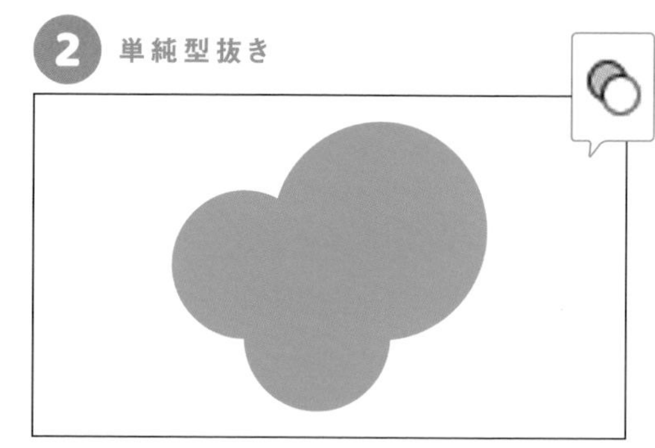

長方形を挿入し背面に移動します。長方形→円の順で選択し［図形の結合］→［単純型抜き］で円がくり抜かれた図形になります。

3 影をつけ、文字と画像を挿入する

図形を右クリック→［図形の書式設定］→［図形のオプション］→［効果］→［影］から［外側］の［オフセット:中央］を選択して影をつけます。

4 その他の要素を挿入

文字の変形や水玉のパターンで塗った円などを配置して完成です。 関連#007 関連#034

other Ideas

1 図形を挿入

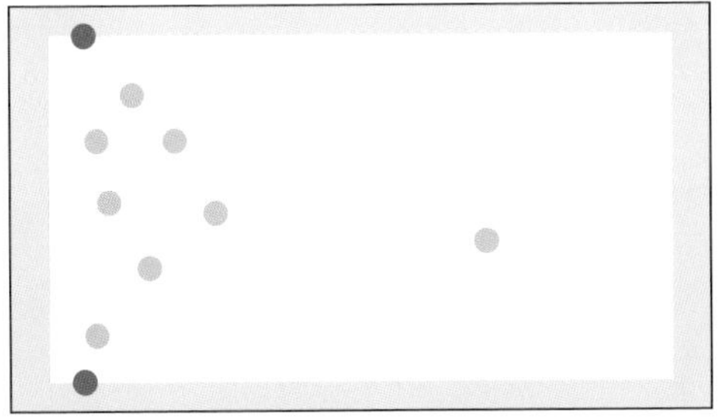

長方形と円を10個挿入し、一番下と一番上の円が揃うように配置します。赤いガイド線が表示されるので、それに合わせるときれいに動かせます（円はわかりやすいように一部ピンク色にしています）。

2 整列

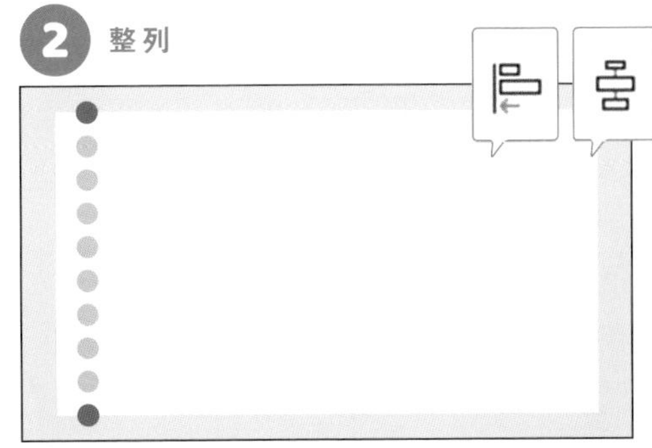

Shift キーを押しながらクリック、もしくは Shift 長押しドラッグで円をすべて選択します。リボン［図形の書式］→［配置］→［左揃え］→［上下に整列］を選択すると等間隔で並びます。

3 単純型抜き

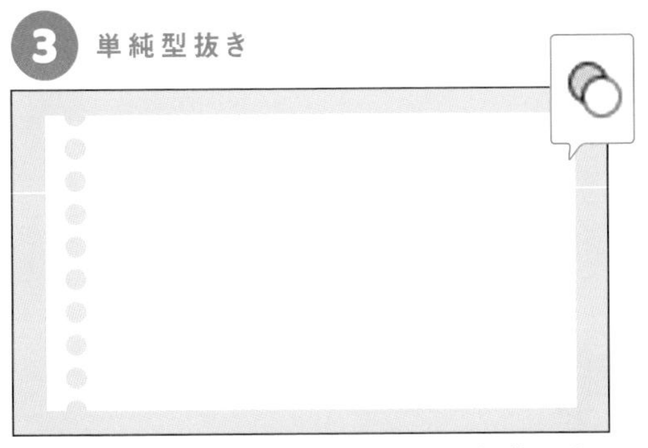

四角形と円すべてを選択した状態でリボン［図形の書式］→［図形の結合］→［単純型抜き］を選択すればルーズリーフの完成です。

4 要素を挿入

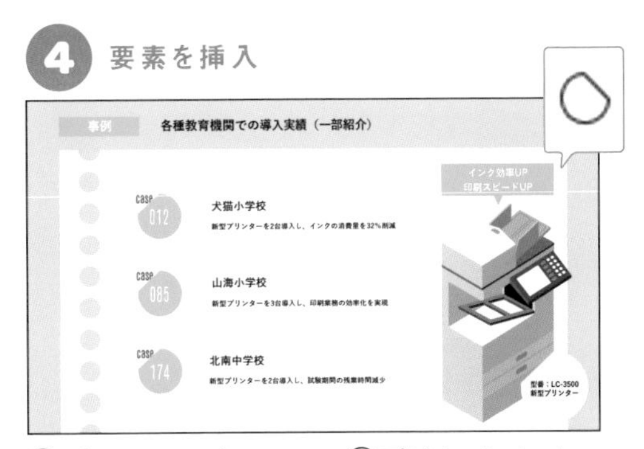

Ⓕ☑游ゴシック ☑Antonio　Ⓟ☑ガジェットストック
正方形や［弦］の図形、文字を挿入して完成です。

Tips

図形の結合

図形の結合機能には5種類あります。同じ図形の組み合わせであってもそれぞれ異なる結果になるため、使いこなすには機能への理解と慣れが必要です。

［接合］複数の図形をくっつけて1つの図形にします。
［型抜き/合成］図形の重なった部分を型抜きしつつ、1つの図形にします。
［切り出し］図形の重なる部分を切り出します。
［重なり抽出］図形の重なる部分のみを切り出し、抽出します。
［単純型抜き］図形で図形を切り出します。

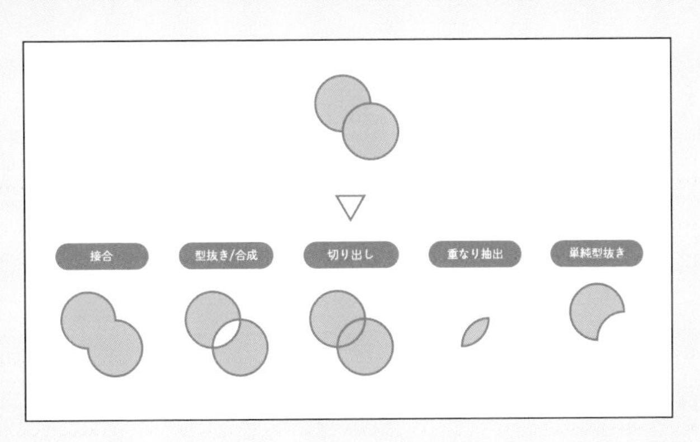

また、選択順によっても結果が異なる場合がありますので注意が必要です。

#033 オリジナルの図形を作る（曲線）

完成例

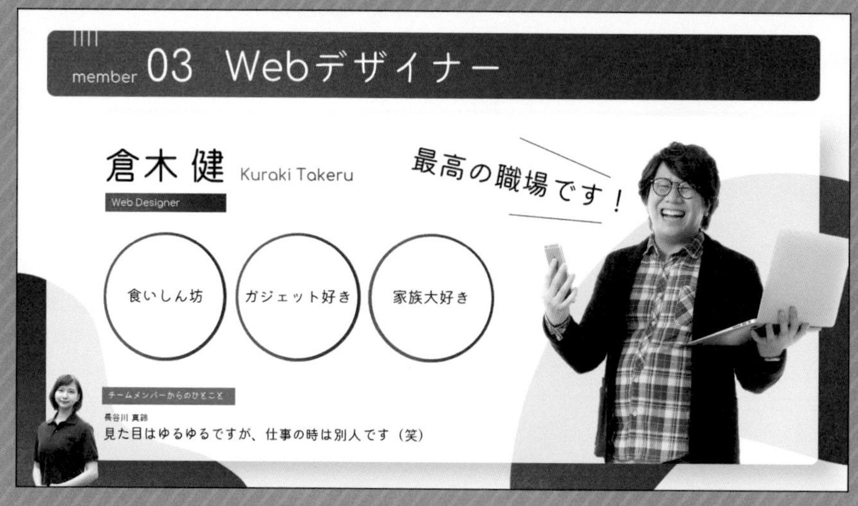

Ⓕ☑キウイ丸 ☑Comfortaa Ⓟ☑ぱくたそ

作り方

1 図形を挿入

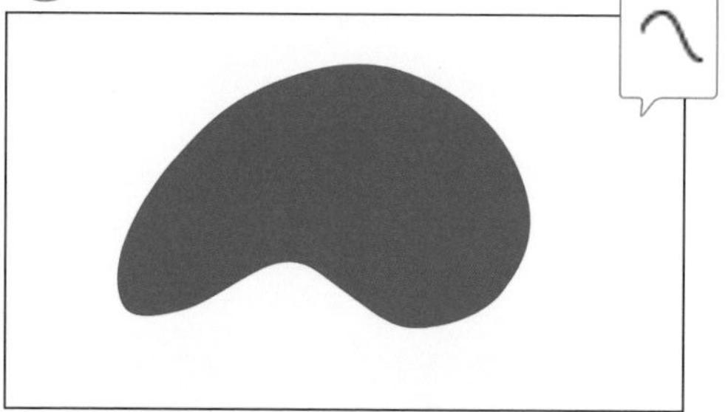

リボン［挿入］→［図形］から［曲線］を選択し、図形を描きます。最初にクリックした箇所をもう一度クリックすれば描画モードは閉じ、図形が完成します。

2 色の変更

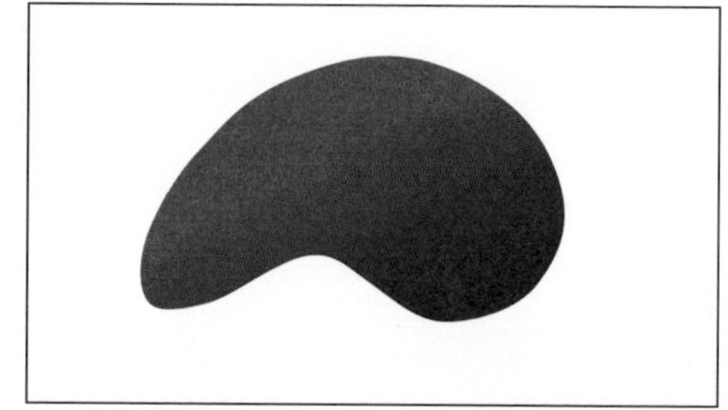

色をグラデーションにします。もし図形の形が気に入らない場合は図形を右クリック→［頂点の編集］から図形の形を調整することができます。関連#035

3 図形の配置

角丸四角形を挿入し、塗りの透明度を上げ、［効果］から透明度・ぼかし・距離の数値を調整し影をうっすらつけます。

4 その他の要素を挿入

文字や素材を挿入します。画像は背景の削除を行います。関連#051

other Ideas

Ⓕ☑NotoSans JP ☑Century Gothic
Ⓟ☑PowerPointストック画像
MISSION部分の図形は、角丸四角形と曲線で作成したオブジェクトで[切り出し]をしたあとに不要な部分を削除、画像は曲線で作成したオブジェクトと[重なり抽出]して作成しています。 関連#049

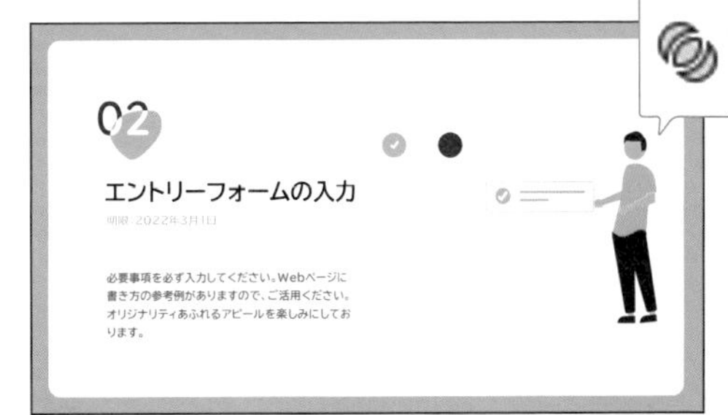

Ⓕ☑BIZ UDPゴシック ☑Quicksand
Ⓟ☑unDraw
イラストの背面に曲線の図形を敷くことで画面との一体感が生まれます。数字の部分は、文字と図形を重ねて[切り出し]をしています。 関連#035

曲線・直線の描画を切り替える

曲線を描画中にCtrl（⌘）を押し続けることで直線の描写に切り替えることができます（[フリーフォーム:図形]と同じように描画ができます）。

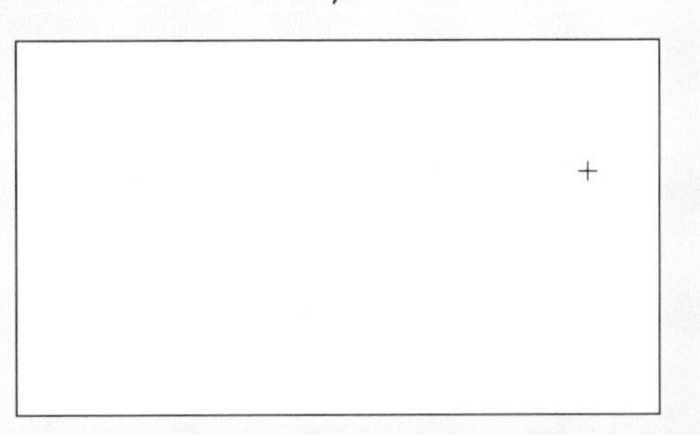

PowerPointでイラストを作る

[曲線]や[フリーフォーム:図形]の機能を駆使することでPowerPoint上でイラストを描くことができます。オリジナルのイラストを作るのも楽しいですね。

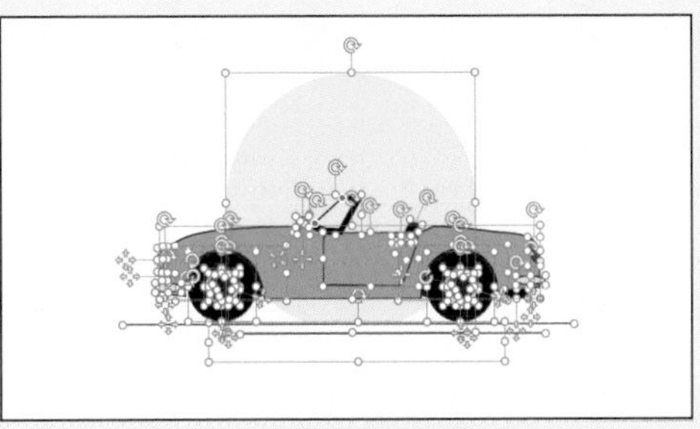

このイラストはこのように複数の図形を組み合わせて作っています。インターネット上ではもっと凝ったイラストをPowerPointで作成されている方がたくさんいらっしゃいます。

034 オリジナルの図形を作る（フリーフォーム）

完成例

Ⓕ☑Josefin Sans　Ⓟ☑ManyPixels

作り方

1 図形の描画

リボン[挿入]→[図形]から[フリーフォーム:図形]を選択し、ランダムに図形を描きます。頂点にしたいところをクリックし、最初の頂点を再度クリックすると描画が終了します。

2 色の着色

色を着色します。今回はグレースケールにしましたが、カラフルな色合いにしてもよいでしょう。

3 頂点の編集

図形の間の隙間が気になるので、図形を右クリック→[頂点の編集]からきれいに重なるように頂点の位置を調整します。

関連#035

4 要素を追加する

文字とイラストを挿入します。ワンポイントの色が入ったイラストを使用するとおしゃれにまとまります。

other Ideas

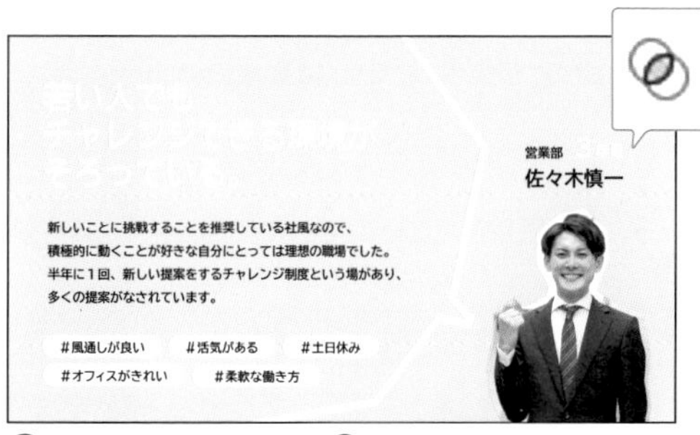

Ⓕ☑BIZ UDPゴシック　Ⓟ☑写真AC
[フリーフォーム:図形]を使って人物を囲うように図形を作り、画像と図形で重なり抽出を行うとワクワクする切り抜き画像を作ることができます。

関連#037

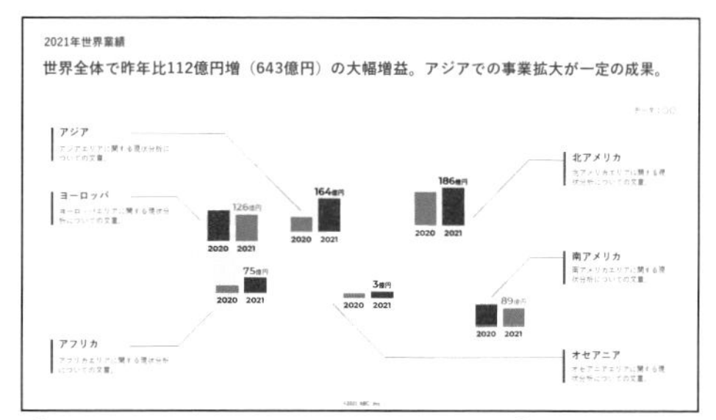

Ⓕ☑游ゴシック ☑Montserrat　Ⓟ☑d-maps (https://d-maps.com/carte.php?num_car=3226&lang=ja))
[フリーフォーム:図形]を使えば思い通りの位置から自由自在に線を引っ張ってくることが可能です。ダブルクリックまたは Esc キーを押して描画を終了します。

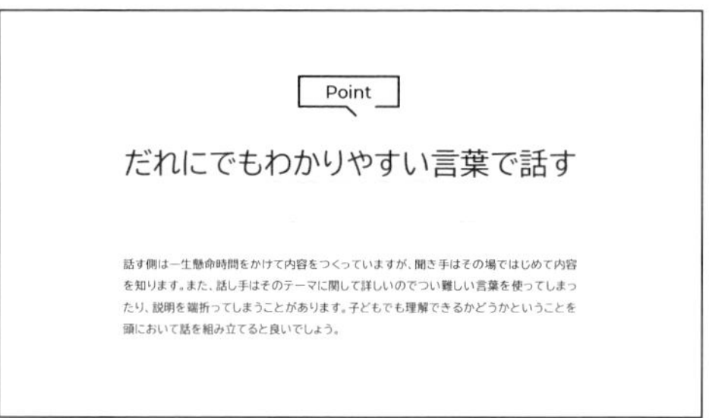

Ⓕ☑BIZ UDPゴシック ☑Montserrat
隙間が空いたふきだしや手書き感のあるジグザグな線も、[フリーフォーム:図形]を使えば簡単に作ることができます。

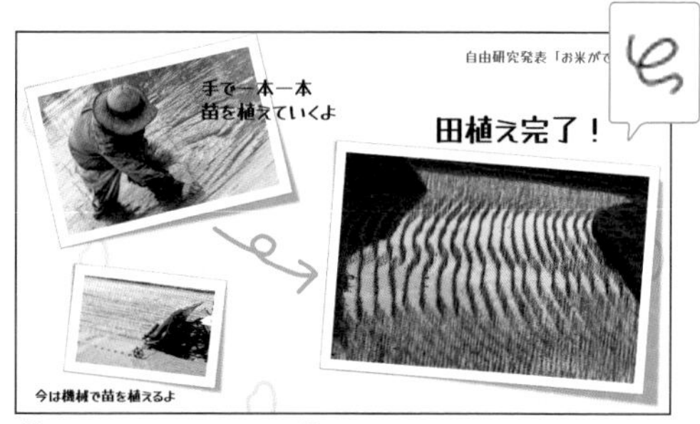

Ⓕ☑Yusei Gothic　Ⓟ☑写真AC
[フリーフォーム:フリーハンド]を使うと、ちょっと描くのが難しいですが、手書き風の矢印を作ることもできます。頂点の編集も活用して線の形を調整しましょう。

垂直水平に描画する

フリーフォームの描画中に Shift キーを長押しすることで垂直・水平・45度の直線を描画することができます。また、マウスを長押ししながらドラッグすることで、フリーハンドで形を描画することができます([フリーフォーム:フリーハンド]と同じように描画ができます)。

オリジナルの図形を作る（頂点の編集）

完成例

自由な発想を
生み出すため
に必要なこと

Ⓕ☑Noto Sans JP

作り方

1 文字・図形を挿入

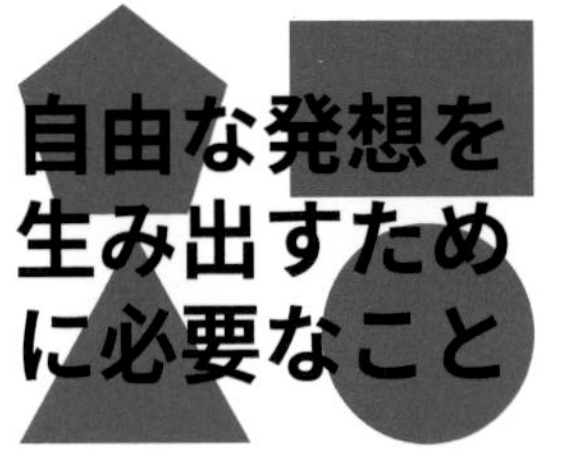

[五角形][正方形/長方形][二等辺三角形][楕円]の4つの図形及び文字を挿入します。

2 色の変更

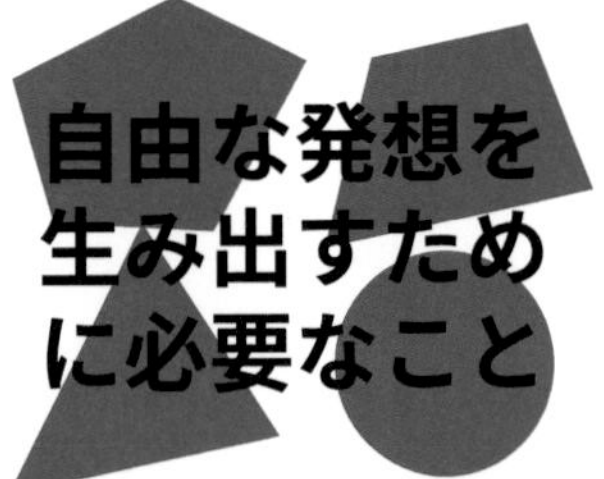

図形を右クリック→[頂点の編集]を選択します。赤い線と黒い点が表示されるので黒い点を動かし形を変えます。Escキーかスライドの適当な箇所をクリックして終了します。

3 切り出し

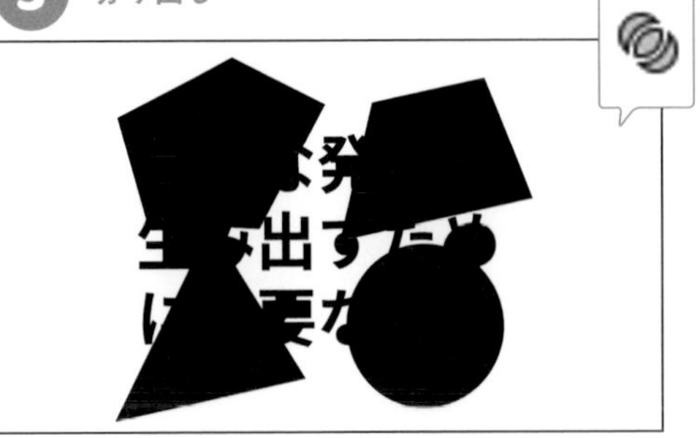

すべての要素を選択した状態で、リボン[図形の書式]→[図形の結合]→[切り出し]を選択します。するとすべてが切り出された状態になります。

4 色付け

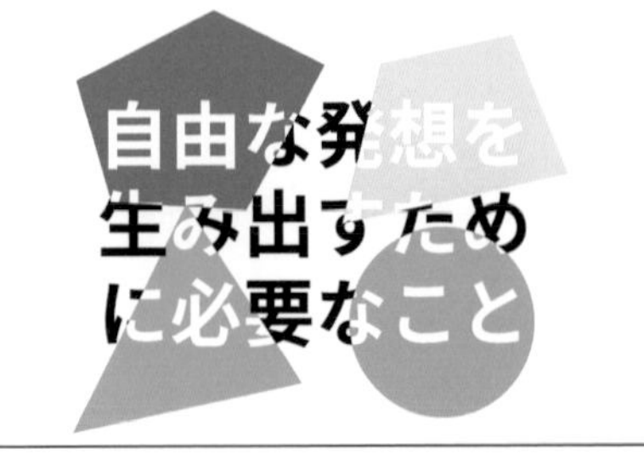

すべてのパーツに細かく色付けをします。間違えて動かしてしまい、ずれてしまった場合は、焦らずCtrl（⌘）＋Zで動かす前の状態に戻しましょう。

other Ideas

Ⓕ☑游ゴシック ☑Josefin Sans
三角形の頂点を[頂点を中心にスムージング]しておにぎりの形にしたものを2つ作成し、ずらして重ねています。

Ⓕ☑Bangers
[爆発:8pt]を挿入し、頂点の編集によって思い通りの形にカスタマイズしています。文字は3D加工をしています。

関連#005

Tips

頂点の編集

1

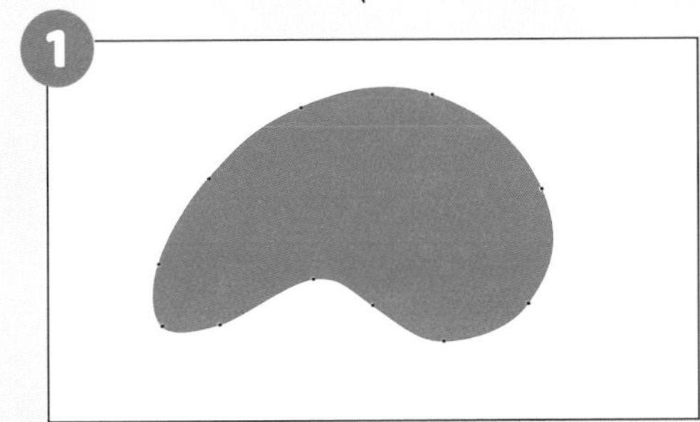

図形を右クリックして[頂点の編集]を選択するとこのような編集モードに変わります。
さらに黒色の頂点を右クリックすると次のメニューが表示されます。

2

頂点の追加(A)
頂点の削除(L)
パスを開く(N)
パスを閉じる(L)
頂点を中心にスムージングする(S)
頂点で線分を伸ばす(R)
✓ 頂点を基準にする(C)
頂点編集の終了(E)

[頂点の追加]頂点を追加します。
[頂点の削除]頂点を削除します。
[パスを開く]線が分割されます。

3

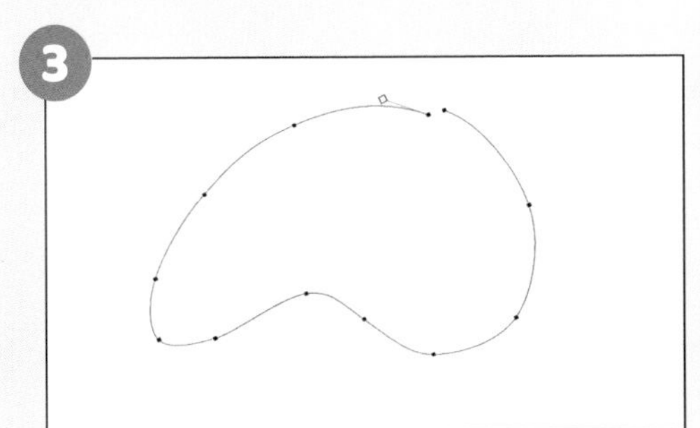

[パスを開く]線が分割されます。
※わかりやすいように塗りをなしにして、パスを開いたあとに少し頂点を動かしています。

4

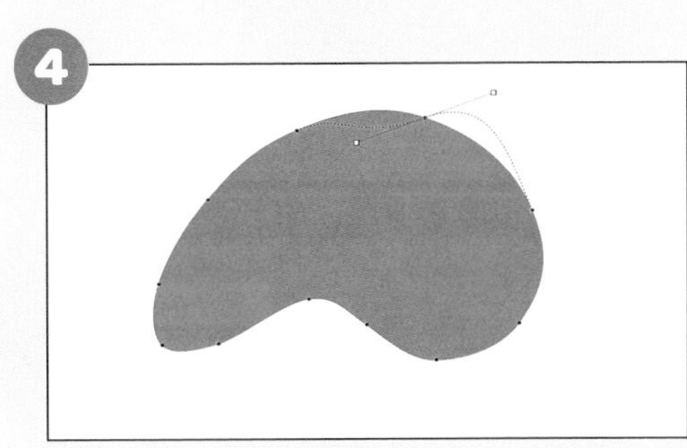

頂点を選択した際に青い棒と白い点が表示されますが、白い点をつかんで動かすと線の形が変わります。

[頂点を中心にスムージングする]白いつまみを動かした際に反対側の長さと角度が連動します(上の④の図はこの設定の状態です)。
[頂点で線分を伸ばす]白いつまみを動かした際に反対側の角度のみ連動します。
[頂点を基準にする]白いつまみを動かした際に反対側のつまみには影響がでません。
頂点の編集機能は説明だけではわからないことも多いので、実際に触っていろいろ試して習得してください。

文字を自由自在に加工する

完成例

Ⓕ☑Noto Sans JP　Ⓟ☑写真AC ☑PowerPointストックアイコン

作り方

1 切り出し

文字と正方形を挿入します。その後両方を選択した状態で、リボン[図形の書式]→[図形の結合]→[切り出し]を選択します。

関連#035

2 不要なパーツの削除

不要なパーツを削除します。パーツはこのように分かれています。「ち」の文字を複製します。

3 頂点の編集

「ち」を右クリック→[頂点の編集]を選択します。黒い点を右クリック→[頂点の削除]を選択し、不要な部分を削除します。

関連#035

4 不要な頂点を削除

同じように「お」「とき」「過」も[頂点の編集]で不要な頂点を削除します。

5 アイコンを挿入

おうち時間
の過ごし方

色を変更したり、アイコンを追加します。

6 その他の要素の挿入

画像とその他の文字や図形を挿入します。ふきだしは[楕円]3つと[月]を組み合わせて作成しています。

other Ideas

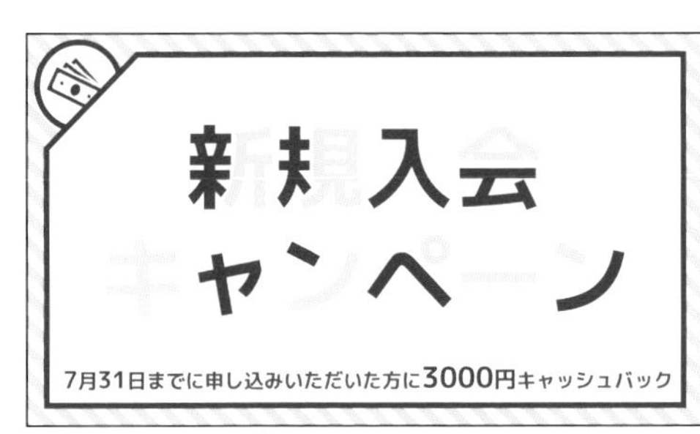

Ⓕ☑M PLUS　Ⓟ☑PowerPointストックアイコン
切り出しによって文字をパーツごとに分ける方法は、カラフルな配色との相性が抜群です。

関連#038

Ⓕ☑游ゴシック ☑Arial　Ⓟ☑Unsplash
正方形の上に文字を重ねます。その後、正方形→文字の順に選択してから[単純型抜き]をすることで、文字部分が切り抜かれて後ろの画像が透けるようになりました。

フォントの埋め込み

ダウンロードしたフォントはそのパソコンでしか表示されないため、ファイルを共有する際には注意が必要です。対処法としては、①PDFに書き出して共有する、②図として貼り付ける(画像として扱う)、③フォントを埋め込む、という方法があります。ここでは③の方法を紹介します。

フォントを埋め込む
リボン[ファイル]→[オプション]→[保存]を開きます。[ファイルにフォントを埋め込む]にチェックマークをつけます。

ここにチェックマークをつけます

次のプレゼンテーションを共有するときに再現性を保つ(D):　プレゼンテーション1
☑ ファイルにフォントを埋め込む(E)
● 使用されている文字だけを埋め込む (ファイル サイズを縮小する場合)(O)
○ すべての文字を埋め込む (他のユーザーが編集する場合)(C)

他人のパソコンで表示させたいだけの場合は、上の[使用されている文字だけを埋め込む]を、ほかのユーザーもテキスト編集をする場合は、下の[すべての文字を埋め込む]を選びましょう。ただし、フォントによっては埋め込むことができないものもあるので注意しましょう。

方眼紙風デザイン

完成例

Ⓕ☑キウイ丸　Ⓟ☑ぱくたそ

作り方

1 画像を挿入

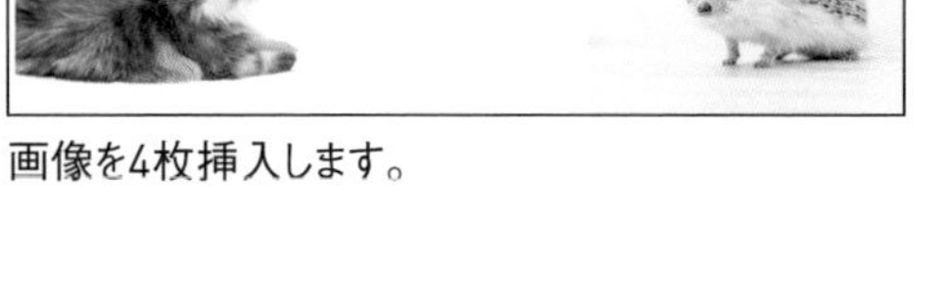

画像を4枚挿入します。

2 図形を挿入

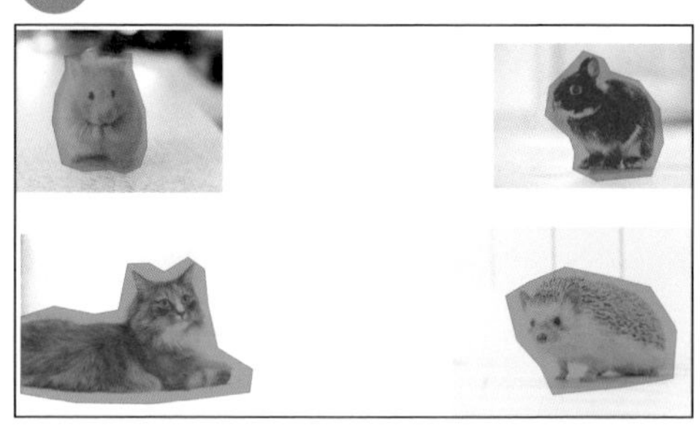

画像を下に置き、[フリーフォーム:図形]でイイ感じに動物の輪郭の外側を囲うような図形を作成します(わかりやすいように図形の塗りは半透明にしています)。

3 重なり抽出

画像→図形の順番に Shift を長押ししながら選択し、[図形の結合]→[重なり抽出]で画像を切り出します。

4 背景をパターンに

スライドを右クリック→[背景の書式設定]→[塗りつぶし]→[塗りつぶし(パターン)]を選択し[格子(大)]を選び色を変えます。

other Ideas

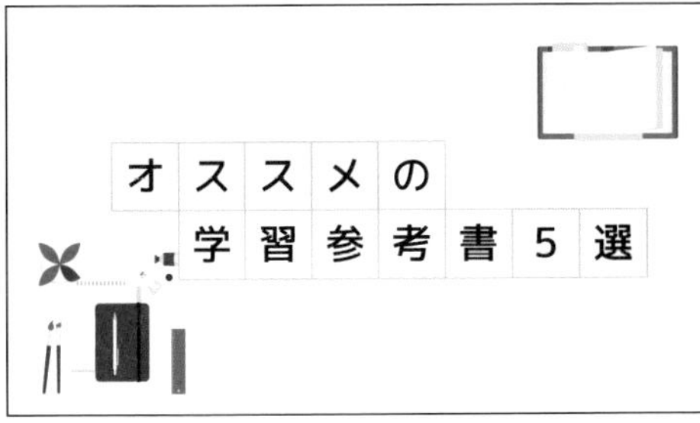

Ⓕ☑M PLUS　Ⓟ☑PowerPointストックイラスト
［塗りつぶし（パターン）］は背景以外にも文字や図形にも適用できますので、アクセントとして使用すると表現の幅が広がります。

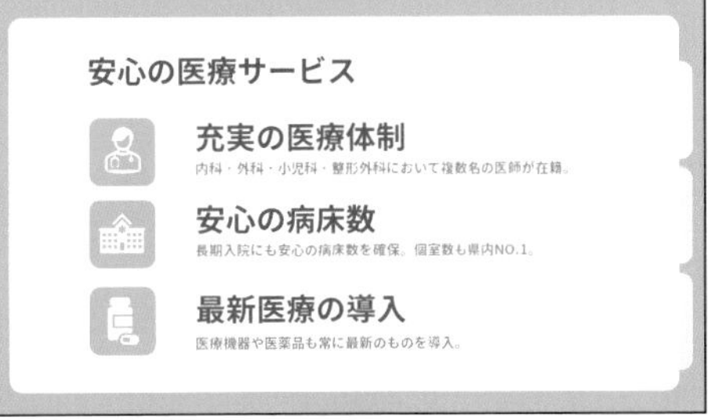

Ⓕ☑Noto Sans JP　Ⓟ☑ICOOON MONO
背景に水玉のパターンを適用しています。ファイルフォルダのようなデザインにして、ページのめくりの数で話の展開数を表現するとおもしろいですね。

Ⓕ☑キウイ丸　Ⓟ☑PowerPointストック画像
手書きで書いた文字をカメラで撮ってスライドに貼り付けると親しみやすい仕上がりに。［透明色を指定］から画像の文字ではない白い部分を抜くとよいでしょう。パターンの塗りつぶしの長方形が手書き文字とマッチします。 関連#063

Ⓕ☑キウイ丸 ☑Antonio　Ⓟ☑写真AC
パターンの塗りは文字にも適用できます。人の画像はなるべく同じ大きさで、同じ目線の高さになるように並べるとよいでしょう。 関連#048

テクスチャの塗りつぶし

［塗りつぶし（図またはテクスチャ）］→［テクスチャ］にはあらかじめPowerPointに保存されているテクスチャパターンの中から選んで適用することができます。スライドの雰囲気に合うものがあれば、背景や文字・図形の塗りつぶしとして適用してみるとよいでしょう。

自分でテクスチャ画像を用意している場合は、［画像ソース］→［挿入する］→［ファイルから］を選択して目的の画像を選択することで、同じように背景や文字・図形に適用できます。 関連#021

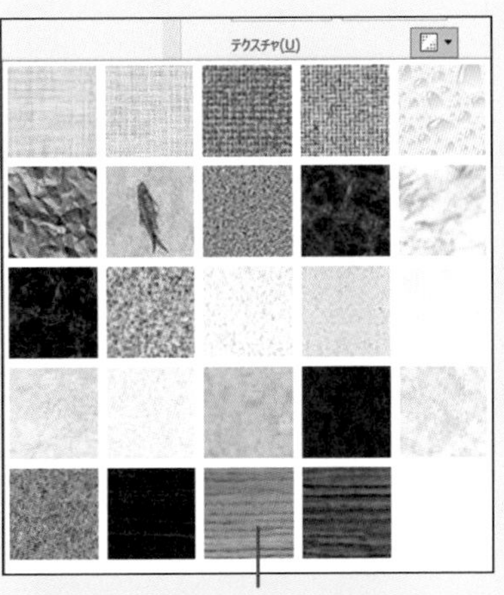

［テクスチャ］にはあらかじめテクスチャパターンが用意されています

オリジナルパターンを作る

完成例

ちょっとの積み重ねが
おおきな差につながる

スキマ時間
活用術

Ⓕ☑モボ　Ⓟ☑FLAT ICON DESIGN

作り方

1 正方形を挿入

正方形を挿入します（わかりやすいように背景色を変更しています）。

2 斜め縞を挿入

［斜め縞］を挿入します。Shiftキーを押しながら正方形のサイズにぴったり合うように配置します。黄色のつまみは動かさないでください。

3 三角形を挿入

左上の部分にピッタリ収まるサイズの［直角三角形］を挿入します（わかりやすいように色を赤色にしています）。

4 三角形の移動

直角三角形を右下に移動させて、3つのオブジェクトをすべて選択してCtrl（⌘）+Gを押し、グループ化します。

5 パターンの適用

グループオブジェクトを Ctrl （ ⌘ ）＋ C でコピーした状態でスライドを右クリック→［背景の書式設定］→［塗りつぶし（図またはテクスチャ）］→［クリップボード］を選択します。

6 パターンの調整

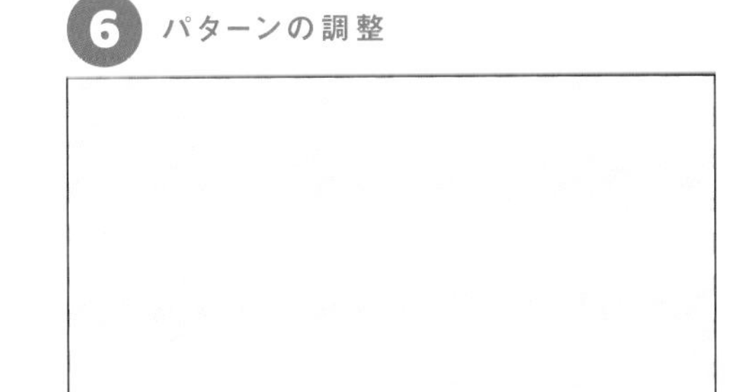

［図をテクスチャとして並べる］にチェックマークをつけ、［幅の調整］及び［高さの調整］に数値を入力します。元のサイズによりますが、ここではそれぞれ20%にします。

7 文字・アイコンを挿入

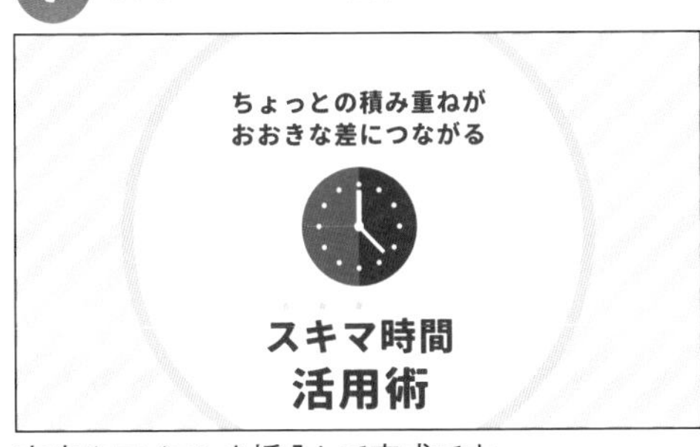

文字やアイコンを挿入して完成です。

other Ideas

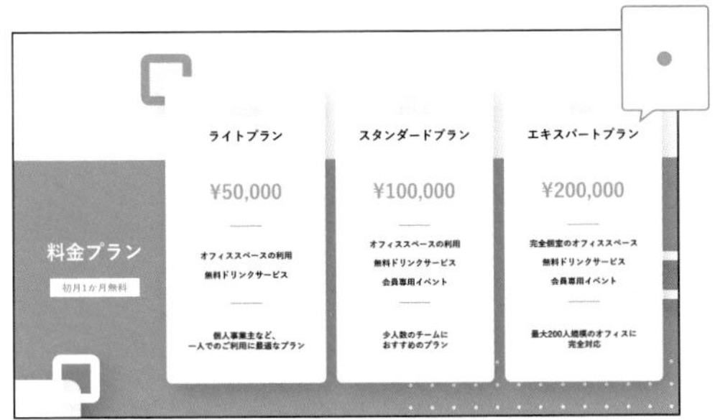

Ⓕ☑游ゴシック　Ⓟ☑PowerPointストックアイコン
パターンは背景だけでなく図形にも適用できます。正方形に円を組み合わせることでドット柄の完成です。

Ⓕしっぽり明朝　Ⓟ☑Paper-co
正方形もしくは長方形になるように図形を組み合わせれば複雑な柄もパターンにできます。

10種類のパターンデータを用意いたしました。こちらからダウンロードしてお使いください。

→ https://book.impress.co.jp/books/1120101154

図形を立体にする

完成例

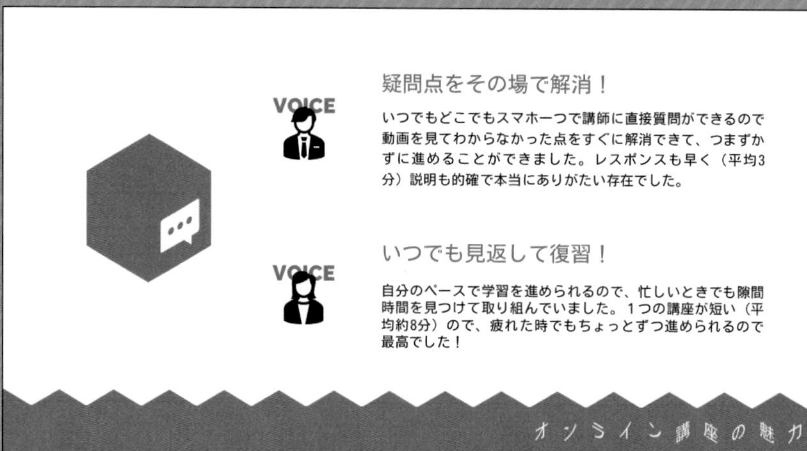

Ⓕ☑Kosugi（MotoyaLCedar）☑Raleway　Ⓟ☑PowerPointストックアイコン

作り方

1 正方形を挿入

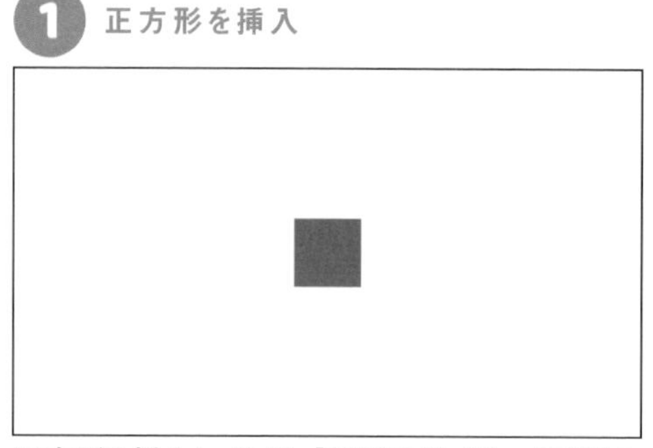

正方形を挿入し、リボン［図形の書式］→［図形の高さ］3.5センチ、［図形の幅］3.5センチにします。線の塗りはなしにしておきます。

2 3Dにする

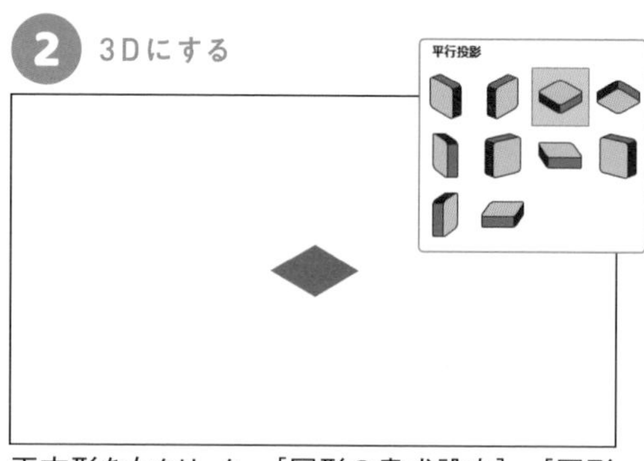

正方形を右クリック→［図形の書式設定］→［図形のオプション］→［効果］→［3-D回転］→［標準スタイル］から［等角投影:上］を選択します。

3 立体化させる

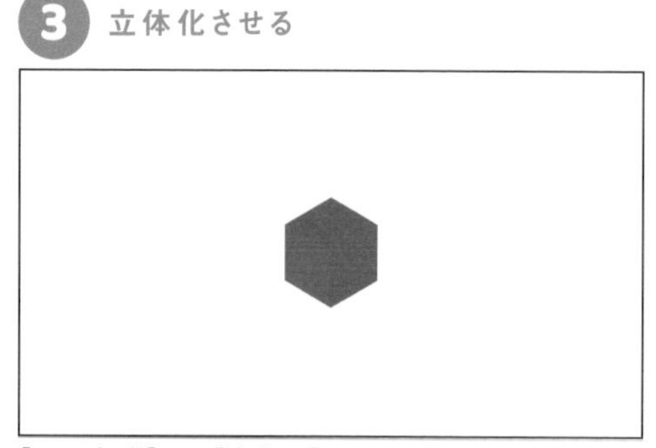

［3-D書式］から［奥行き］のサイズを100pt、［光源］から［冷たい］を選びます。3.5センチ＝100ptのため、立方体が完成します。

4 アイコンを挿入

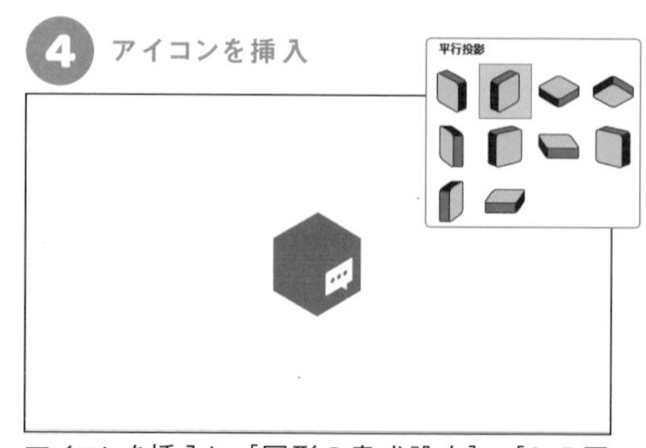

アイコンを挿入し、［図形の書式設定］→［3-D回転］→［標準スタイル］から［等角投影:右上］を選びます。

⑤ 図として貼り付け

立方体を小さくすると[3-D書式]の奥行きも調整する必要があるため、立方体をコピーしたあと右クリックで[貼り付けのオプション:図]を選択しましょう。

関連#059

⑥ 文字・アイコンを挿入

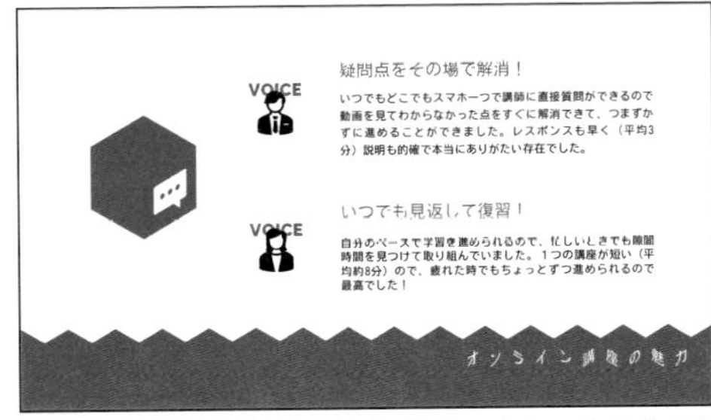

右下のタイトル部分は1文字につき1つのテキストボックスにし、[3-D回転]→[標準スタイル]の[等角投影:左上]と[右上]を交互に適用させています。

other Ideas

Ⓕ☑游ゴシック ☑Quicksand
Ⓟ☑PowerPointストック画像
画像を並べて[Ctrl]([⌘]+[option])+[G]でグループ化したあとに、[3-D回転]から[等角投影:上]を選択するとこのような表現も可能です。

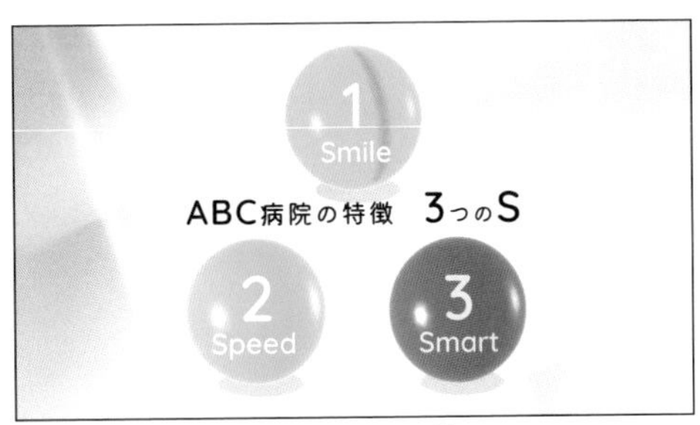

Ⓕ☑キウイ丸 ☑Quicksand Ⓟ☑写真AC
円のサイズを7センチ、[3-D書式]→[面取り:上・下]の[幅][高さ]の数値を100ptにすることで立体的な球が作成できます。

文字を立体にする

テキストボックスに入力した文字も図形と同様の方法で立体にすることができます。テキストボックスを右クリック→[図形の書式設定]→[文字のオプション]→[文字の効果]から[3-D 書式]と[3-D回転]の設定を変更することにより多種多様な表現が可能です。

関連#005

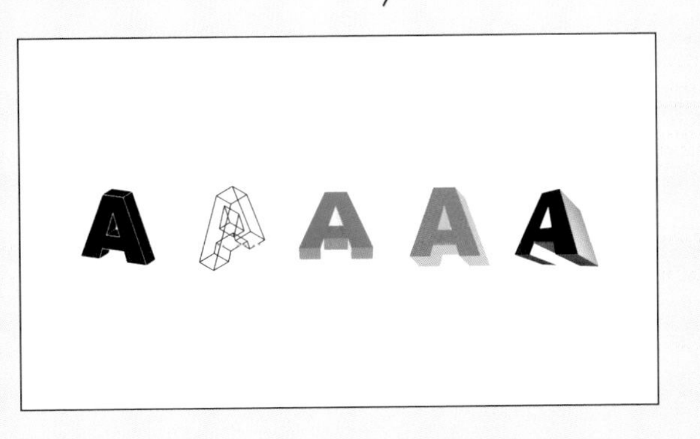

column

スライドショーの設定あれこれ

スライドショーはただ再生するだけのものではありません。実はさまざまな工夫が可能です。
スライドショー中のショートカットキーにはいくつか種類があります。

F5（⌘＋Shift＋Enter）はじめのスライドからスライドショーを開始する
F5＋Shift（⌘＋Enter）現在のスライドからスライドショーを開始する
Esc　スライドショーを終了する
B/W　黒い/白い画面を表示する（非表示にする）
G　すべてのスライドを表示する
Ctrl＋L/P　レーザーポインター/ペンを表示する（非表示にする）
←/→　1つ戻る/進む
数字→Enter　該当するページ数のスライドに移動する

リボン［ホーム］→［オプション］→［詳細設定］を開くとほかにもさまざまな設定ができます。［ショートカットツールバーを表示する］と［最後に黒いスライドを表示する］のチェックマークを外すことで、スライドショー中左下に表示されるツールバーが消え、最後の［スライドショーの終了です。クリックすると終了します。］の黒いスライドが表示されなくなります。

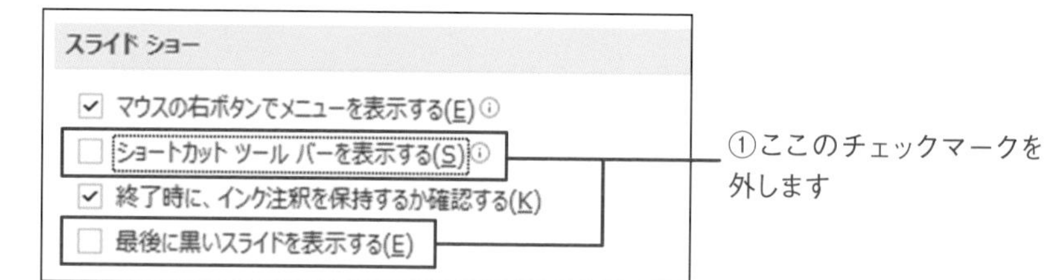

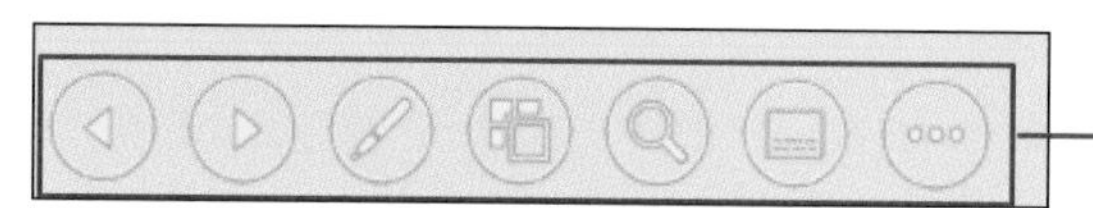

②画面左下に表示されるツールバーが表示されなくなり、最後の黒いスライドも表示されなくなります

また、ppsx形式で保存しておくことで、ファイルを開くと同時にスライドショーが開始します（通常の保存形式はpptx形式です）。

PowerPoint プレゼンテーション (*.pptx)
PowerPoint マクロ有効プレゼンテーション (*.pptm)
PowerPoint 97-2003 プレゼンテーション (*.ppt)
PDF (*.pdf)
XPS 文書 (*.xps)
PowerPoint テンプレート (*.potx)
PowerPoint マクロ有効テンプレート (*.potm)
PowerPoint 97-2003 テンプレート (*.pot)
Office テーマ (*.thmx)
PowerPoint スライド ショー (*.ppsx)
PowerPoint マクロ有効スライド ショー (*.ppsm)

スライドショーはppsx形式で保存しておくと、ファイルを開くと同時にスライドショーが開始されます

PowerPointの操作画面等を見せず、スマートに操作を行うことでより内容に入り込めるプレゼンテーションを演出することができます。

第4章

画像の工夫で魅力的に仕上げる

画像は挿入するだけでビジュアルを高めてくれます。ここでは、PowerPoint上でできる画像を加工するさまざまなテクニックを使って、より魅力的なデザインを作成していきます。

画像を全面に使うデザイン

完成例

Ⓕ☑游明朝　Ⓟ☑Pixabay ☑PowerPointストックアイコン

作り方

1 画像を挿入

画像を全画面いっぱいになるように配置し、文字を挿入します。Shift キーを長押ししながら画像を拡大・縮小すると縦横比が固定されたままになります。

2 影をつける

テキストボックスを右クリック→［図形の書式設定］→［文字のオプション］→［効果］→［光彩］から黒色の光彩をつけて文字を読みやすくします。

関連#005

3 図形を挿入

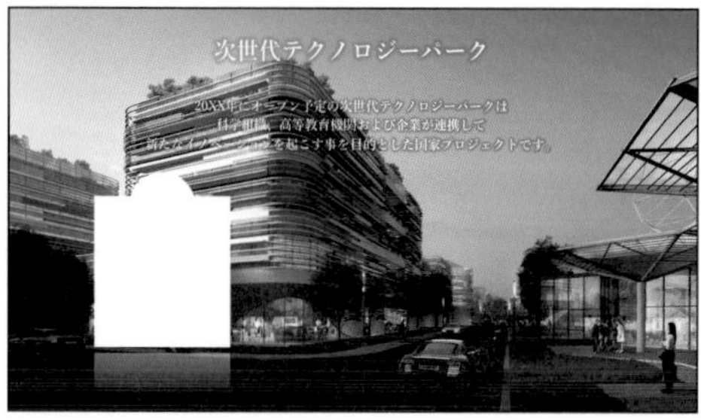

円と長方形を組み合わせて図形を作り、図形を右クリック→［図形の書式設定］→［図形のオプション］→［効果］→［反射］から好みのものを選びます。

4 文字・アイコンを挿入

文字・アイコンを挿入して完成です。全面に拡大した画像を使うことによりビジュアルによるメッセージ性が高まりました。

other Ideas

Ⓕ☑しっぽり明朝　Ⓟ☑Unsplash
画像の上に文字を載せるとよりメッセージ性が高まります。メッセージが読みにくくならない画像を選択しましょう。

Ⓕ☑游ゴシック　Ⓟ☑Unsplash
周りの縁が少し残るようにすると、インパクトがありつつも上品な雰囲気が出せます。

Ⓕ☑M PLUS　Ⓟ☑写真AC
中扉のスライドに大きく画像を使うと、話の切り替えをビジュアル的に伝える効果があるでしょう。

Ⓕ☑游ゴシック　Ⓟ☑Pexels
画面一面に複数の画像をきれいに並べると、いろいろなイメージを一度に伝えることができます。

コントラストを調整する

[図の書式設定]→[図]→[図の修整]から画像のコントラストを調整できます。コントラストとは、明るい部分と暗い部分の差を表しています。

コントラストの値を下げると(画像は-50%)、全体的にのっぺりとした明暗の弱い画像になります。文字を画像の上に乗せた際に読みやすくなります。

コントラストの値を上げると(画像は50%)、より明暗の差の大きいパキッとした画像になります。画像がぼんやりしているときにコントラストを高めると効果的です。

画像を半面で使うデザイン

完成例

ABOUT US

常に変化を恐れず挑戦し続ける。

挑戦できる土壌

当社は創業当初は不動産事業を中心として事業を拡大していましたが、現在では介護業界・IT業界にも進出しています。
社員の新たな挑戦を歓迎する社風であるとともに、社内起業制度も充実しています。年に2回ほど新事業提案の場である「アイデアコンテスト」を開催し、社員の幅広いアイデアを発表・共有する機会があります。

Ⓕ☑游ゴシック ☑Arial Ⓟ☑写真AC

作り方

① 画像を挿入

画像を挿入し、右半分に配置します。必要であれば画像をトリミングします。 関連#046

② 文字を挿入

ABOUT US

常に変化を恐れず挑戦し続ける。

挑戦できる土壌

文字を挿入します。長文は両端揃えにして、行間を少し広めにとりましょう。 関連#008

③ 文字にラインを引く

リボン[描画]→[蛍光ペン]を選択し、ラインを引きます。マウスではうまく書くのが難しいですが、何度か試行してイメージに近づけてください。

④ 図形を挿入

リボン[挿入]→[図形]→[左大かっこ]を挿入します。黄色のつまみを最大限上側に移動させると、角ばったかぎかっこが完成します。

other Ideas

Ⓕ☑游明朝
Ⓟ☑Frame Design ☑PowerPointストック画像
画像からスポイトツールで色を抽出すると、統一感のある配色になります。あしらいをスライドに追加するとおしゃれになるでしょう。

Ⓕ☑さわらび明朝　Ⓟ☑Unsplash
上下で分割するレイアウトもよいでしょう。外枠は[図形の書式設定]から長方形の塗りをなしに、線の[一重線/多重線]から[二重線]を選択しています。

Ⓕ☑Noto Sans JP ☑Segoe Script　Ⓟ☑Pexels
まっすぐ分割するのではなく、斜めに分割するのも動きがあってよいです。文字を立体的にすることでワクワク感を演出しています。 関連#005

Ⓕ☑しっぽり明朝 ☑Harlow Solid
Ⓟ☑Unsplash
図形の辺に沿って文字を配置するのもよいアイデアです。角度は、[図形の書式設定]の[サイズとプロパティ]から入力して揃えることができます。

鮮明度を調整する

[図の書式設定]→[図]→[図の修整]から画像の鮮明度を調整できます。

鮮明度を下げると(画像は-50%)、全体的に輪郭がぼけたような効果を得ることができます。アート効果[ぼかし]でも同じような効果を得ることができます。 関連#055

鮮明度を上げると(画像は50%)、輪郭がくっきりする効果を得ることができます。少しぼやけてしまっているような画像の鮮明度を高めると効果があるでしょう。

複数の画像を並べるアイデア

完成例

Ⓕ☑マメロン ☑Century Gothic　Ⓟ☑写真AC ☑イラストレイン

作り方

1 画像の加工

画像を選択した状態で、リボン[図の形式]→[図のスタイル]から[面取り、つや消し、白]を選択します。

2 曲線を挿入

[基本図形]から[曲線]を選択し、曲線を描きます。線の描写をやめる際はダブルクリックをするか、Escキーを押します。

関連#033

3 線を破線にする

線を右クリック→[図形の書式設定]→[線の先端]を[丸]に、[実線/点線]から[破線]を選びます。

4 イラスト・図形を挿入

今回はピンのあしらいを追加してみましたが、マスキングテープや画びょうなどもワクワクした雰囲気を出せます。

other Ideas

飾りをつけるとごちゃごちゃしてしまうという難しさもありますが、物足りないな……と思ったときはいろいろなアイデアを試してみてください。アレンジ例をいくつか紹介します。

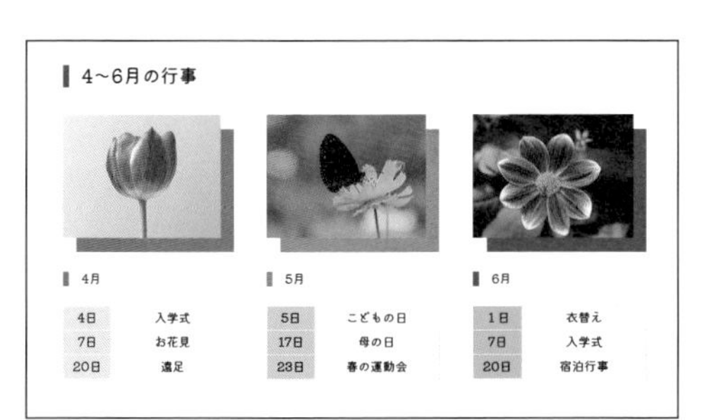

Ⓕ☑キウイ丸　Ⓟ☑Unsplash
画像と同じ大きさの長方形をずらして配置。表の幅もきちんと揃えることで見栄えがよくなります。

関連#017

上:画像の下に長方形を配置　下:画像の前面に長方形の線を配置

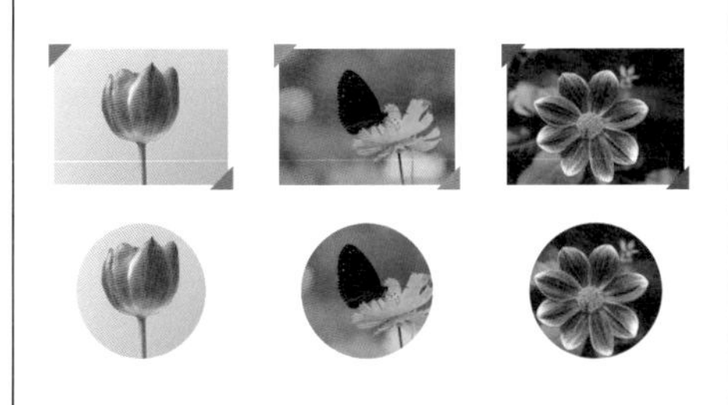

上:対角に図形(三角系)を配置　下:図形(円)で切り抜く

関連#048

上:影をつける　下:反射させる

関連#005

図の色を調整する

[図の書式設定]→[図]→[図の色]から画像の色の調整を行うことができます。

[鮮やかさ]の数値を下げる(左)と鮮やかさがなくなり(0%にするとモノクロになります)、上げる(右)とより鮮やかな色合いになります。

関連#053

[温度]の数値を下げる(左)と寒色系の冷たい感じに、上げる(右)と暖色系の温かい感じになります。

半透明の四角形を画像に重ねる

完成例

Ⓕ☑游ゴシック ☑Antonio Ⓟ☑Unsplash ☑PowerPoint ストックアイコン

作り方

1 文字・画像を挿入

文字と画像を挿入します。このままでは文字が読みづらい状態です。

2 長方形を挿入

長方形を挿入し、色を黒にします。その後、長方形を右クリック→[図形の書式設定]→[図形のオプション]→[塗りつぶし]の[透明度]を40%にします。

3 ガイドの表示

リボン[表示]から[ルーラー]と[ガイド]にチェックマークをつけます。Ctrl(⌘)キーを長押ししながら、ガイドをつまんで位置を移動させます(左右:16.50・上下:9.10)。

4 正方形を挿入

正方形を4つ挿入し、ガイドに沿って配置します。これにより、きれいに4つ角に四角形を揃えることができました(スライドショーではガイドは表示されません)。

other Ideas

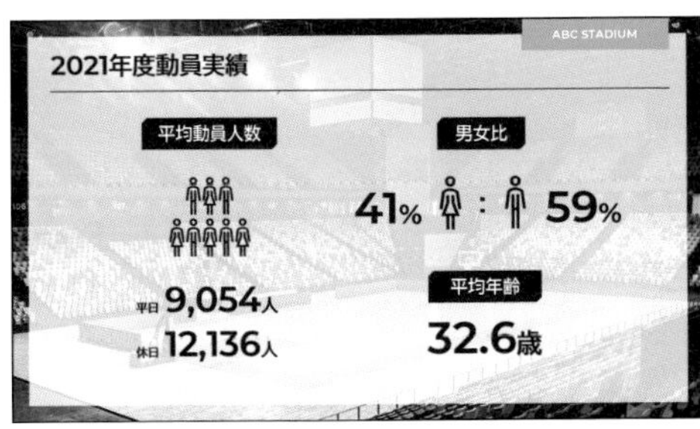

Ⓕ☑BIZ UDPゴシック ☑Montserrat
Ⓟ☑Unsplash ☑PowerPointストックアイコン
黒ではなく、白い半透明の長方形も活躍するシーンは非常に多いです。

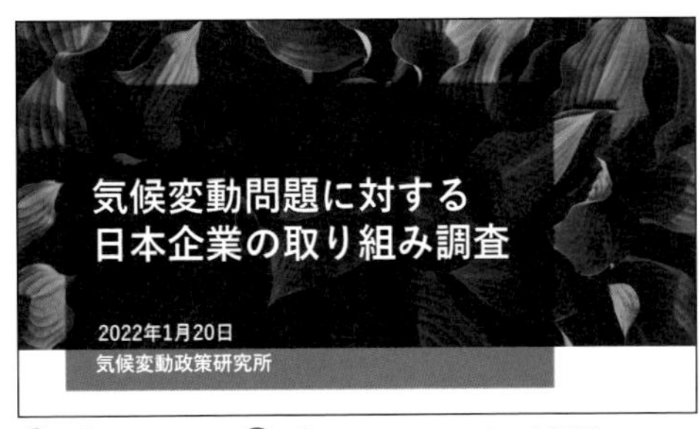

Ⓕ☑游ゴシック　Ⓟ☑PowerPointストック画像
上に重ねている半透明の黒い長方形には[図形の書式設定]→[効果]の[ぼかし]を適用させて輪郭をぼんやりさせています。

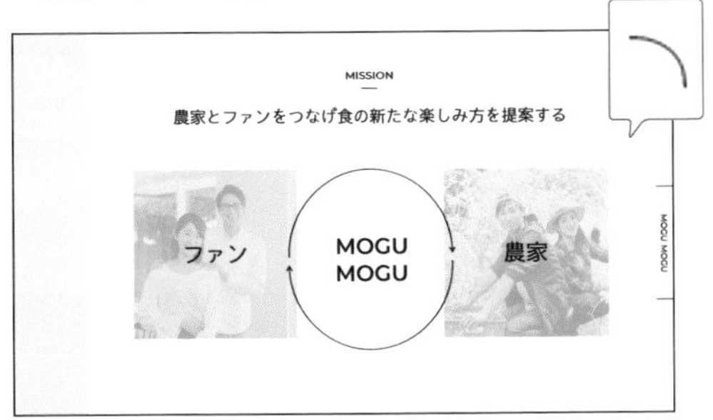

Ⓕ☑さわらびゴシック ☑Montserrat　Ⓟ☑写真AC
色のついた四角形を画像の上に重ねるのもよいでしょう。矢印は[円弧]を挿入し、[図形の書式設定]の線の設定から矢印に変更しています。

関連#031

Ⓕ☑BIZ UDPゴシック　Ⓟ☑Pexels
長方形以外の図形を半透明にして重ねるのもよいでしょう。

Tips

ガイドのトラブルシューティング

余計なガイドを増やしてしまった！
→ガイドをつまんで画面の端までドラッグすると消えます。

ガイドを全部消してしまった！
→リボン[表示]から一度チェックマークを外して、再度表示します。

ガイドを間違えて動かしてしまった！
→残念ながらガイドを動かしてしまった際には Ctrl + Z で戻ることができません。再度設定し直す必要があります。また対処法として、スライドマスター上でガイドを設定しておくという方法があります。

スライドマスター上で設定したガイドラインはオレンジ色で表示され、スライドマスターを開かない限りは触ることができません。ガイドを活用してきれいに整列されたスライドを作成しましょう。

グラデーションを画像に重ねる

完成例

事業紹介

5つのプロフェッショナル領域

Chapter2

Ⓕ☑游ゴシック ☑Century Gothic　Ⓟ☑Unsplash

作り方

1 画像を挿入

写真を挿入します。今回は画面上部に配置しました。

2 図形を挿入

全画面に重なるように四角形を挿入し、[図形の書式設定]→[図形のオプション]→[塗りつぶし(グラデーション)]でグラデーションを設定します。

3 グラデーションにする

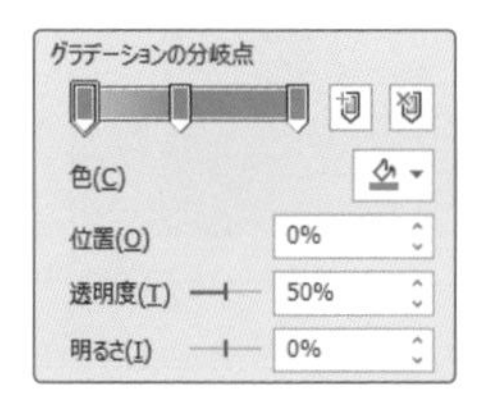

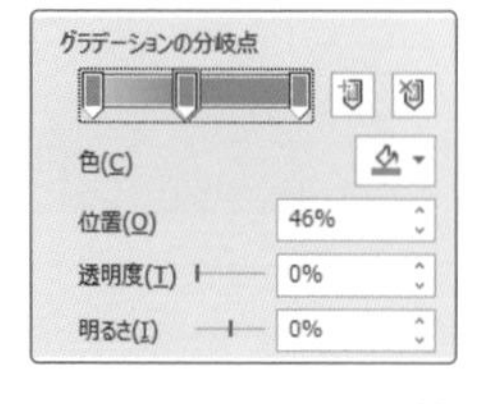

画面の上端の透明度を50%にして(左のつまみ)、位置が46%の箇所の透明度を0%にして(中央のつまみ)単色のグラデーションがかかるようにしています(画像の下端の透明度も0%)。

4 文字を挿入

文字を挿入して完成です。

other Ideas

専門性×提案力

各分野に精通したプロフェッショナルの持つ「専門性」と、
数百社とのやり取りの中で培ってきた「提案力」を価値あるサービスの源泉として、
お客様にとって最適なパートナーであり続けるために日々努力を重ねています。

Chapter2 事業紹介

Ⓕ☑游ゴシック☑Century Gothic Ⓟ☑Unsplash
この中表紙スライドに合うデザインで、ほかのページにも使えるパターンアイデアを作成しました。

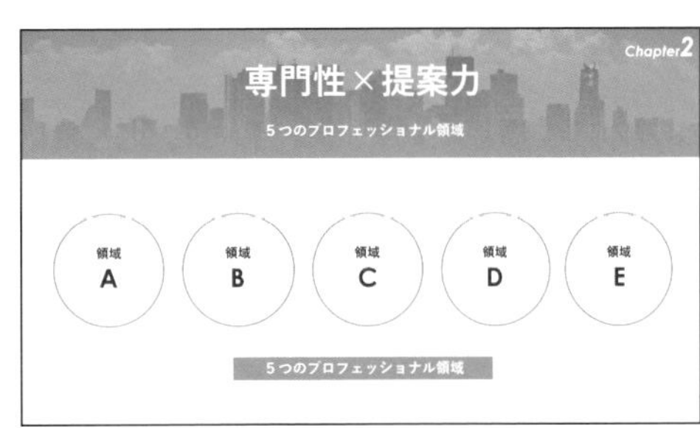

Ⓕ☑游ゴシック☑Century Gothic Ⓟ☑Unsplash
同じモチーフを形を変えてレイアウトすることによって、統一感がありながらも単調ではないスライドデザインになります。

Ⓕ☑游ゴシック☑Arial☑Century Gothic
Ⓟ☑PowerPointストック画像
読めないくらいのサイズの文章は、テキストではなく装飾として活躍します。思い切り小さくしましょう。

Ⓕ☑Noto Sans JP☑Josefin Sans
Ⓟ☑Unsplash
グラデーションの片側の透明度を0%にして重ねることで、画像と自然になじみます。また、グラデーションの角度を斜めにしています。

画像の横幅が足りないときの対処法

Ⓟ☑写真AC
画像素材によってはトリミングすると見切れてしまう関係で、全面に画像を引き伸ばせないケースがあります。対処法として、グラデーションの長方形をうまく使う方法があります。

Ⓕ☑Noto Serif JP☑Iskoola Pota Ⓟ☑写真AC

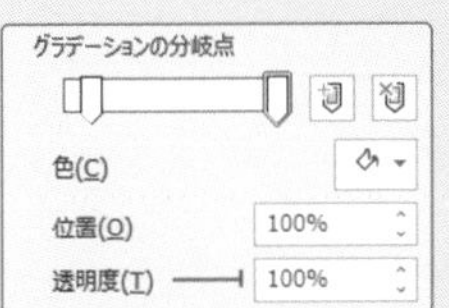

長方形の塗りをグラデーションにして、グラデーションのつまみの片方の透明度を100%（もう片方は0%）にして重ねます。こうすることで、画像の切れ目がわかりにくくなりました。

背景テクスチャで雰囲気アップ

完成例

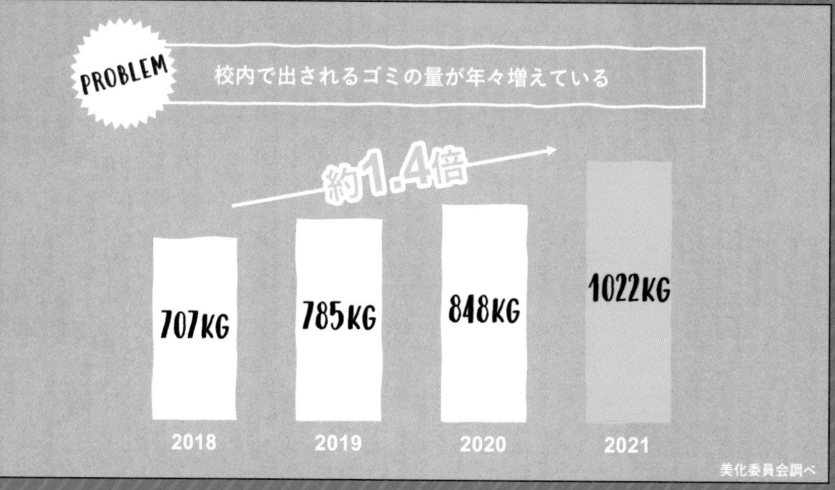

Ⓕ☑游ゴシック ☑Modern Love Caps ☑Arial Ⓟ☑Paper-co

作り方

1 要素を挿入

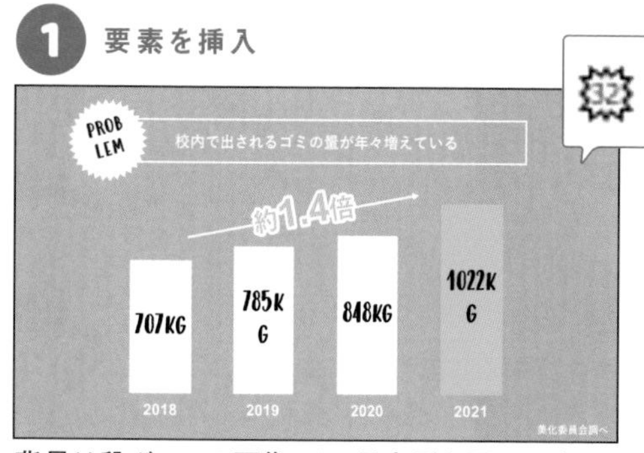

背景は段ボールの画像にし、長方形を用いてグラフを作り[星:32pt]を挿入します。文字は図形をダブルクリックして直接入力しますが、変なところで改行されています。

2 改行の調整

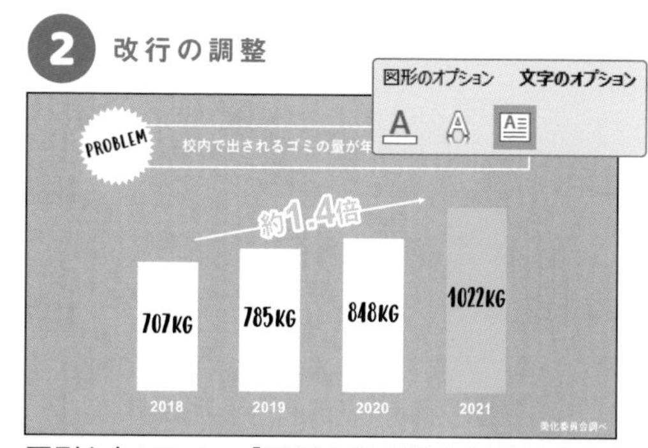

図形を右クリック→[図形の書式設定]を開きます。[文字のオプション]→[テキストボックス]→[図形内でテキストを折り返す]のチェックマークを外します。

3 文字を図形の中央に配置

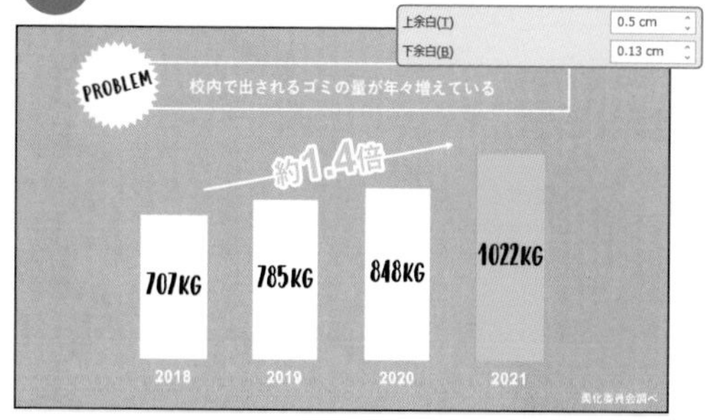

よく見ると図形の中央に文字が配置されていません。再度[テキストボックス]から[上余白]の数値を上げて真ん中に来るように調整します。

4 グラフの雰囲気を変える

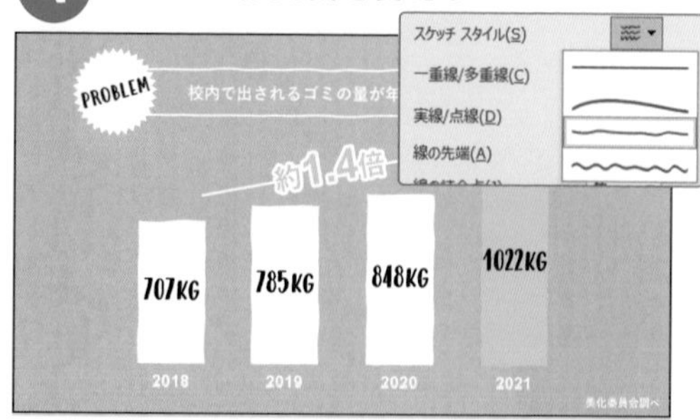

四角形を右クリック→[図形の書式設定]→[図形のオプション]→[線]→[スケッチスタイル]から好みの線を選びます。

other Ideas

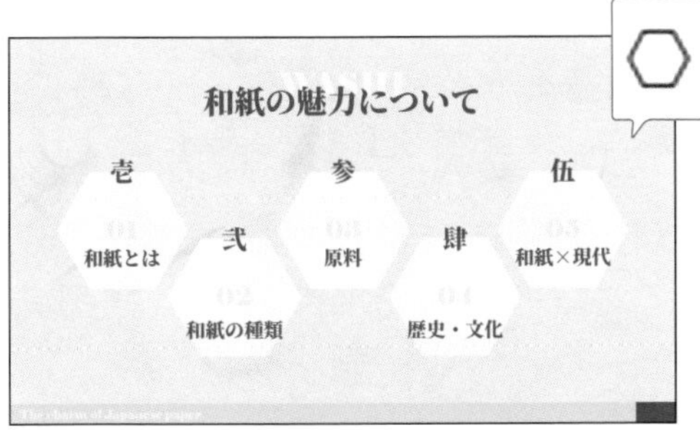

Ⓕ☑Noto Serif JP ☑Elephant　Ⓟ☑BEIZ images
六角形を互い違いに組み合わせてキャッチーな目次にしています。背景に和紙のテクスチャを配置しています。

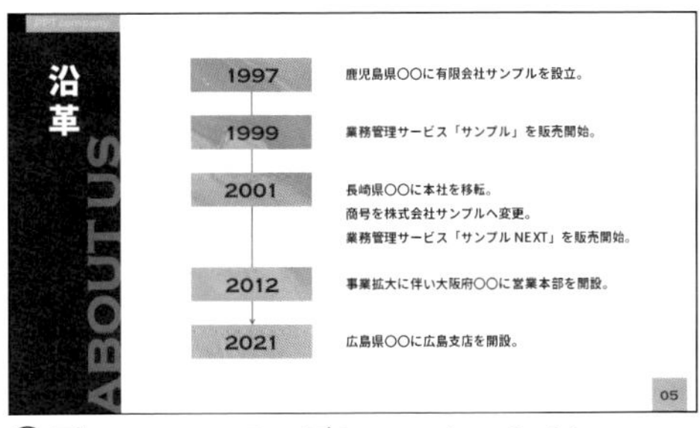

Ⓕ☑Noto Sans JP　☑Copperplate Gothic
Ⓟ☑Unsplash
ベタ塗りの長方形ではなく、薄く模様がついている画像を使うと高級感がアップします。

Ⓕ☑游ゴシック☑Tw Cen MT
Ⓟ☑Paper-co ☑PowerPointストック画像
木のテクスチャを使用しています。該当の章以外の目次は薄くすると、現在の位置がわかりやすくなります。

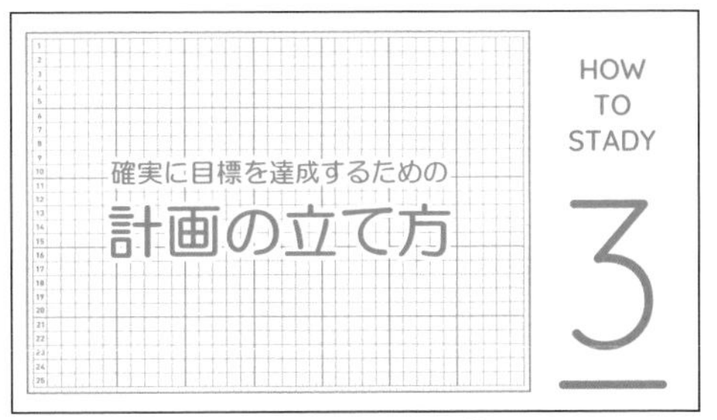

Ⓕ☑HG丸ゴシック☑Quicksand　Ⓟ☑Paper-co
方眼紙風のテクスチャを加えるだけでも雰囲気が格段にアップします。背景と同じ色の袋文字にすることで方眼紙の上に重ねても見やすくしています。

関連#006

テキストボックスを重ねる？ 図形に直接打ち込む？

「図形に文字を直接打ち込むと、余白を調整したり[図形内でテキストを折り返す]のチェックマークを外す手間がめんどくさい。テキストボックスを図形の上に重ねたほうがよいのでは？」と思った方もいらっしゃったかもしれません。

これはケースバイケースです。複雑な図形の場合は直接打ち込むとバランスがおかしくなるのでテキストボックスを図形の上に重ねたほうがよいです。

一方で、テキストボックスを重ねると、グループ化によってまとめることができるとはいえ、何かの拍子にずれてしまうことがあります。ズレの調整も難しいです。

結論としては、長方形などの単純な図形の場合は、直接図形に文字を打ち込むことを推奨します。

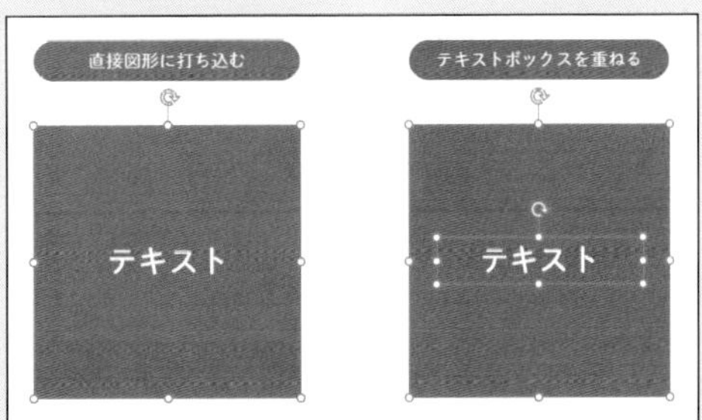

トリミングを使いこなす

完成例

Ⓕ☑Noto Serif JP ☑Iskoola Pota Ⓟ☑写真AC

作り方

1 画像を挿入

画像を挿入し、画像を右クリック→[トリミング]を選択します。

2 トリミングの調整

黒いL字状のつまみを動かすとトリミング範囲が、白い丸のつまみを動かすと画像の大きさや位置を変更できます。終了するには画面の別の場所をクリックします。

3 枠を挿入

四角形を挿入します。塗りをなし、線をグラデーションにして画像の上に重ねます。ズレがあると違和感になるので、上下左右の余白を見ながら調整します。

4 文字を挿入

文字はあまりぎゅうぎゅうに押し詰めるのではなく、余白をしっかりとることを意識して配置します。

関連#008

other Ideas

Ⓕ☑Noto Serif JP ☑Iskoola Pota Ⓟ☑写真AC

きっちり図形と画像の辺を揃えて配置をするときれいに見えます。ズレがあるとスライドに貼り付けた感が出てしまうので注意しましょう。

Ⓕ☑Noto Serif JP ☑Iskoola Pota Ⓟ☑写真AC

四角形と画像を重ねるレイアウトもおしゃれです。この場合は意図的にずらしていることがわかるので問題ありません。

Ⓕ☑Noto Serif JP ☑Iskoola Pota Ⓟ☑写真AC

画像の一部をスライドからはみ出させてもよいでしょう。小さな図形もアクセントになります。

Ⓕ☑Noto Serif JP ☑Iskoola Pota Ⓟ☑写真AC

正方形に画像をトリミングして、その形を生かしたデザインにするのもよいでしょう。

画像の向きと言葉

画像の人物の向きと文字の組み合わせを工夫することで、メッセージをより印象的なものにすることができます。

Ⓕ☑しっぽり明朝 ☑Century Ⓟ☑Unsplash

視線の方向と逆に文字を配置すると、ネガティブなメッセージや過去のイメージを表現できます。

Ⓕ☑しっぽり明朝 ☑Century Ⓟ☑Unsplash

視線の方向に文字を配置した場合、ポジティブなメッセージや未来のイメージを表現できます。

さらにトリミングを使いこなす

完成例

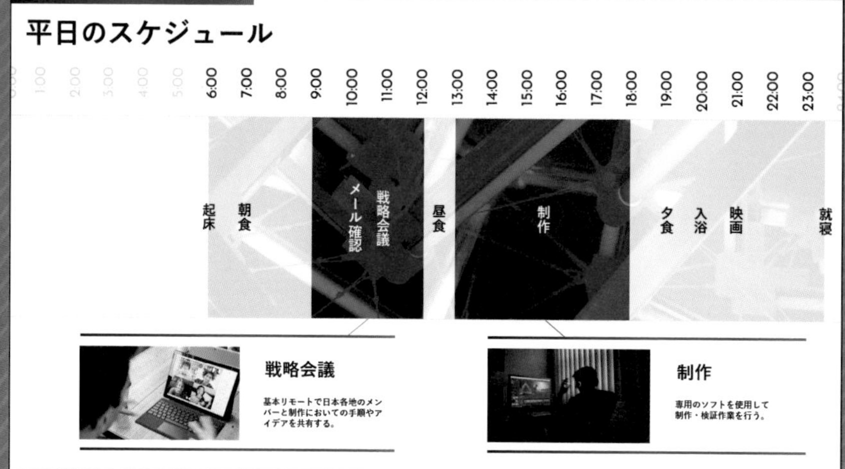

Ⓕ☑游ゴシック ☑Josefin Sans Ⓟ☑Unsplash

作り方

1 文字を挿入

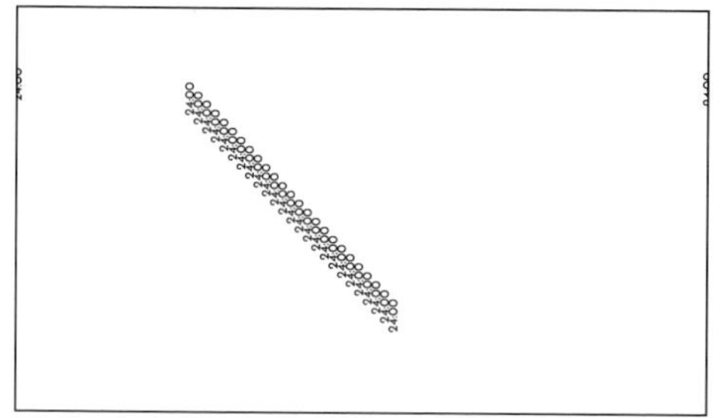

「24:00」を挿入し左に90度傾けて、Ctrl（⌘）＋Dで25個複製します。間隔やズレを気にする必要はありません。また両端に1つずつテキストボックスを配置します。

2 上揃え

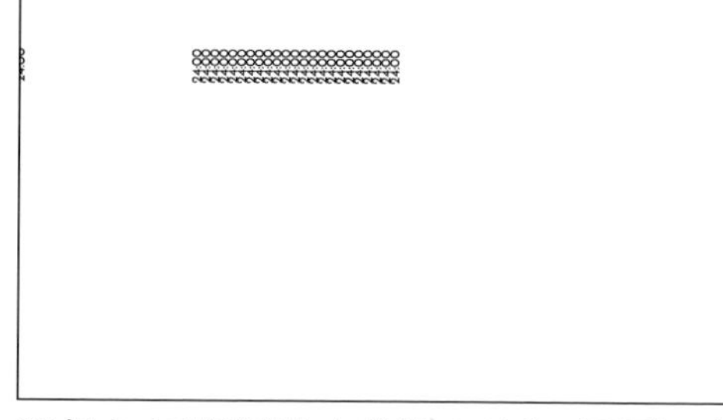

25個すべてを選択した状態で、リボン[図形の書式]→[配置]→[上揃え]を選択します。

3 左右に整列

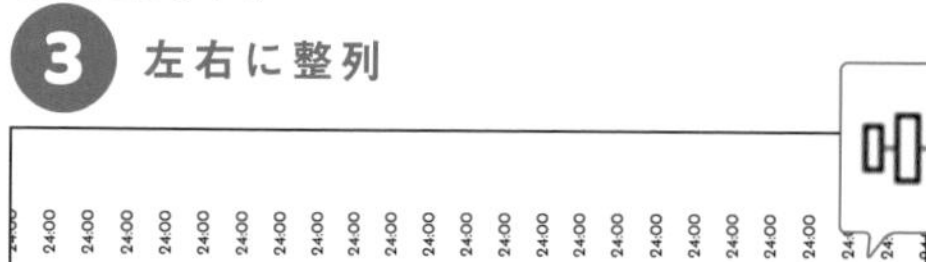

同様にすべてを選択した状態で、リボン[図形の書式]→[配置]→[左右に整列]を選択します。等間隔に文字が並びました。

4 画像の加工

同じ画像を3枚用意して[図の書式設定]から、2枚を暗く加工、残りの1枚を薄く加工します。その後3枚をピッタリ重ねます（下に2枚重なっています）。

5 画像のトリミング

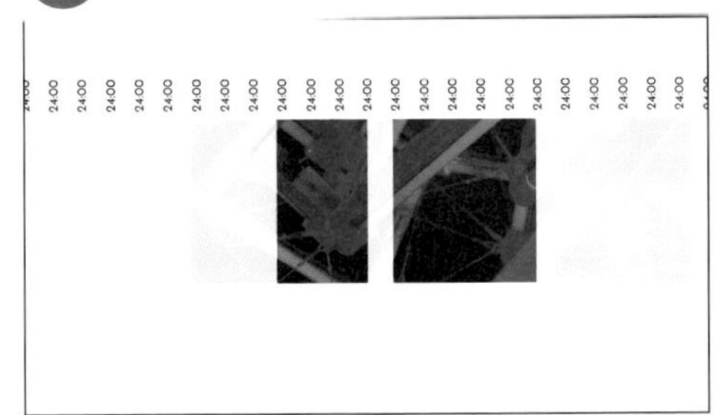

3枚の画像をそれぞれトリミングします。この際、トリミング位置のみ移動させ、画像自体はずれないように注意してください。

6 文字・図形を挿入

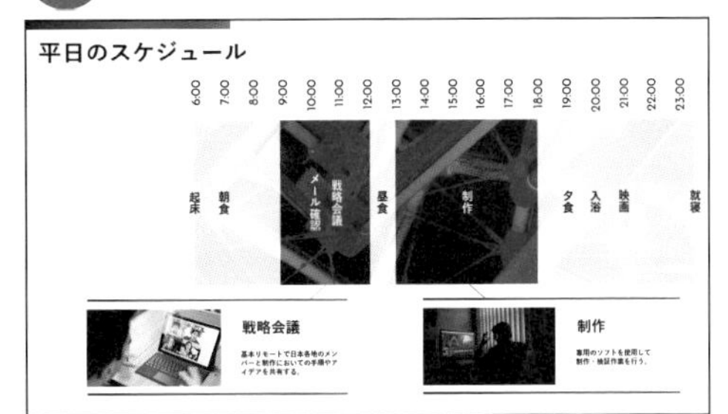

文字や図形を挿入して完成です。画像の暗いところが仕事、薄いところがプライベート、何もないところが寝ている時間ということがおしゃれに表現できました。

other Ideas

Ⓕ☑游ゴシック ☑Josefin Sans　Ⓟ☑Unsplash
画像素材サイトでabstract（抽象的な）というワードで検索すると、抽象的なイメージ画像を探すことができます。

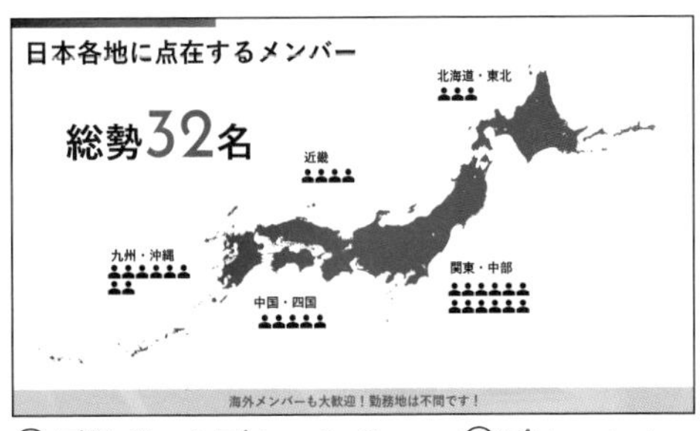

Ⓕ☑游ゴシック ☑Josefin Sans　Ⓟ☑Unsplash
同じモチーフを連続して使うと、全体としての統一感がアップします。

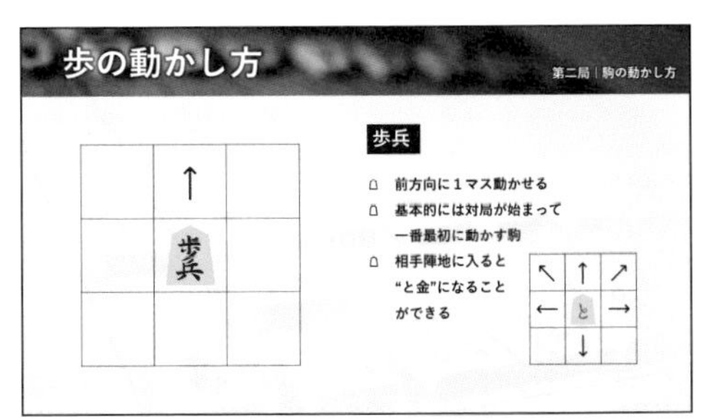

Ⓕ☑游ゴシック　Ⓟ☑ぱくたそ ☑時短だ
タイトル部分の画像を暗くしたもの、本文部分の透明度を高めて薄くしたものに分割するデザインもよいでしょう。

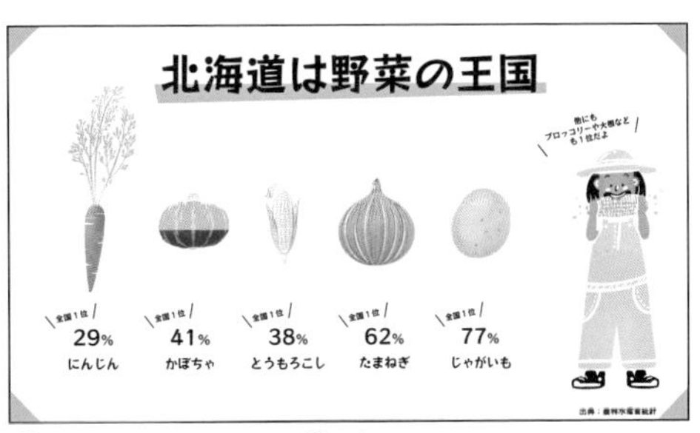

Ⓕ☑ロックンロール　Ⓟ☑農民イラスト
イラスト（画像）を2枚重ねて、カラーとグレースケールでトリミングを活用して割合を表現するアイデアもおすすめです。

図形の形にトリミング

完成例

Ⓕ☑游ゴシック　Ⓟ☑ぱくたそ

作り方

1 画像のトリミング

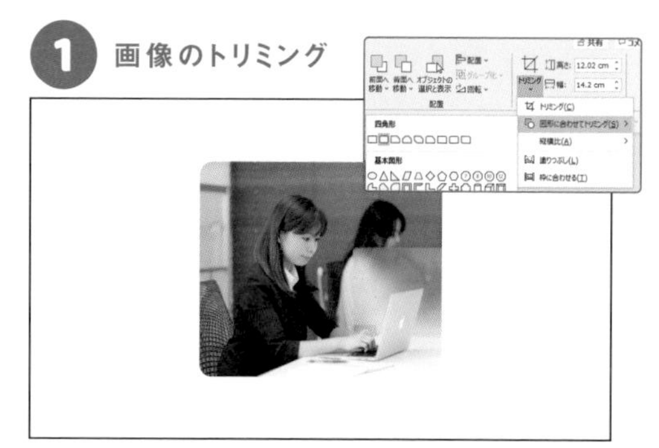

図を選択した状態で、[図の形式]→[トリミング]→[図形に合わせてトリミング]から[四角形:角を丸くする]を選択します。

2 影の設定

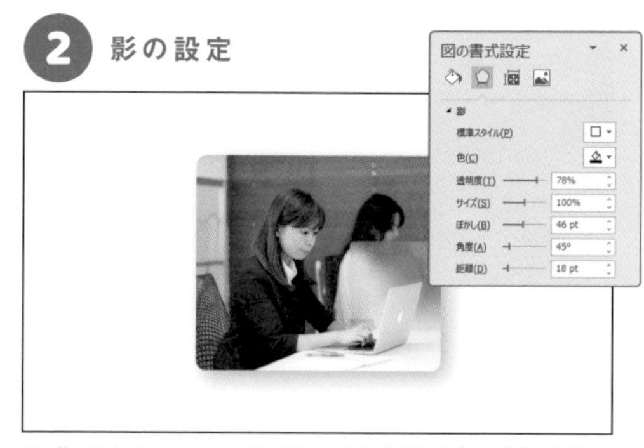

画像を右クリック→[図形の書式設定]→[効果]→[影]から右上のように数値を設定します。

3 文字・図形を挿入

角丸四角形と文字を挿入します。文字の大きさにメリハリをつけて配置します。

4 文字・図形を挿入

影を設定している画像を選択し、Ctrl（⌘）＋Shift＋Cを押し、図形を選択し、Ctrl（⌘）＋Shift＋Vを押すことで同じ影の設定を適用できます。

other Ideas

Ⓕ☑Noto Sans JP ☑Montserrat
Ⓟ☑Pixabay
[四角形:上の角2つを丸める]でトリミングしています。モノトーン加工した画像をずらして配置するとおしゃれです。 関連#054

Ⓕ☑しっぽり明朝　Ⓟ☑PowerPointストック画像
[雲]でトリミングしています。画像がはみ出るように配置すると、画面の大きさ以上の広がりを感じさせることができます。 関連#007

きれいな整数比でトリミングする

スライドの16:9の比率できれいにトリミングしたいときは、画像を選択した状態でリボン[図の形式]→[トリミング]→[縦横比]→[横16:9]を選択するときれいにトリミングできます。

Ⓕ☑UD デジタル 教科書体 ☑Segoe Print
Ⓟ☑Pexels ☑リボンフリークス
ほかにも[四角形1:1]を選択すれば正方形にトリミングできます。

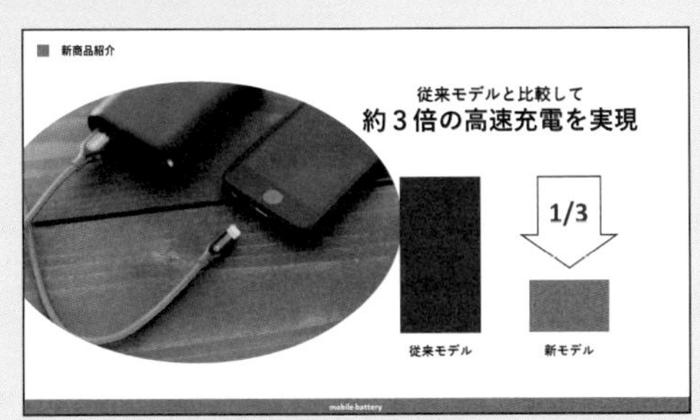

図形とトリミングとの合わせ技も紹介します。同様の方法で[図形に合わせてトリミング]→[楕円]を選択しても正円でトリミングはできません。

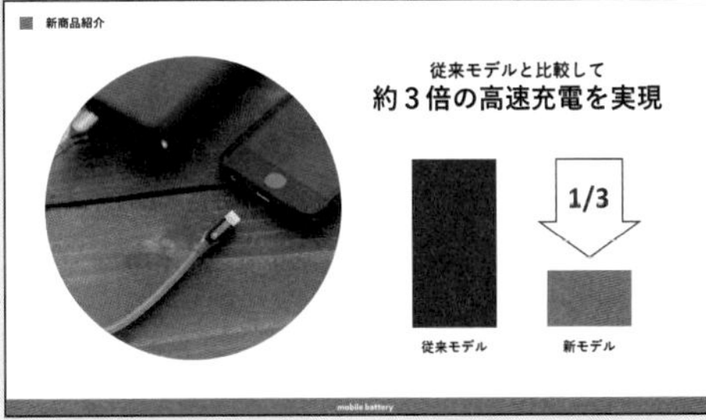

Ⓕ☑游ゴシック ☑Acumin Pro　Ⓟ☑Unsplash
その場合は[楕円]でトリミングしたあとに、再度[トリミング]→[縦横比]→[1:1]を選択すると正円に変わります。

#049 特殊な図形でトリミング

完成例

Ⓕ☑キウイ丸　Ⓟ☑写真AC ☑PowerPointストックアイコン

作り方

1 円の挿入

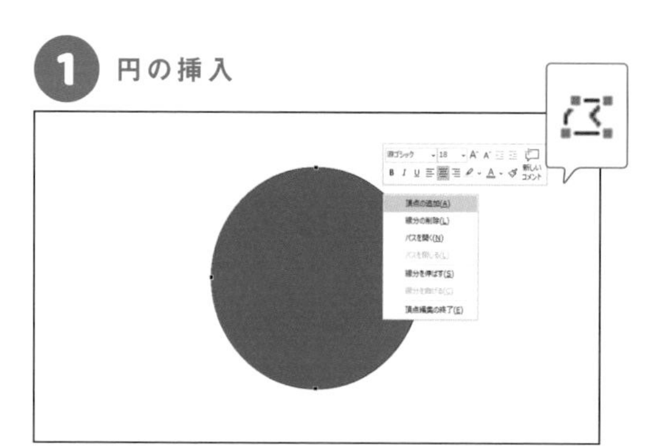

円を挿入し、円を右クリック→[頂点の編集]を選択します。円周が赤い線に変わるので、任意の円周を再度右クリック→[頂点の追加]を選択します。

2 頂点の編集

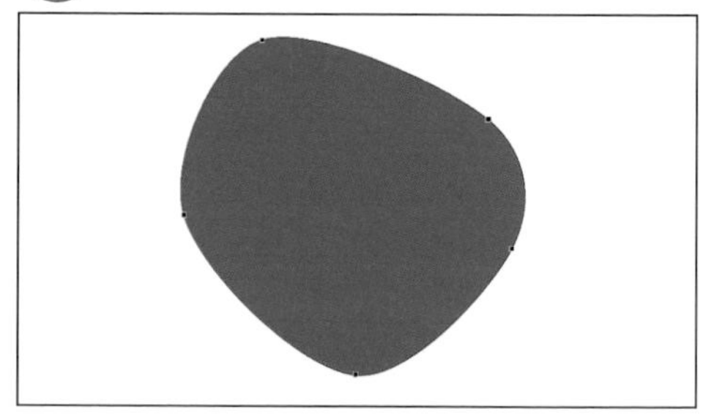

頂点はつまみのように自由に動かせるので、位置をずらして形を変形させます。これで図形の下準備は完成です。

関連#035

3 重なり抽出

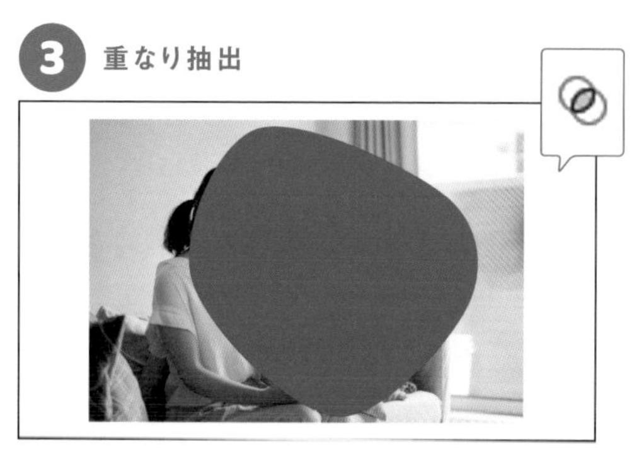

画像を挿入し、Shiftキーを押しながら画像→図形の順で選択し、[図形の書式]→[図形の結合]→[重なり抽出]を選択します。

4 画像のトリミング

きれいにくり抜かれました。画像を右クリック→[トリミング]から、再度トリミング範囲の設定を変更することができます。

5 位置の調整

トリミング範囲を調整したい場合は黒いL字状のつまみを、画像を調整したい場合は白い丸のつまみを動かしてください。

6 文字・図形を挿入

最後に文字や図形を挿入したら完成です。周囲の図形は、最初に作ったものを複製してランダムに配置しています。 関連#007

other Ideas

Ⓕ☑しっぽり明朝 Ⓟ☑写真AC
[アーチ]を2つ組み合わせたものを文字の背面に配置しています。

長方形を斜めにかぶせて、Shiftキーを押しながら画像→長方形の順番でクリックし、[図形の書式]→[図形の結合]→[単純型抜き]で写真を斜めにカットできます。

Ⓕ☑ロックンロール ☑Ink Free Ⓟ☑Unsplash
[重なり抽出]の例です。右の画像のように作ります。

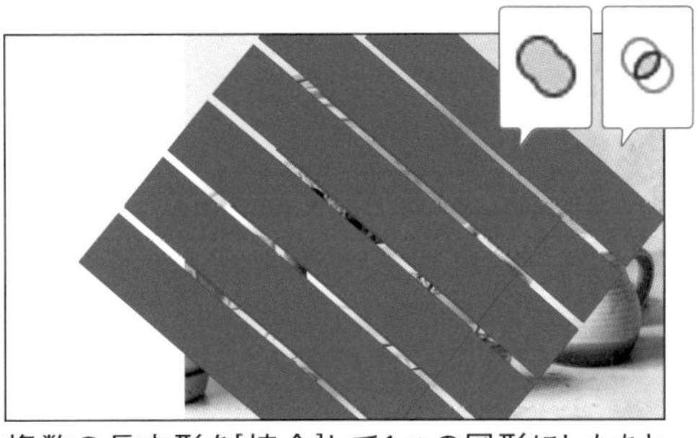

複数の長方形を[接合]して1つの図形にしたあとに、再度画像→図形の順で選択して[重なり抽出]を行います。

#050 画像を文字で切り抜く

完成例

Ⓕ☑游ゴシック　Ⓟ☑Unsplash

作り方

1 文字・画像を挿入

リボン[挿入]→[テキストボックス]→[縦書きテキストボックス]から文字を挿入します。次に画像を挿入します。

2 重なり抽出1

画像→左のテキストボックスの順で選択し[図形の書式]→[図形の結合]→[重なり抽出]を行います。文字の編集はできなくなりますが、画像が切り抜かれました。

3 重なり抽出2

再度画像を挿入して、画像→右のテキストボックスの順で選択して[重なり抽出]を行います。

4 画像のトリミング

再度画像を挿入し、右クリック→[トリミング]を選択し、両端を内側にトリミングします。

other Ideas

Ⓕ☑デラゴシック ☑Copperplate Gothic
Ⓟ☑Pixabay
メッセージに似合う画像を用意して[重なり抽出]によって切り抜くと、印象的なスライドを作成することができます。

Ⓕ☑游ゴシック ☑Tw Cen MT　Ⓟ☑Unsplash
英字1文字でグラデーションの画像を切り抜くとダイナミックな印象を作ることができます。画像を生かすためには、細めではなく太めのフォントが適しています。

Ⓕ☑游ゴシック ☑Gill Sans　Ⓟ☑Unsplash
キーワードの文字を画像でくり抜くと必然的に目線がそこに集まるでしょう。切り抜いた画像を右クリック→[トリミング]をすればトリミング位置を調整できます。

運を味方につける

Ⓕ☑Noto Serif JP　Ⓟ☑Unsplash
画像を2枚用意し、手前は文字で[重なり抽出]、背面は薄くすることで画像から文字が浮き上がるデザインを作ることができます。

文字の大きさの調整

文字の大きさを調整するには、フォントサイズのリストから選ぶか、その右側の[フォントサイズの拡大]や[縮小]によってサイズを変更します。

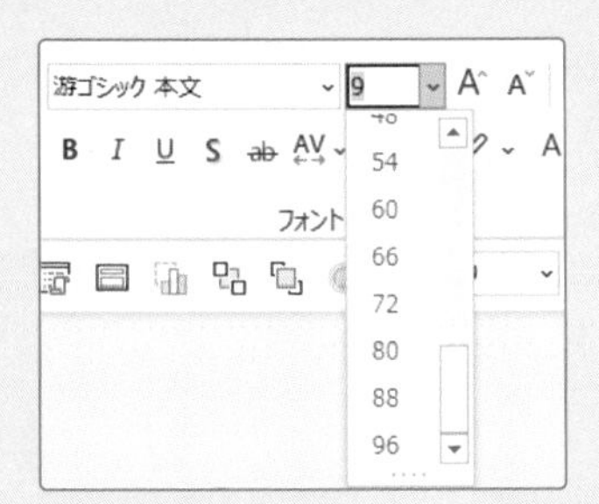

また、直接数値を打ち込んでサイズを指定することもできるので、細かい文字の調整が必要な際に使用します。フォントサイズのリストは96までしかありませんが、それ以上の大きさも設定可能です。

この作例の場合、上下ギリギリまで文字を拡大したいので、このテキストボックスのフォントサイズは110.5にしています。

切り抜き画像を活用する

完成例

Ⓕ☑BIZ UDPゴシック ☑Bahnschrift　Ⓟ☑ぱくたそ

作り方

1 画像を挿入

人物画像を用意します。このとき背景が1色(この場合は白)のものなど、人物とそうでない部分がはっきりしているものがよいです。

2 背景の削除

画像を選択した状態で[図の形式]→[背景の削除]を選択するとこのようになります。ピンクが削除される領域ですがこれだと消したくない部分も消えてしまいます。

3 残したい箇所の調整

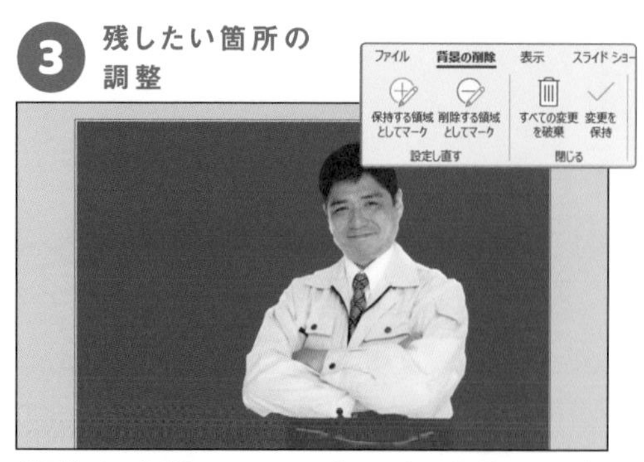

[保持する領域としてマーク]を選択し保持したい箇所をドラッグします。きれいに囲む必要はなく、画像のように該当箇所に線を引けば勝手に認識されます。

4 文字・図形を挿入

最後に文字を挿入して完成です。切り抜き画像を生かすコツは、文字や図形を人物の裏側に重ねることです。これにより画面に奥行き感が生まれます。

other Ideas

Ⓕ☑游ゴシック ☑Bahnschrift Ⓟ☑写真AC
切り抜き画像と図形で切り抜いた画像を重ねることで、画像から飛び出すような表現ができます。画像はモノトーンに加工しています。 関連#054

Ⓕ☑Noto Sans JP Ⓟ☑ぱくたそ ☑マンガパーツSTOCK
画像をモノクロにすることで、よりメッセージが強調されます。 関連#053

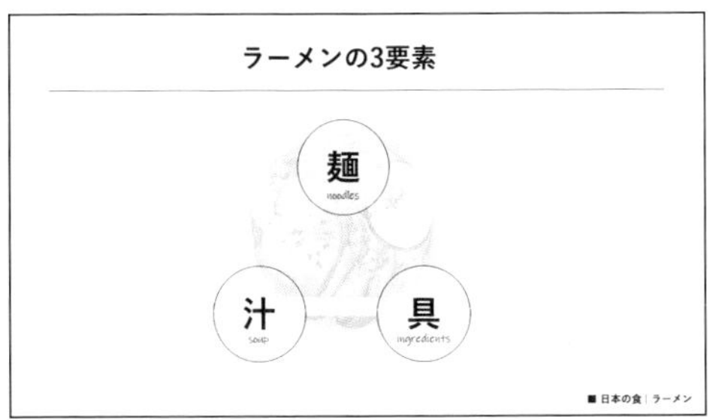

Ⓕ☑游ゴシック ☑Ink free
Ⓟ☑PowerPointストック画像
切り抜いた画像を半透明にし、スライドの背景に配置するのもよいでしょう。

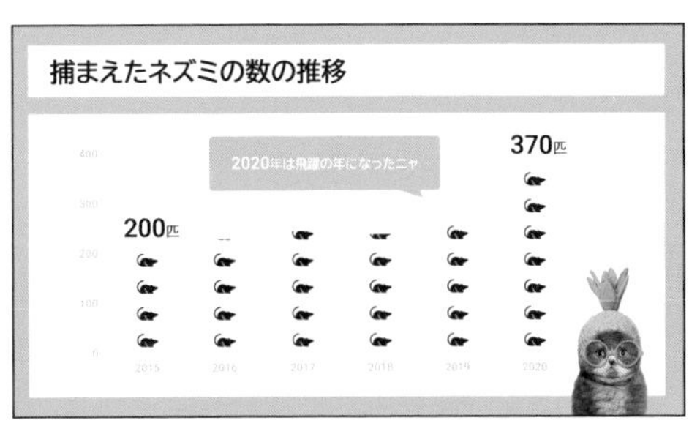

Ⓕ☑BIZ UDPゴシック Ⓟ☑PowerPointストック画像
切り抜いた人物やキャラクターを右下に配置し、ふきだしでコメントを入れるとキャッチーな印象になります。

Tips

背景削除がうまくいかなかったときの対処法

背景の削除機能で、[保持する領域としてマーク]と[削除する領域をマーク]を使って削除をしようとしても、うまく切り取れない部分が発生するときの対処法を紹介します。

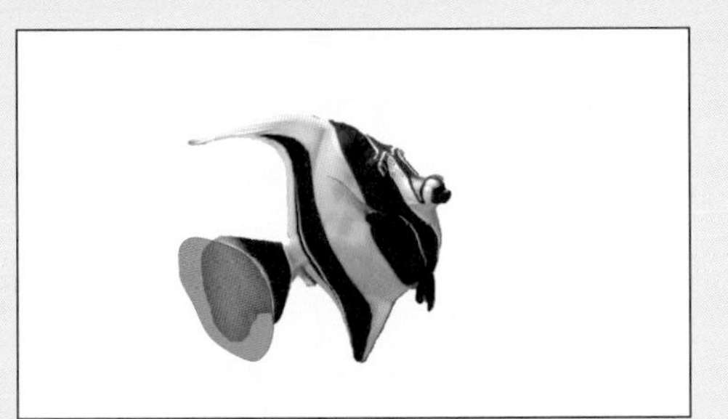

図形の[曲線]もしくは[フリーフォーム:図形]で切り抜きたい部分を隠すように図形を作成します(わかりやすいように図形の塗りを半透明にしています)。

関連#033 関連#034

Shift キーを押しながら画像→図形の順で選択したあと、リボン[図形の書式]→[図形の結合]から[単純型抜き]を選ぶと、背景の削除だけでは切り抜けなかった部分を細かく取り除くことができます。

#052 画像の一部から文字が飛び出すデザイン

完成例

NEXT
GENERATION
変化の時代に求められる力とは

Ⓕ☑Noto Sans JP ☑Century Gothic　Ⓟ☑Unsplash

作り方

1 画像を挿入

同じ画像を2枚挿入し複製し、奥の画像はリボン［図の形式］→［配置］→［オブジェクトの選択と表示］から該当する画像の右の目のアイコンをクリックして非表示にします。

2 背景の削除

手前側の画像を選択した状態で背景の削除を行います。このとき空の部分のみ切り抜き、山の部分は残すようにしてください。

関連#051

3 文字を挿入

後ろ側の画像を非表示から表示に変更し、文字を挿入します。

4 重なり順の調整

重なり順を手前から背景削除した画像→テキストボックス→背景削除していない画像の順番に並び替えます。

関連#0章オブジェクトの配置

other Ideas

Ⓕ☑Noto Serif JP ☑Noto Sans JP ☑Montserrat
Ⓟ☑ぱくたそ
人物画像の後ろに文字を潜り込ませたデザインです。文字は太めのフォントがよいでしょう。

Ⓕ☑Tw Cen MT　Ⓟ☑Unsplash
文字だけではなく、図形を間に挟んでもおもしろいデザインになります。手前から切り抜いた画像→文字→図形→画像の順に重ねています。

Tips

アニメーションと組み合わせる

1

テキストボックスを選択→リボン[アニメーション]から[スライドイン]を選択します。[プレビュー]でアニメーションの動きを確認すると、山の裏側から文字が出てくるアニメーションになります。

2

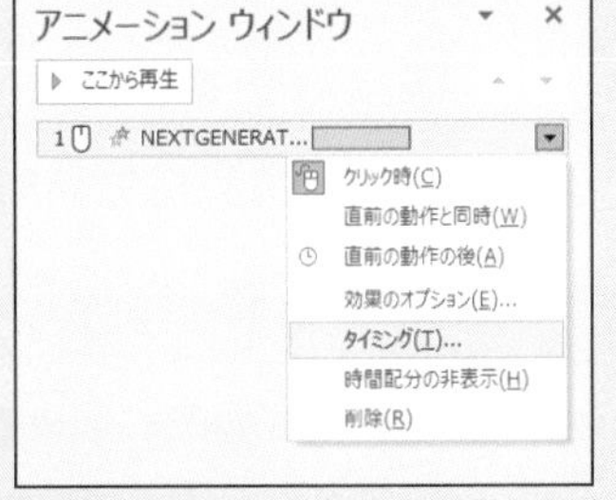

しかし、ちょっとスピードが急すぎます。リボン[アニメーション]から[アニメーションウィンドウ]を開き、該当のアニメーションを右クリック→[タイミング]を開きます。

3

[継続時間]を[3秒]にして[OK]をクリックします。プルダウンメニューから選んでも直接数値を打ち込んでもよいです。

4

次に、同じく右クリック→[効果のオプション]を開きます。[滑らかに終了]の値を2.5秒に設定し、[OK]をクリックします。

再度、リボン[アニメーション]から[プレビュー]を押してみてください。最初と比べてなめらかに文字がスライドインしているのが確認できると思います。

このようにアニメーションは詳細に動きを設定することができ、アニメーションによっても設定できる値が異なるので、ある程度知識と経験が必要です。

関連#067

モノクロ画像を使いこなす

＼完成例／

Ⓕ☑游ゴシック ☑Azo Sans　Ⓟ☑Unsplash

作り方

1 画像を挿入

画像を右クリック→［図の書式設定］→［図］→［図の色］→［色の彩度］→［標準スタイル］から一番左のモノクロの画像を選びます。

2 文字を挿入

文字を挿入します。画面から少し文字がはみ出すと迫力が増します。

3 文字色の変更

テキストボックスを右クリック→［図形の書式設定］→［文字のオプション］→［文字の塗りつぶし］→［塗りつぶし（単色）］で文字色を半透明の黄色にします。

4 型抜き/合成

長方形を画面いっぱいに挿入し、文字→長方形の順に選択してリボン［図形の書式］→［図形の結合］→［型抜き/合成］を選択します。

other Ideas

Ⓕ☑游ゴシック　Ⓟ☑Unsplash
印象的な場面にモノクロ画像を使うと目を引きます。右半分に画像を配置し左半分は黒い四角形を配置することで、画像の切れ目がわからないようにしています。

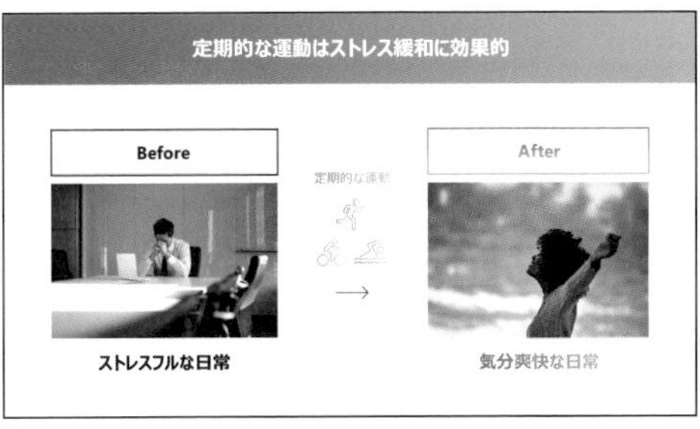

Ⓕ☑Meiryo UI ☑Segoe UI
Ⓟ☑PowerPointストック画像
Before→Afterなどを説明する際にBeforeを表す画像にモノクロ画像を使うと、変化を強調することができます。

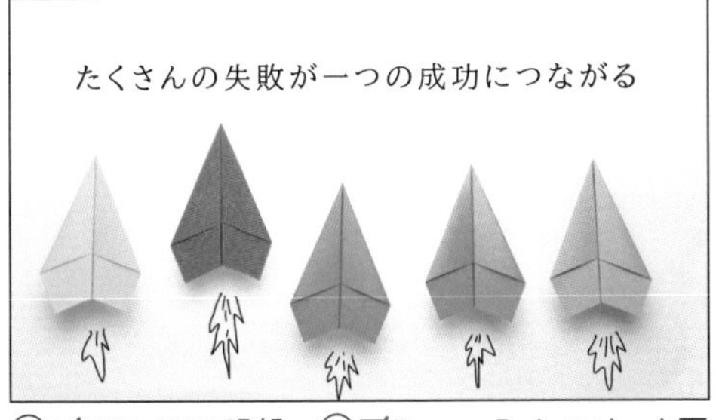

Ⓕ☑BIZ UDP明朝　Ⓟ☑PowerPointストック画像
グレースケールにした画像を背面に、元のカラーの画像を切り抜いたものを重ねると画像の一部分だけ色のついた印象的な画像を作ることができます。

関連#051

Ⓕ☑游ゴシック ☑Montserrat
Ⓟ☑PowerPointストック画像
モノクロ画像の上に明るい色の文字を乗せると、メッセージに視線が集まります。

メタファーとしての画像の使い方

Ⓕ☑HG丸ゴシック　Ⓟ☑Unsplash

メッセージをより印象深くするための画像の使い方として、メタファーとして画像を使う方法があります。表題の作例では、山登りの画像を背景に使うことで、挑戦という抽象的な言葉のイメージをよりメッセージ性の高いものにする効果があります。また、左の作例では失敗のイメージをふくらませるために、衝突事故の画像を使っています。おもちゃが使われていることで、シリアスな失敗というより笑いをとるような失敗なのかなと見た人に想像させることができます。

モノトーン画像を使いこなす

完成例

Ⓕ☑マキナス ☑Josefin Sans Ⓟ☑Unsplash

作り方

1 画像のトリミング

4等分になるように画像をそれぞれトリミングします。

関連#046

2 色の選定

あらかじめ画像に適用したいカラーをスライド画面の外側に配置しておきます。

3 色の適用

画像を選択→リボン[図の形式]→[色]→[その他の色]→[スポイト]でスライドに配置したカラーを吸い取ります。

4 影をつける

文字の視認性をあげるために、影をつけます。

関連#005

other Ideas

Ⓕ☑マキナス ☑Josefin Sans Ⓟ☑Unsplash
さらにそれぞれの色の半透明の四角形を上からかぶせるとこのようになります（文字の影はなしに変更しています）。

Ⓕ☑游ゴシック ☑Century Gothic
Ⓟ☑Unsplash
3つの画像を背景にきれいに整列させて、その上に文字を重ねるデザインに仕上げました。

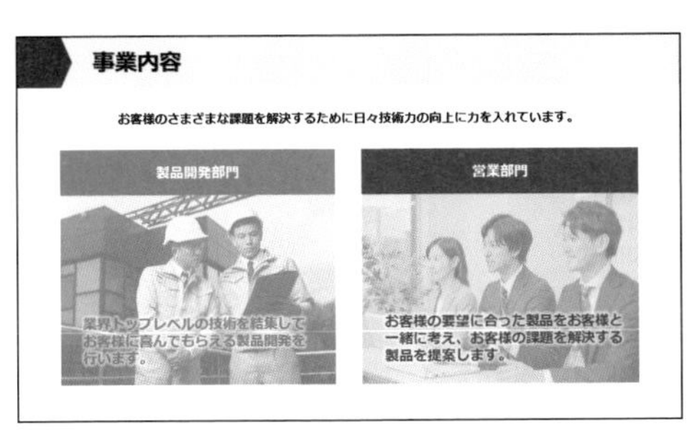

Ⓕ☑メイリオ Ⓟ☑写真AC
色を変更したあと、画像の透明度を高くすることで文字を重ねやすくしています。

Ⓕ☑しっぽり明朝 ☑Elephant
Ⓟ☑PowerPointストック画像
メインカラーを1つ設定して、画像も含めてそのカラーで全体を統一すると、独特の世界観を作ることができます。

明るいモノトーンにする方法

Ⓕ☑游ゴシック Ⓟ☑Unsplash
スポイトから色を選ぶのではなく、[色]→[色の変更]のリストから選べば明るいモノトーンにすることもできます（スポイトから色を選んだ場合は基本的に暗いモノトーンになります）。

カラーリングの並びはテーマの色と対応しているため、理想の色にするためにはあらかじめテーマの色を設定しましょう。 関連:0章テーマの色
ほかにも上段左から2番目から順に[グレースケール][セピア][ウォッシュアウト[白黒]などの加工も可能です。

アート効果を活用する

完成例

Ⓕ☑M PLUS Ⓟ☑Unsplash ☑PowerPointストックアイコン

作り方

1 画像を挿入

画像を挿入し、画面全体に引き伸ばします。画像を拡大する際は Shift キーを長押ししたままドラッグすることで縦横比を維持できます。

2 画像の加工

画像を選択した状態で、リボン[図の形式]→[アート効果]から[ぼかし]を選択します。

3 アート効果の調整

画像を右クリック→[図の書式設定]→[効果]→[アート効果]から半径の大きさを50にします。これにより画像のぼかしが強くなりました。

4 文字・図形を挿入

文字・図形を挿入します。影を少しつけると視認性が高まります。

関連#005

other Ideas

Ⓕ☑キウイ丸 ☑STXingkai　Ⓟ☑Unsplash
[アート効果]から[ペイント:ブラシ]を適用し、[図形の書式設定]にて[ブラシのサイズ]を10にしています。

Ⓕ☑さわらびゴシック　Ⓟ☑Unsplash
[アート効果]→[カットアウト]→[図形の書式設定]から[影の数]を4にしています。[アート効果]から[カットアウト]を適用し、[図形の書式設定]にて[影の数]を4にしています。

Tips

図形にアート効果を適用する

図形にはアート効果は適用できません。図形をコピーしたあとに、スライド画面を右クリック→[貼り付けのオプション]から[図]として貼り付けます。

Ⓕ☑游ゴシック　Ⓟ☑PowerPointストックアイコン
[図の形式]から[アート効果]を適用できます。これにより単なる塗りではなく、立体感のある塗りを作ることができます（作例は[セメント]）。

下線の種類

Ⓕ☑Antonio　Ⓟ☑PowerPointストック画像
文字に下線を引くには、Ctrl（⌘）+Uやリボンのメニューから選ぶ方法がありますが、これから説明する方法を使えば、さまざまな種類の下線を引くことができます（画像は[アート効果]から[ガラス]を適用しています）。

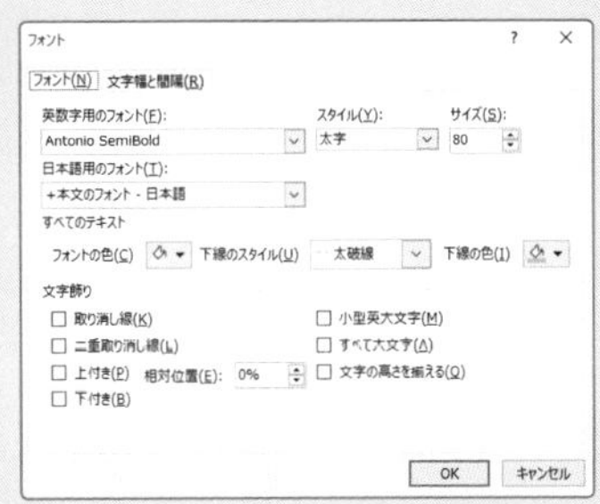

下線を引きたい文字列を選択した状態で、リボン[ホーム]→[フォント]エリアの右下の矢印をクリックします。するとこのようなメニューが表示されます。[下線のスタイル]のプルダウンメニューから、下線のスタイルを選ぶことができます。

図形をスライド背景で塗る技

完成例

Ⓕ☑游ゴシック　Ⓟ☑Unsplash

作り方

1 スライドの背景に画像を設定

スライドを右クリック→[背景の書式設定]→[塗りつぶし(図またはテクスチャ)]→[画像ソース]→[挿入する]→[ファイルから]を選択します。

2 背景を四角形で隠す

画面いっぱいに白い長方形を挿入します。また、手前に長方形を挿入します。

3 スライドの背景で塗りつぶす

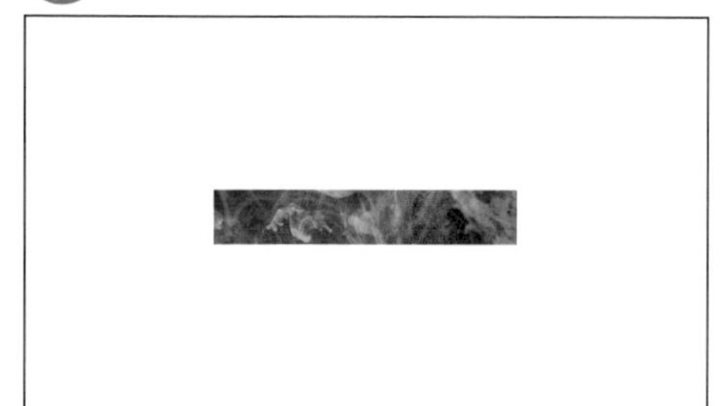

手前の長方形を右クリック→[図形の書式設定]→[図形のオプション]→[塗りつぶし(スライドの背景)]を選択します。

4 その他の要素を加える

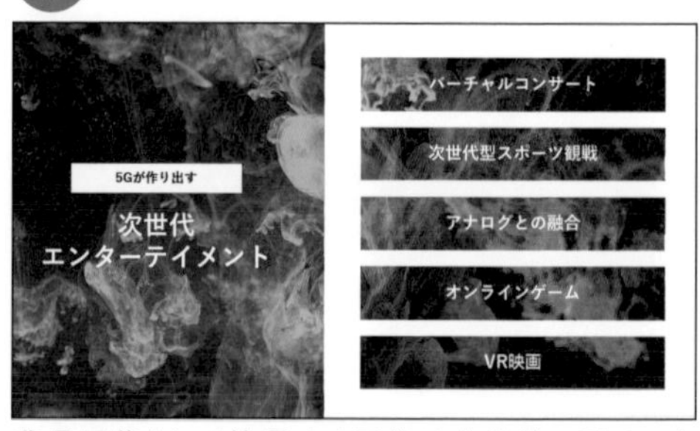

背景画像として使用する画像は全体的に明るいもの(+黒文字)or暗いもの(+白文字)を選ぶとよいでしょう。

other Ideas

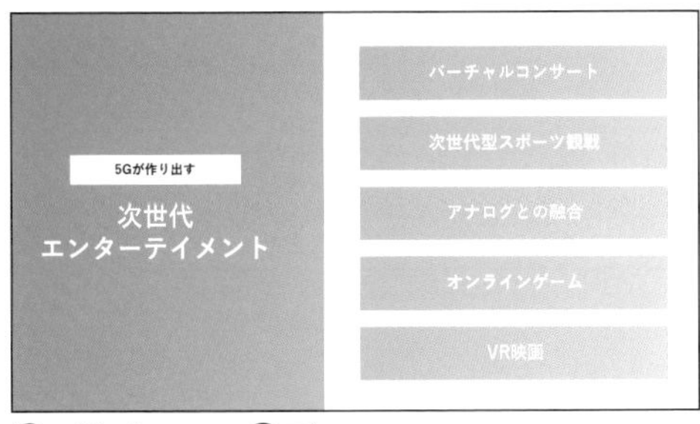

Ⓕ☑游ゴシック Ⓟ☑Unsplash
[背景の書式設定]→[塗りつぶし(グラデーション)]にした場合も、同様に図形の塗りつぶしを[塗りつぶし(スライドの背景)]にすることで上のようなグラデーションのデザインを簡単に作ることができます。

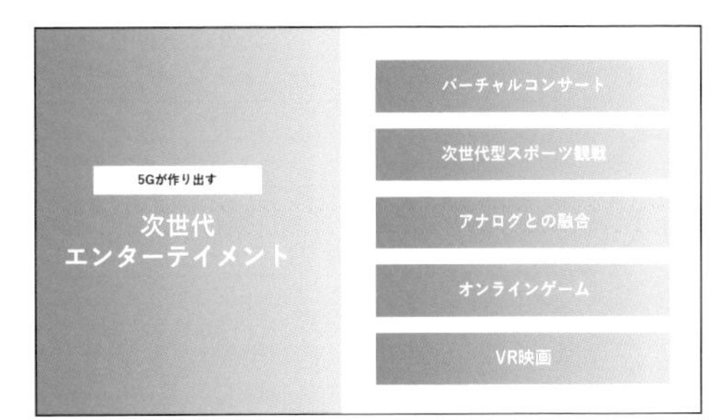

Ⓕ☑游ゴシック Ⓟ☑Unsplash
それぞれの図形に個別にグラデーションを適用した場合です。左の場合と比べてどちらがよいということではなく、イメージ似合う方法を選択してください。

Ⓕ☑游ゴシック ☑デラゴシック
Ⓟ☑Google Icons ☑PowerPointストック画像
円の塗りをスライドの背景にして、間に挟む長方形の塗りを半透明にすることで、スライドの背景に設定した画像が透けて見えます。

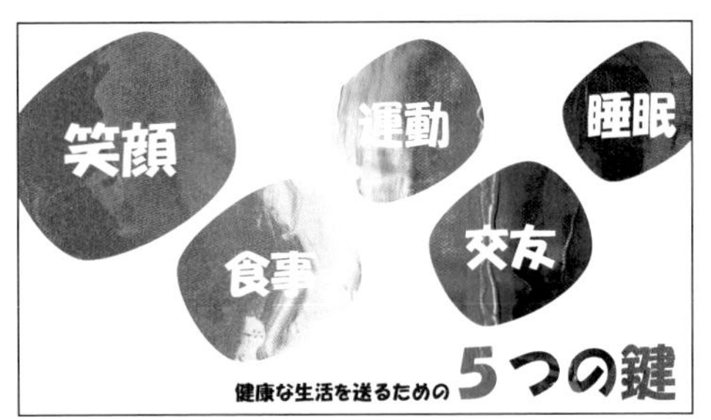

Ⓕ☑HG創英角ポップ体 Ⓟ☑Unsplash
テキストの状態ではスライドの背景で塗りつぶすことができません。同じテキストを2つ重ねて重なり抽出を行うことで図形にすることができます。その後、背景の塗りつぶしを適用します。

サムネイルを画像として貼り付け

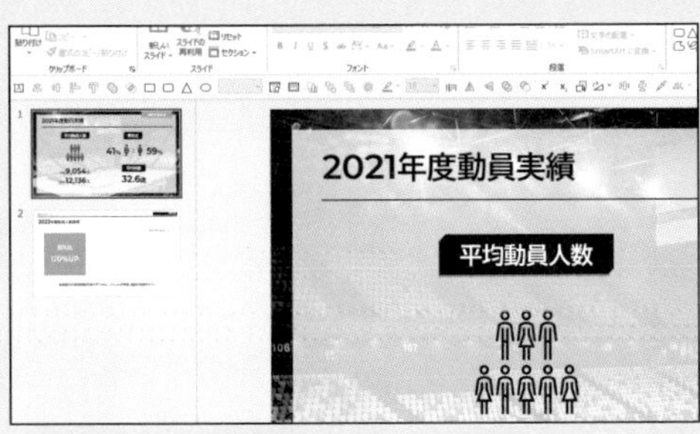

サムネイルの1枚目を選択して Ctrl（⌘）＋C でコピーします。その後、貼り付けたいスライドを右クリック→[貼り付けのオプション:図]を選択すると、画像として貼り付けられました。画像のため編集はできませんが、拡大縮小した際にバランスがずれません。

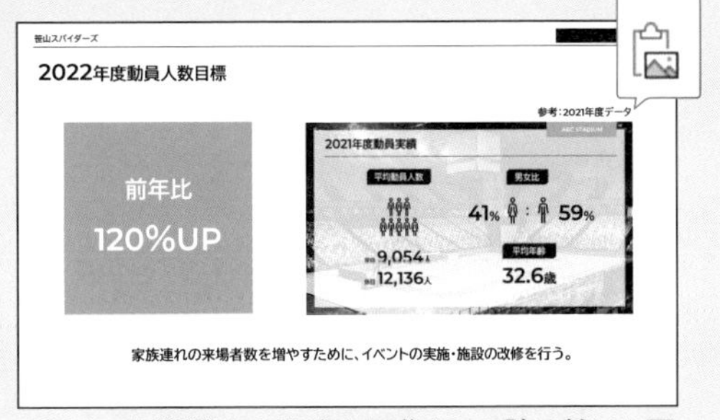

ファイルを横断する場合も画像として貼り付けは可能です。リボン[ホーム]の[ペースト]のプルダウンから[貼り付けのオプション]の[図]をクリックしても貼り付け可能です。

PowerPointで発信する

PowerPointを使えば自分の伝えたいことをより魅力的に発信することができます。プレゼンテーションという形は一番オーソドックスではありますが、ここではインターネットを通じた発信方法についてご紹介します。

SNS

各アプリケーションに適した画面サイズにすることで、印象的な投稿にすることができます。ここではTwitterの最適サイズを記載します。
Webの規格はピクセル（pixel）で、スライドサイズはセンチ指定なので厳密な数値は計算する必要がありますが、ここでは割愛します。一定以上の大きさであれば基本的に問題ないため、デフォルトのスライドサイズを基準に、縦横比に合わせてサイズを変更してください。スライドを画像として書き出し、投稿に活用してください。

関連：1章末コラム

画像の縦横比の例

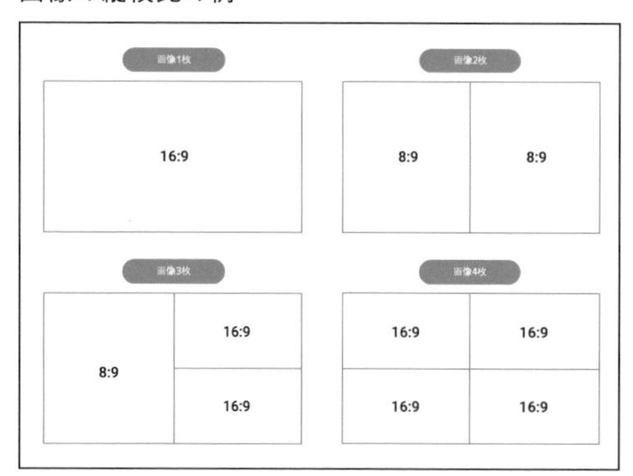

［ファイル］→［エクスポート］→［ファイルの種類の変更］からPNG形式かJPEG形式を選んで［名前を付けて保存］を行うことで、スライドを画像として書き出すことができます。

アプリ版Twitterで4枚画像を使用したツイート例

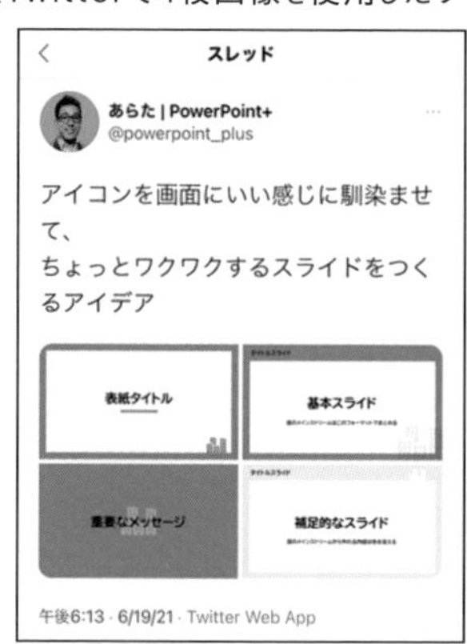

みなさんの「#パワポdeデザイン」のハッシュタグをつけたSNSへの投稿を楽しみにしています。

YouTube

PowerPointでは、プレゼンテーションを簡単に録画することができます。［スライドショー］→［スライドショーの記録］を使うことで、プレゼンしている様子を録画することができます。自分の話している様子を同時に録画・録音ができ、画面の隅に表示させることができます。動画として書き出してYouTubeにアップすることで、簡単に動画が作成できます。

本書を参考にして、サムネイル画像もパワポで作成すれば、PowerPointだけでYouTubeにアップする素材を作成することができます。

第5章

素材を使いこなす

アイコンやイラストは画面を華やかにする素敵なアイテムです。ただ単に素材を貼り付けるのではなく、より効果的に扱う方法をご提案します。

シルエットを使いこなす

完成例

Ⓕ☑M PLUS　Ⓟ☑シルエットデザイン ☑PowerPointストックアイコン

作り方

1 素材を挿入

素材サイトから、街のシルエットをSVG形式でダウンロードして挿入します。

2 色の変更

長方形を挿入し、色を変更します。シルエットと図形を組み合わせることでデザインの幅が広がります。

3 背景色の変更

長方形を挿入し、並べてストライプ柄にします。

4 素材を挿入

文字やアイコンを追加します。角丸四角形と三角形を使ってふきだしを作ります。

関連#030

other Ideas

○○県○○市

施設が充実している

人口当たりの飲食店・大規模小売店・病院数が東北エリアでいずれも上位3位以内

子どもを安心して育てられる

子ども医療費助成制度が充実（乳幼児医療費無料など）

家族連れが増えている

20〜39歳女性人口当たり0〜4歳児数が県内トップ・近年増加傾向

Ⓕ☑M PLUS　Ⓟ☑シルエットデザイン ☑PowerPointストックアイコン

シルエットのモチーフを位置や大きさを変えながら使うことで、統一感がありながらも遊び心のあるデザインになります。

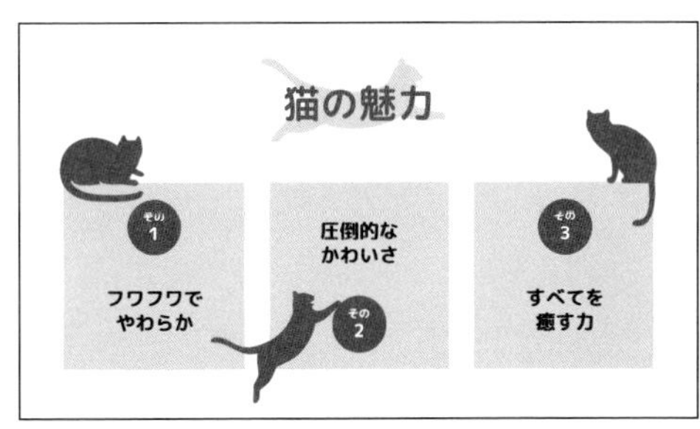

Ⓕ☑M PLUS Rounded　Ⓟ☑シルエットデザイン

シルエットを図形と組み合わせてリズミカルなレイアウトを作ることができます。

福岡県

#福岡 #久留米 #宗像 #大宰府

#北九州 #筑後 #糸島

歴史を巡る旅のすゝめ

Ⓕ☑さわらびゴシック

背景にうっすらシルエットを配置するだけで奥行きのあるデザインになります。

Ⓕ☑キウイ丸　Ⓟ☑フキダシデザイン ☑シルエットデザイン ☑FREE-LINE-DESIGN

SVG形式のシルエットであれば、図形に変換することで、グラデーションやパターン、図またはテクスチャで塗りつぶすことができます。

関連#058

画像形式

JPEG（JPG、ジェイペグ）

フルカラーの1,677万色を表現でき、カメラで撮影したような繊細なグラデーションを表現したい画像等に適した形式です。

GIF（ギフ、ジフ）

最大256色までしか表現できませんが、複数の画像を重ねてアニメーション表現ができます。PowerPointでも、ファイル→［エクスポート］→［アニメーションGIF］からアニメーションGIFを簡単に作成することができます。

PNG（ピング）

JPEG同様フルカラーの1,577万色を表現でき、また背景等を透過させることも可能です。JPEGよりファイルサイズが大きいため、環境等で使い分けをするとよいでしょう。

SVG（エスブイジー）

拡大・縮小を行っても画質が粗くならないため、アイコンやイラストを扱う形式として向いています。

アイコンにひと手間加える

完成例

よつばタクシーの

24時間受付

いつでもお電話から
乗車のお申し込みが可能

アプリで呼出

専用アプリ"TAXI"で
ワンクリックで呼出可能

大人数も可

５人～７人でも
一台で乗車可能なサイズあり

Ⓕ☑メイリオ　Ⓟ☑ソコスト ☑PowerPointストックアイコン ☑EXPERIENCE JAPAN PICTOGRAM

作り方

1 素材の作成

正方形を4つ並べて、そのうち左上と右下の正方形の真ん中にアイコンを配置します。すべてを[Ctrl]（[⌘]＋[option]）＋[G]でグループ化したのち、[Ctrl]（[⌘]）＋[C]でコピーします。

2 パターンの適用

長方形を挿入し、右クリック→［図形の書式設定］→［図形のオプション］→［塗りつぶし（図またはテクスチャ）］から［クリップボード］をクリックします。

3 パターンの調整

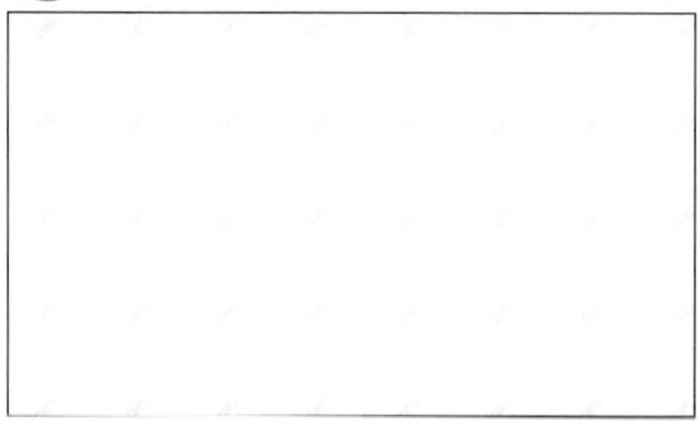

［図をテクスチャとして並べる］にチェックマークをつけ、高さと幅の数値を調整します。次に長方形を45度左に傾けます。

関連#038

4 素材を挿入

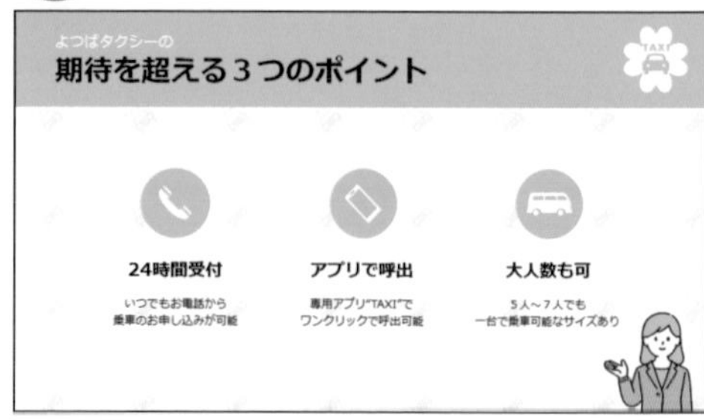

文字や素材を挿入します。テキストは[Ctrl]（[⌘]）＋[E]で中央揃えにし、整列機能を活用して等間隔に並ぶように調整します。

other Ideas

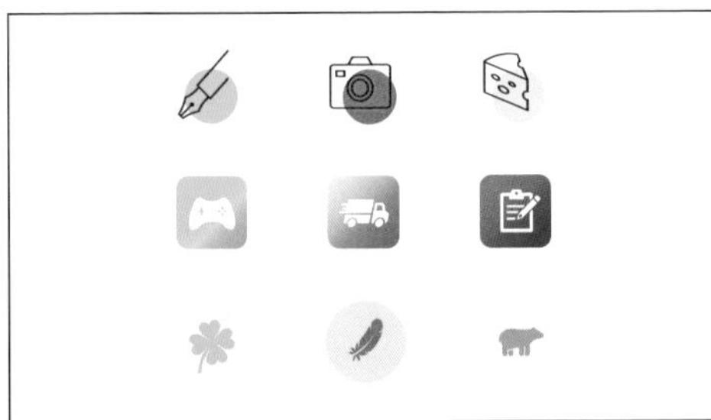

Ⓟ☑PowerPointストックアイコン
アイコンも一工夫することでおしゃれな雰囲気になります。上:線アイコン+円、中央:白アイコン+グラデーション、下:色アイコン+薄い色の円

Ⓕ☑游ゴシック ☑Bahnschrift
Ⓟ☑ICOOON MONO
少しずらした色のアイコンを使えば、背景ともよくなじむでしょう。

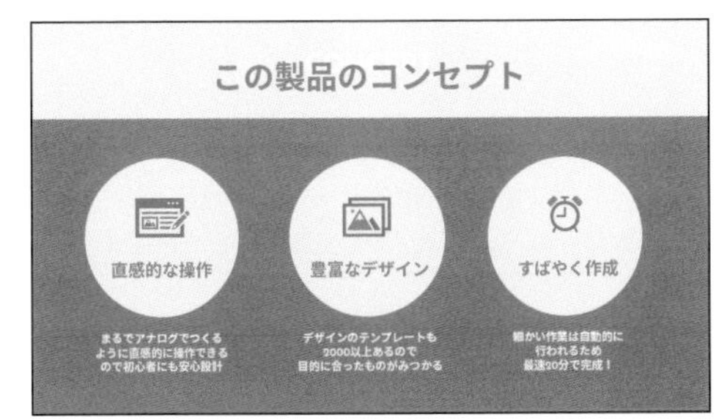

Ⓕ☑Noto Sans JP ☑Josefin Sans
Ⓟ☑PowerPointストックアイコン
SVG形式のアイコンは分解できるので、アイコンの一部を違う色にすることもでできます。

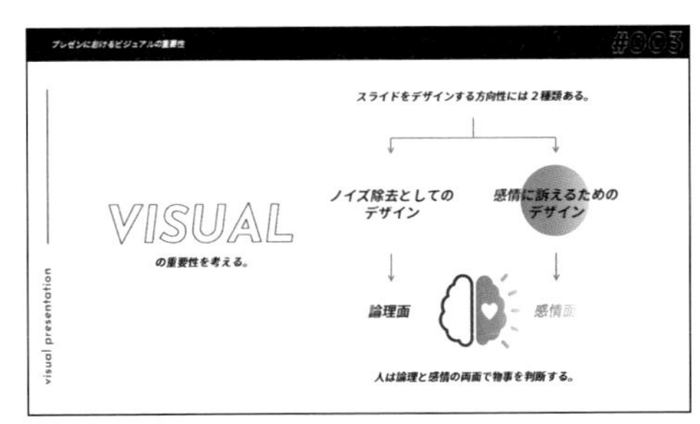

Ⓕ☑Noto Sans JP ☑Josefin Sans
Ⓟ☑PowerPointストックアイコン
脳のアイコンの左脳の部分は白塗り+黒線、右脳の部分はグラデーション塗+線なしにしています。

Tips

アイコンを図形に変換

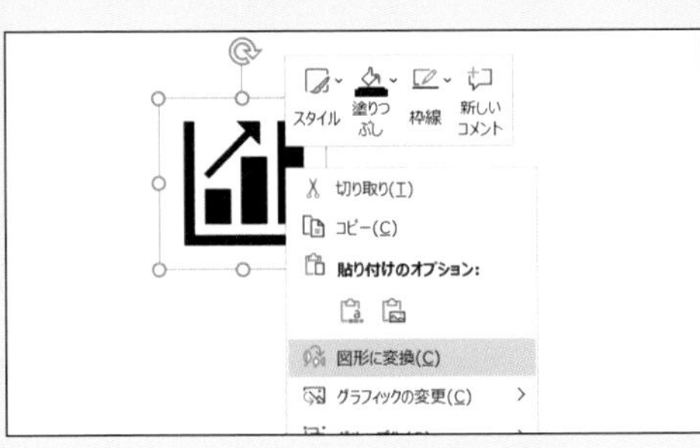

PowerPointのストックアイコンはSVG形式なため、アイコンを右クリック→[図形に変換]を選択することでパーツごとに分けることができます。個別に色をつけることやグラデーションを適用することができます。

分解したアイコンにグラデーションを適用してからグループ化するか(左)、分解したアイコンをグループ化してからグラデーションを適用するか(右)でも結果が変わってきます。

あしらいで雰囲気UP

完成例

Ⓕ☑キウイ丸　Ⓟ☑フキダシデザイン ☑シルエットデザイン ☑FREE-LINE-DESIGN

作り方

1 文字を挿入

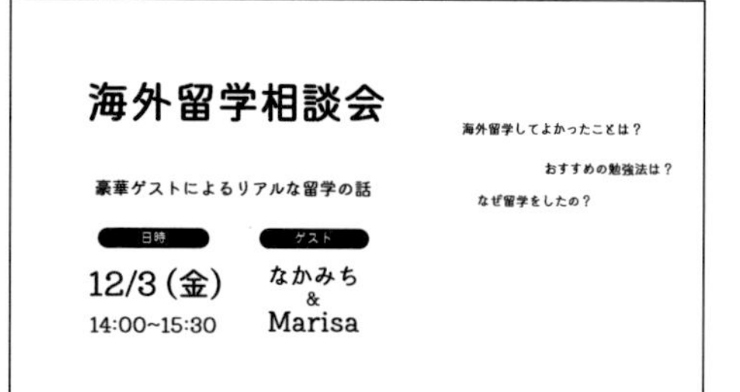

図形に文字を入力した際にやや上に文字がずれる場合があります。その際は［図形の書式設定］→［文字のオプション］→［テキストボックス］から［上余白］を調整します。

2 ワードアートの適用

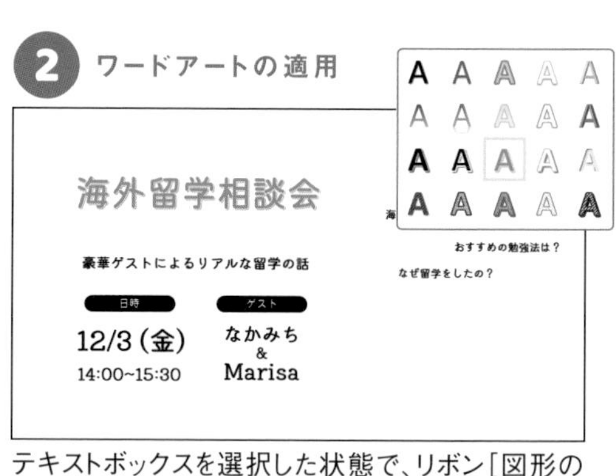

テキストボックスを選択した状態で、リボン［図形の書式］→［ワードアートのスタイル］から目的のスタイルを選びます。

3 背景色の変更

スライドを右クリック→［背景の書式設定］→［色］→［スポイト］からワードアートの文字の色を抽出します。

4 あしらいの追加

柄のついた線やあしらいを追加することで、文字だけよりもやわらかい雰囲気を作ることができます。

other Ideas

Ⓕ☑BIZ UDPゴシック　Ⓟ☑ソコスト
小さな平行四辺形を並べたり、小さな三角形を組み合わせることで、簡単にあしらいを作ることができます。イラストと組み合わせるとやわらかい雰囲気がUPします。

Ⓕ☑オトマのペ
長方形を組み合わせて作ったジグザグや[楕円:塗りつぶしなし]など図形をランダムに背景に散らすとにぎやかなデザインになります。ふきだしは[楕円]と[月]を組み合わせています。

貼り付け形式

Webやほかのスライドから文字列をコピーして目的のスライドに貼り付けた際に、フォントが異なって再度フォントのサイズや色を変更し直さなければならないことがあります。こうした手間を軽減する方法があります。

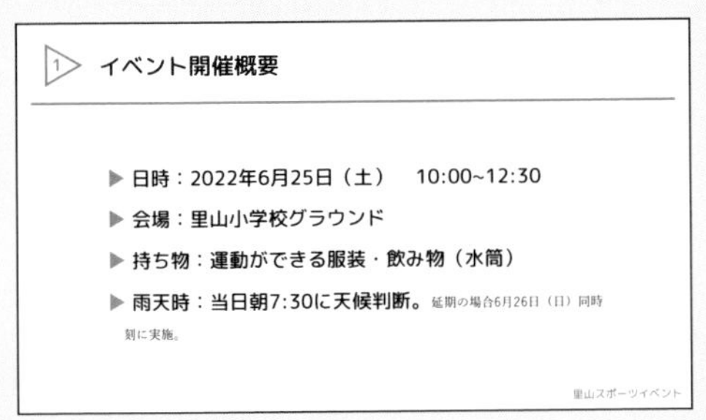

Wordの明朝体で書かれた文字をCtrl（⌘）+Cでコピーして PowerPoint上でCtrl（⌘）+Vでペーストすると、明朝体のままです。これはコピーした際に、Word上のフォントデータもコピーしているためです。

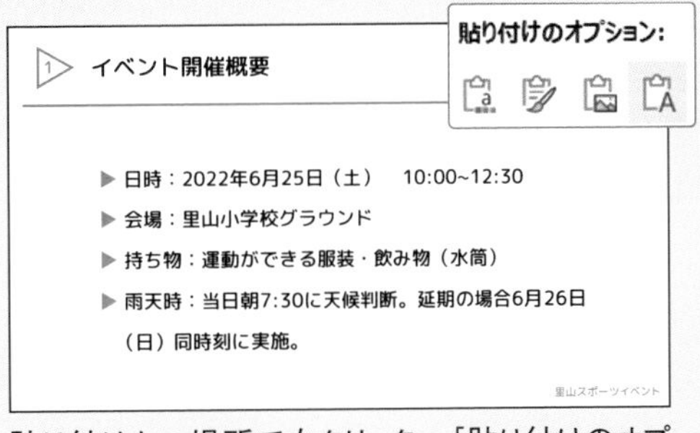

貼り付けたい場所で右クリック→[貼り付けのオプション]→[テキストのみ保持]を選択することで、フォントの種類や色・サイズなどが貼り付け先と同じものになります。

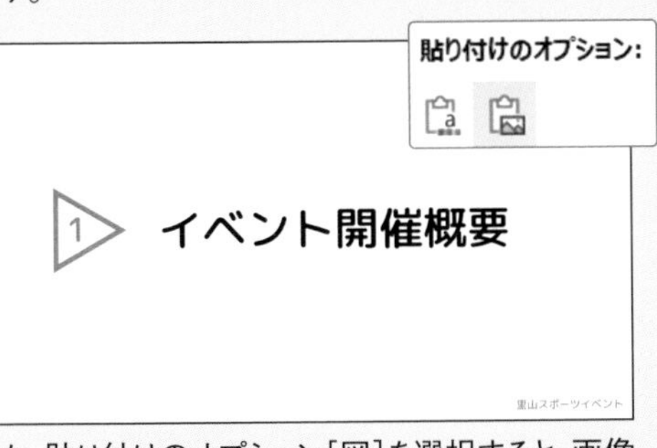

また、貼り付けのオプション[図]を選択すると、画像として貼り付けることができます。グループ化したものを図として貼り付けることで編集はできなくなりますが、拡大・縮小してもバランスを維持することができます（そのまま貼り付けると、拡大した際にバランスや線の太さを再度調整する必要がでてきます）。

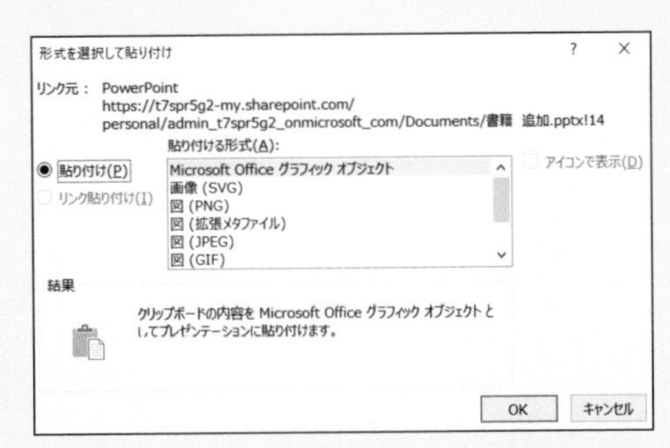

さらに、リボン[ホーム]→[貼り付け]→[形式を選択して貼り付け]ではより細かくどのような形式で貼り付けるのかを選ぶことができます。

イラストで親しみやすさUP

完成例

EU加盟国　一覧　（2021年現在）

アイルランド	スペイン	ブルガリア
イタリア	スロバキア	ベルギー
エストニア	スロベニア	ポーランド
オーストリア	チェコ	ポルトガル
オランダ	デンマーク	マルタ
キプロス	ドイツ	ラトビア
ギリシャ	ハンガリー	リトアニア
クロアチア	フィンランド	ルーマニア
スウェーデン	フランス	ルクセンブルク

イギリスは
2020年に
離脱したよ

Ⓕ☑こども丸ゴシック ☑M PLUS　Ⓟ☑イラストAC

作り方

1 文字を挿入

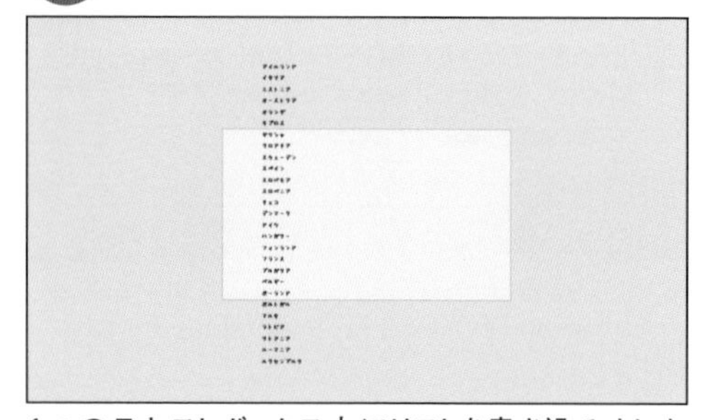

1つのテキストボックス内にリストを書き込みましたが、項目が多いため縦にはみ出してしまっています。

2 段組みの変更

1 段組み(O)
2 段組み(T)
3 段組み(H)

テキストボックスを選択した状態で、[ホーム]→[段の追加または削除]から[3段組み]をクリックします。

3 図形を挿入

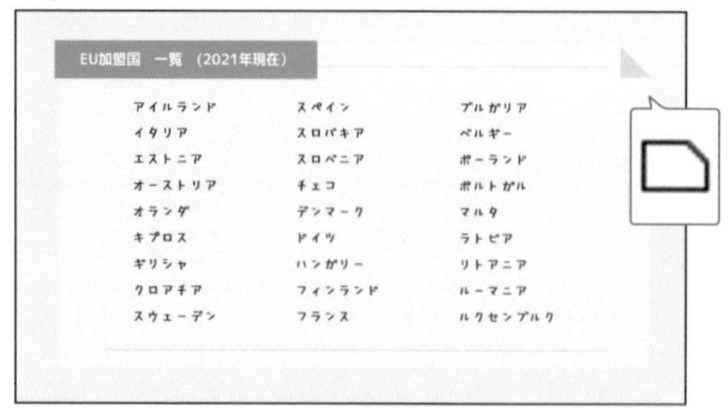

[線][四角形:1つの角を切り取る][直角三角形]を組み合わせて折れた紙を作ります。

4 イラストを挿入

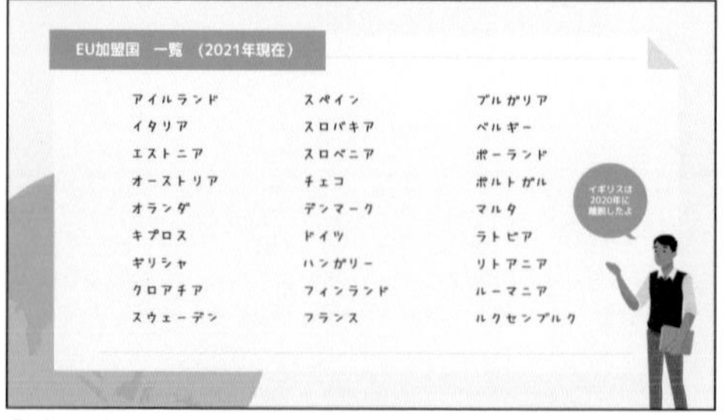

[楕円][三日月]を組み合わせてふきだしを作ります。また、イラストを挿入することで親しみやすい印象になりました。

other Ideas

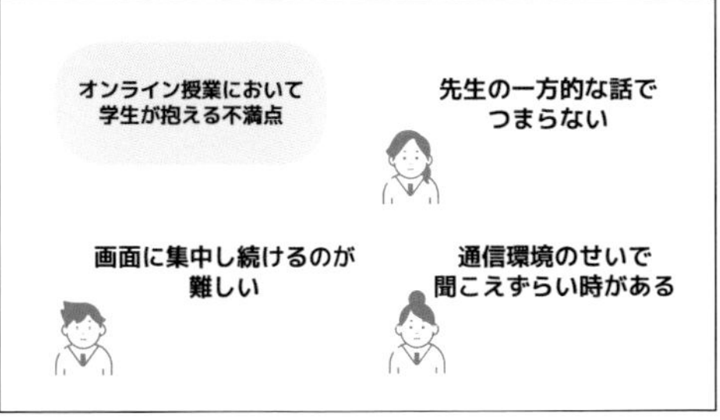

Ⓕ☑M PLUS　Ⓟ☑時短だ
文字をふきだしの中に納めなければいけないということはありません。イラストの色を文字より薄くすることで悪目立ちしなくなります。

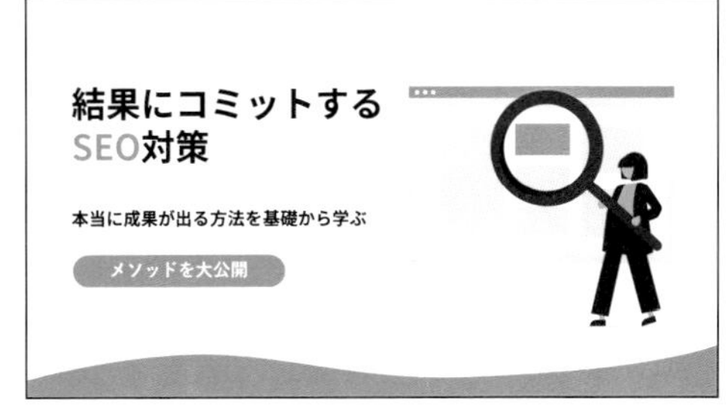

Ⓕ☑Noto Sans JP ☑Roboto　Ⓟ☑unDraw
あとからイラストを探して挿入するのではなく、使いたいイラストを決めてからそのイラストに合うデザインや配色を考えてもよいでしょう。

関連#033

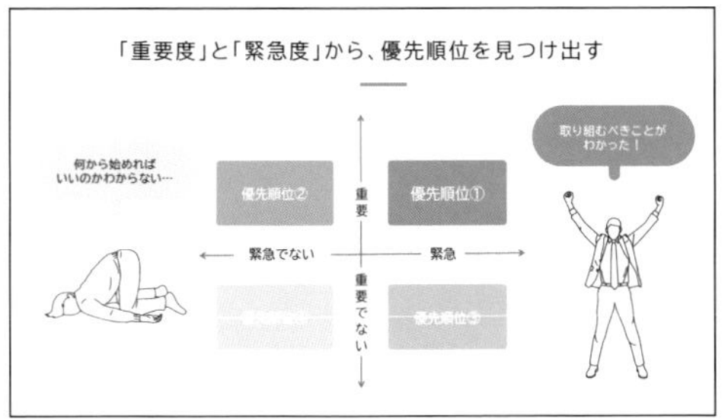

Ⓕ☑BIZ UDPゴシック　Ⓟ☑linustock
図解にもイラストがあるとキャッチーな印象になります。

Ⓕ☑Noto Sans JP ☑Raleway
Ⓟ☑ISOMETRIC
アイソメトリックイラストに合うように、文字やアイコンを立体にすると一体感が高まります。

関連#039

フリー素材を使用する際の注意点

本書で紹介している素材（フォント・画像・イラスト・アイコン）はみなさんに気軽にパワポを使ってデザインをしてほしいという思いから、無料で使えるものを使用していますが、無料であっても使用には注意が必要なものも多いので、サイト等の利用規約は必ず確認しましょう。
同じフリー素材であっても、個人利用に限り無料というものも多くあります。商用利用可能であっても「サイト名や著作者の名前、URLを表記する」あるいは「サイト運営者に許可をとる」必要がある場合もあります。
また、使用してよい素材の個数に上限がある場合もあります。より高いクオリティーを必要とする場面やビジネスの現場においては、有料素材サイトの利用やIllustratorやPhotoshopのようなグラフィックソフトを使用して自作することを検討しましょう。

動画を使ってダイナミックに

完成例

Ⓕ☑Josefin Sans　Ⓟ☑PowerPointストックビデオ

作り方

1 動画を挿入

リボン[挿入]→[ビデオの挿入]→[このコンピューター上のビデオ]から動画を挿入します。紙面ではわかりませんが、交通量が多い夜の交差点を映した動画になっています。

2 文字を挿入

BUSSINESS
TAIK
SEMINAR

長方形とテキストボックスを挿入し、文字を入力します。

3 文字の型抜き

Shift キーを長押しし、長方形→テキストボックスの順番に選択し[図形の書式]→[図形の結合]→[単純型抜き]をクリックします。

4 素材を挿入

型抜きした図形を縮小し、文字や長方形を周辺に加えて完成です。動画と組み合わせたスライドは特にオープニングなどで効果を発揮するでしょう。

other Ideas

Ⓕ☑Montserrat　Ⓟ☑PowerPointストックビデオ
イベントの休憩時間中などにループする動画を背景に設定したスライドを表示しておくと、ワクワク感が持続するでしょう。

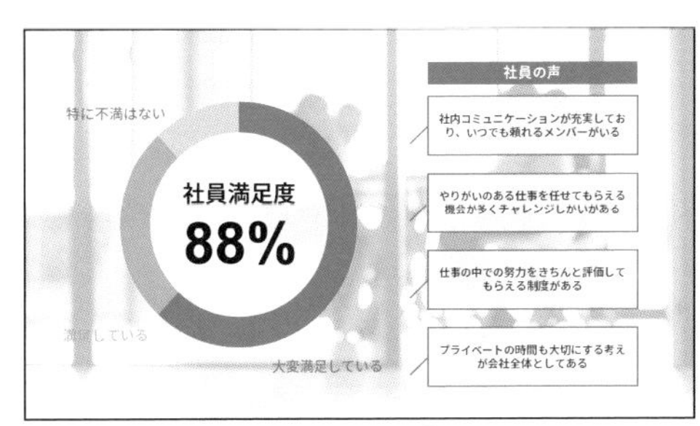

Ⓕ☑NotoSans JP　☑Arial　Ⓟ☑PowerPointストックビデオ
オフィスの動画を背景に使うと、動きがあるぶん写真よりも雰囲気を伝えやすくなります。

元の書式を保持

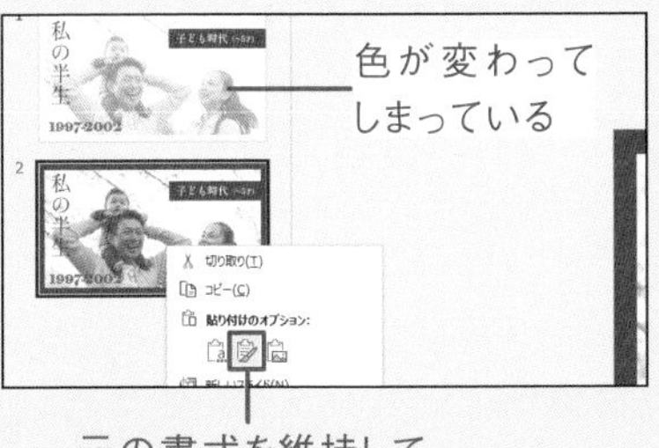

元の書式を維持して貼り付け

スライドを[Ctrl]([⌘])+[C]でコピーしてほかのファイルに[Ctrl]([⌘])+[V]でペーストした際に色が変わってしまう場合があるかと思います。理由としてはコピー元のファイルとペースト先のファイルでテーマの設定が違うためです。ペースト後に再度調整をしないで済む方法があります。ペーストしたいファイルのサムネイルを右クリックして[元の書式を保持]をクリックすることで、コピーした際と同じ状態で貼り付けることができます。

PowerPointで動画を作る

PowerPointではスライドを動画にして書き出すことができます。[ファイル]→[エクスポート]から[ビデオの作成]を選択します。

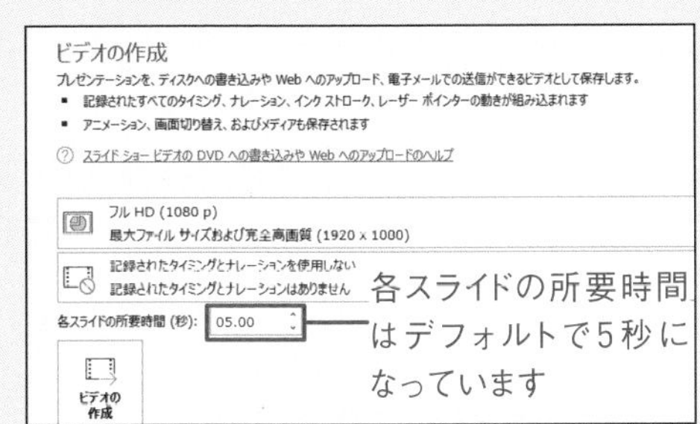

[各スライドの所要時間]はデフォルトでは5秒になっています。ここを調整することでスライド1枚あたりの時間を調整することができます。最後に、[ビデオの作成]をクリックすると動画が書き出されます。

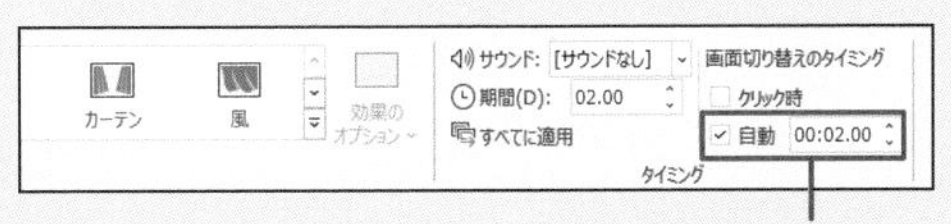

ここでスライドごとに表示時間を調整できます

また、リボン[画面切り替え]から[画面切り替えのタイミング]の[自動]にチェックマークをつけ、時間を指定することができます。これによりスライドごとに表示時間を調整することができます。先ほどの[各スライドの所要時間]よりもこちらの設定が優先されます。
アニメーションなどを設定している場合も動画に書き出した際には動きが反映されますので、スライドを動画にして共有したいときに使える機能です。

#062 3Dモデルで奥行きのあるデザインに

完成例

Ⓕ☑游ゴシック ☑Arial Ⓟ☑PowerPointストック3Dモデル

作り方

1 文字の入力

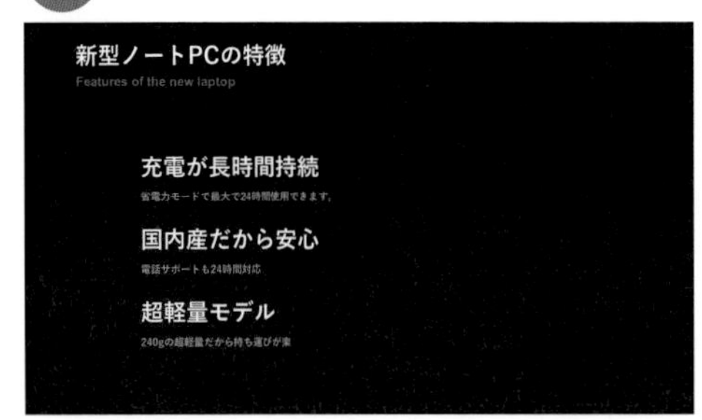

文字を入力します。小さい文字の色を少し暗くすると、情報の優先度が整理され読みやすくなります。

2 背景を挿入

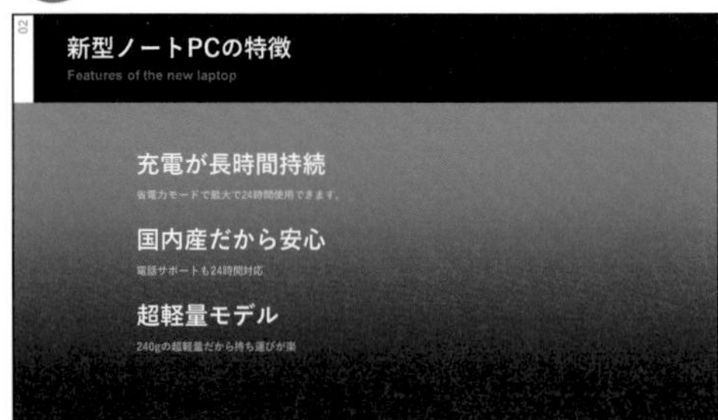

緑から黒になるグラデーションの長方形を背面に挿入します。

3 アイコンを挿入

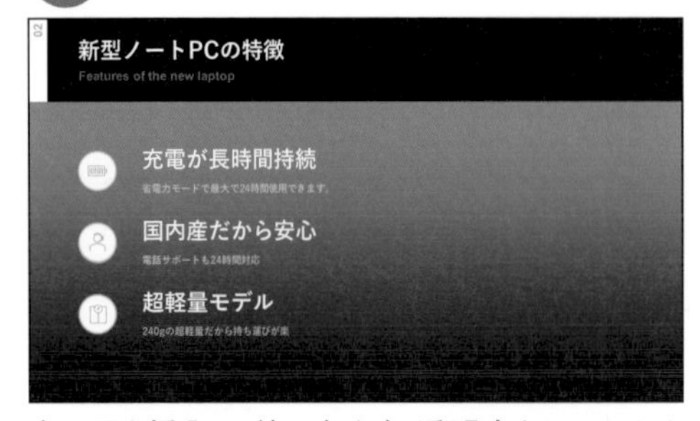

白い円を挿入し、線の色を白・透明度を30%にします（少し大きい半透明の円を白い円の背面にもってくる方法もよいでしょう）。その上にアイコンを配置します。

4 3Dモデルを挿入

リボン［挿入］→［3Dモデル］→［3Dモデルのストック］から3Dモデルを挿入します。3Dモデルは角度を自由に変えられるので、好みの角度に調整しましょう。

other Ideas

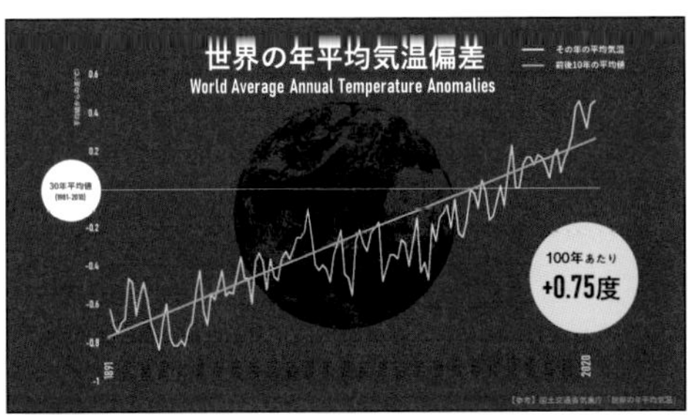

Ⓕ☑游ゴシック ☑Bahnschrift Ⓟ☑PowerPointストック3Dモデル

PowerPointには標準で数多くの3Dモデルが搭載されています。うまく活用することで画面上に奥行き感を演出できます。その中でも地球素材は非常に使い勝手がよい素材です。

Ⓕ☑游ゴシック ☑Century Gothic
Ⓟ☑PowerPointストック3Dモデル

3Dにはアニメーションがあらかじめついているものもあります。このドローンは上下に動くアニメーションがついています。

3Dモデルのアニメーション

3Dモデルには通常のアニメーションに加えて独自のアニメーションが存在します。例えば[ターンテーブル]を設定し、[効果のオプション]から[連続]にすることでループして回転し続けるアニメーションを設定することができます。

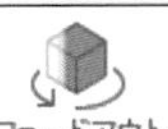

変形機能と組み合わせる

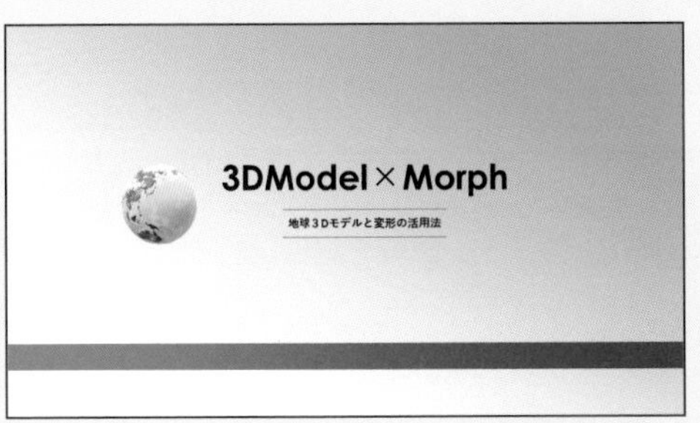

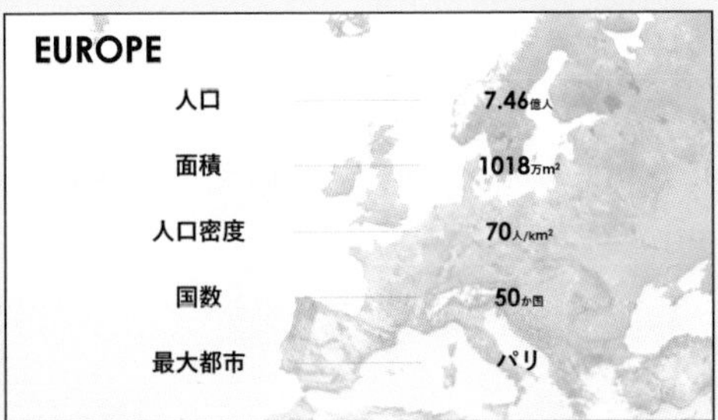

Ⓕ☑游ゴシック ☑Century Gothic
Ⓟ☑PowerPointストック3Dモデル

3Dモデルはリボン[画面切り替え]→[変形]ととても相性がよいです。スライドの前後で回転の傾きやサイズを変えた状態で、[画面切り替え]→[変形]を選択すると、自動的に回転・拡大/縮小をする動きが表現できます。

参考動画を用意しましたので、実際に動きを確認してみてください。 関連#066

https://book.impress.co.jp/books/1120101154

#063 無駄な白い部分を削除する

完成例

Ⓕ☑Noto Sans JP Ⓟ☑Unsplash

作り方

1 要素を挿入

画像はリボン[図の形式]→[色]→[色の変更]から[グレースケール]を選択、車輪の大きさに合わせて半透明の円を挿入します。

2 蛍光ペンで色をつける

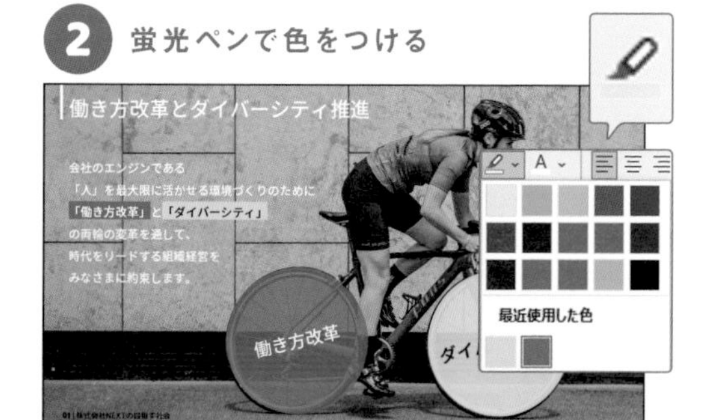

テキストボックスの文字列をドラッグし、[ホーム]→[蛍光ペンの色]で塗ります。スポイトであらかじめ色を選択していた場合には[最近使用した色]から選ぶことができます。

3 透明色の指定

画像を選択→[図の形式]→[色]→[透明色を指定]をクリックすると、カーソルの形が変わります。そのまま透明にしたい色をクリックすると色が抜けます。

4 ロゴの配置

ロゴを縮小し画面右上に配置します。ロゴやイラストに白い背景が残っている場合はこの方法で透明にするとスライドになじむので、覚えておきたい機能です。

other Ideas

ここではリンクを貼り付ける方法を紹介します。

1 リンクの設定

ダイバーシティと書かれた黄色の円を右クリック→[リンク]をクリックします。

2 リンクの設定

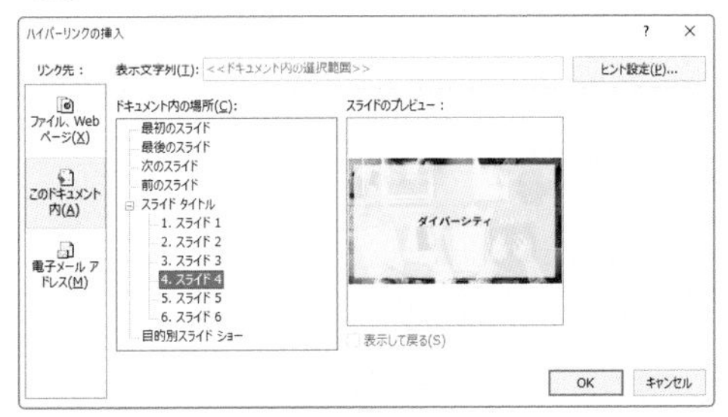

［このドキュメント内］の「ダイバーシティ」の最初のページ（この場合スライド4）を選択し、［OK］をクリックしてリンク先の設定が完了です。

3 スライドショーの実行

スライドショーを実行します。マウスを黄色の円の上に移動するとカーソルが手の形に変わります。その状態でクリックすると、先ほどリンクを設定したスライドに移動します。

Tips

リンクの活用

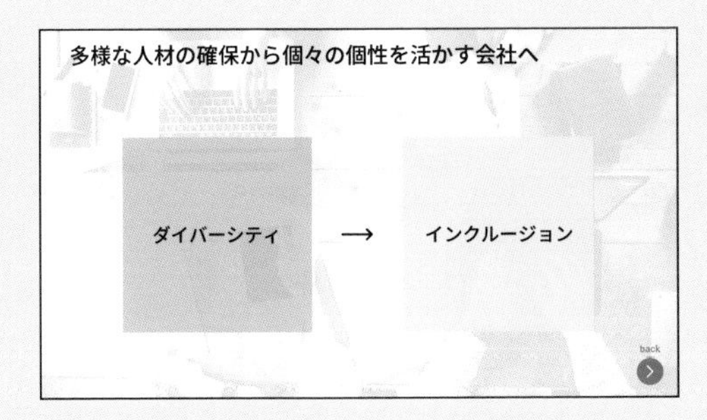

最後のページの右下のアイコンに、最初のページに戻るリンクを設定します。また、紫の円にも同様の設定を行うことで、一直線なプレゼンではなく聞き手に話す順番を委ねたり、その場の雰囲気で話す流れを決めたりすることが違和感なくできるようになります。

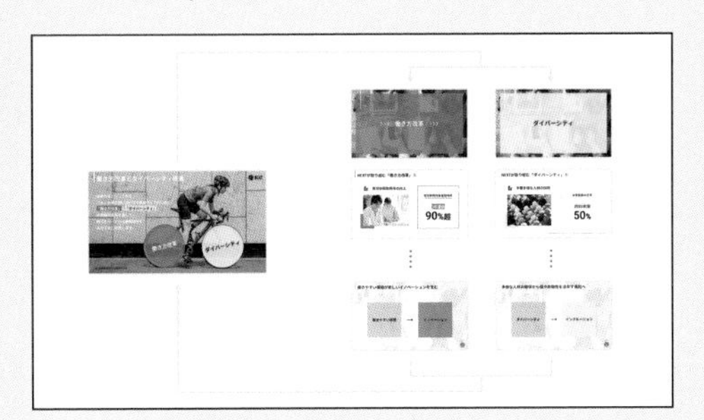

また、リンクの設定で、スライド以外にもほかのファイルやWebページに移動するリンクを設定することもできますし、今回の説明では図形で行いましたが、テキストや画像などにもリンクを設定することができます。

リンクの設定を活用してインタラクティブなプレゼンにチャレンジしてみてください。

PowerPointの バージョンの違い

PowerPointにはさまざまなバージョンがあります。本書では最新の機能を使うことができるサブスクリプション型であるMicrosoft 365のPowerPointを使用していますが、これまで販売されてきたものにはPowerPoint 2019・2016・2013等があります（2021年10月に新たにPowerPoint 2021が発売されました）。
最新のバージョンのPowerPointで作成したファイルを古いバージョンのPowerPointで開くとうまく表示されなかったり、動かなかったりということがありますので注意が必要です。
ここではバージョンの違いを一部紹介しておきたいと思います。Microsoft 365にするかPowerPoint 2021にするかの参考にもしていただければと思います。

PowerPointのバージョンの違い

	Microsoft 365	2019	2016	2013
契約方法	サブスクリプション（月額・年額更新）	買い切り	買い切り	買い切り
標準フォント	游ゴシック	游ゴシック	游ゴシック	MS Pゴシック
変形機能 #066	○	○	○	
ズーム機能 #068	○	○		
3Dモデル #062	○	○		
SVG形式のサポート #058	○	○		
インク機能 #041	○	○		
図形のスケッチスタイル #045	○	（○2021）		
クラウドサービス	○			
ストック素材（アイコンなど）	◎	○	○	
今後の新機能追加	○			

本書で使用しているMicrosoft 365のPowerPointの最大の特徴は、クラウドサービスが付属していること、WindowsでもMacでも複数台で使用できること（PowerPoint 2019ではWindows版とMac版で別で購入する必要があります）や、ストック素材の数や種類が圧倒的に多いことが挙げられます。今後のアップデートによる新機能追加があるのもMicrosft 365のPowerPointのみです。

第6章

その他のテクニック

最後の章はこれまで取り扱いきれなかったテクニックを紹介します。動きがあるものもありますので、ぜひ実際に制作して動きを確認してみてください。
動きのある作例については参考動画を用意しましたので、実際に動きを確認してみてください。
https://book.impress.co.jp/books/1120101154

スマートアート

完成例

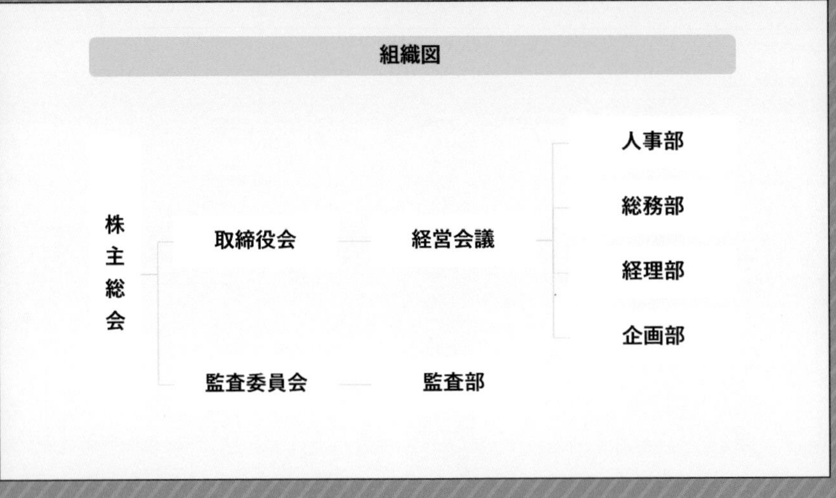

Ⓕ☑游ゴシック

作り方

1 スマートアートを挿入

リボン[挿入]→[SmartArt]→[階層構造]から[複数レベル対応の横方向階層]を選択して挿入します。

2 スマートアートの編集

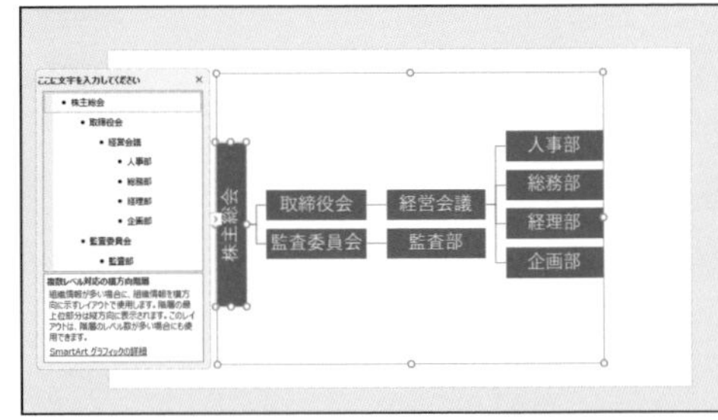

スマートアートのパネルが表示されるので、文字を入力します。Enter キーで改行すると自動的に階層が追加されます。Tab キーを押すと下のレベルの階層を作ることができます。

3 スマートアートの編集

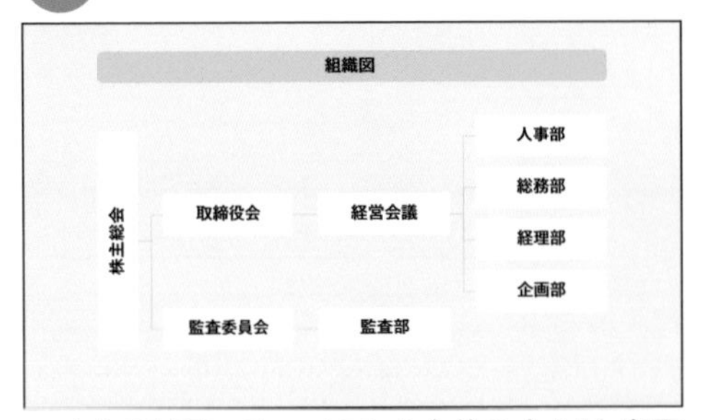

フォントを変更し、スマートアート全体の大きさも変更します。スマートアートは個別の図形ごとに選択できるので色を変更したり、位置を移動させたりします。

4 テキストボックスの向きの変更

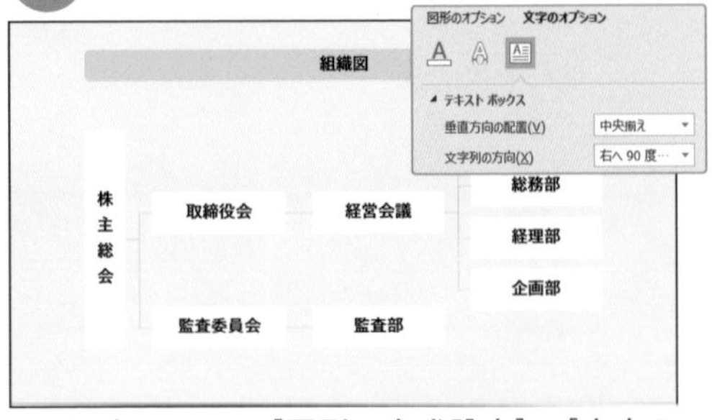

図形を右クリック→[図形の書式設定]→[文字のオプション]→[テキストボックス]の[文字列の方向]から[右へ90度回転]を選択します。

other Ideas

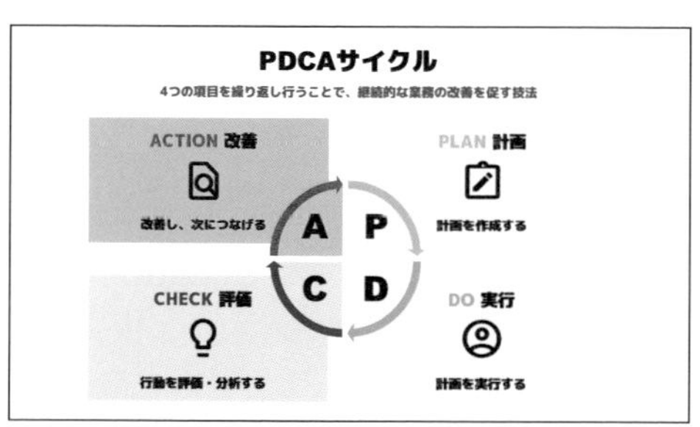

ⒻM PLUS Arial ⓅGoogleIcon
[円型循環]のスマートアートを使うと、このように循環する図もきれいに作成することができます。

ⒻBIZ UDPゴシック
三角形などの組み合わせで同じものも作れますが、[基本ピラミッド]のスマートアートを使えばより速く、ずれなく作成できます。

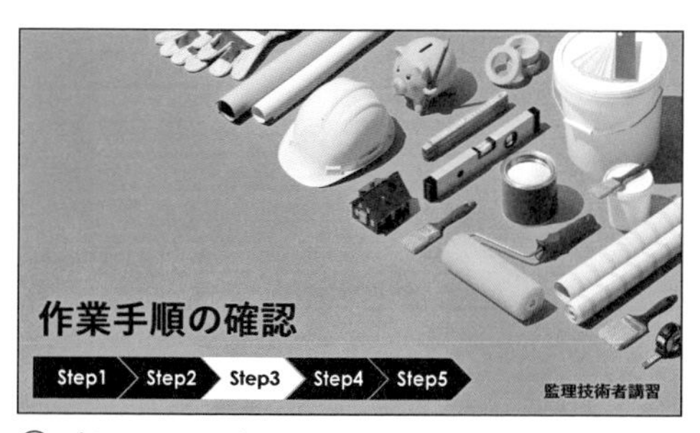

Ⓕ游ゴシック Century Gothic
ⓅPowerPointストック画像
[開始点強調型プロセス]を使えば、プロセスを表現するのはもちろん、このように目次の役割を持たせる使い方もできます。

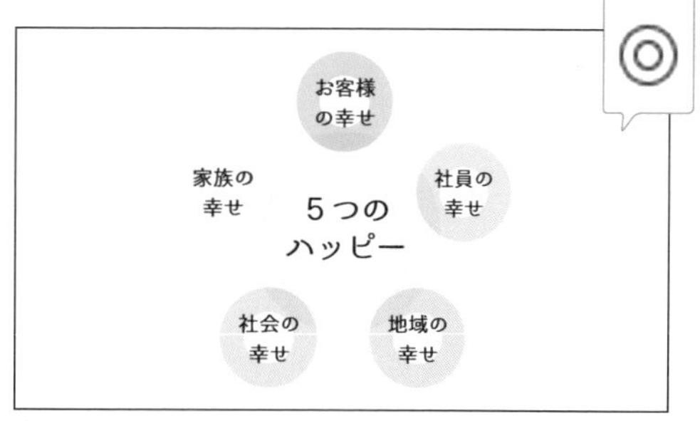

Ⓕかんじゅくゴシック
[放射型ベン図]を使うとオブジェクトをきれいに円形状に並べることができます。図形の変更により[円:塗りつぶしなし]に変更しています。

関連#020

スマートアートを図形に変換

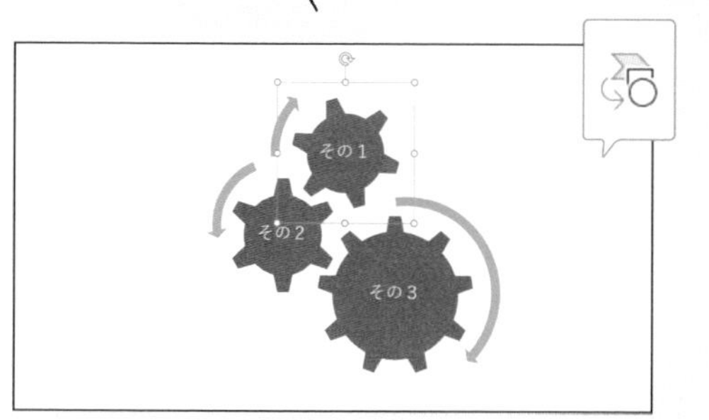

スマートアートを選択した状態で、リボン[SmartArtのデザイン]→[変換]から[図形に変換]を選択すると図形に変換できます。図形はグループ化されているため、グループ化を解除すると個別のオブジェクトとして扱うことができます。デフォルトの図形にはない歯車型の図形もスマートアートから作成することができます。

また同様の手順で[テキストに変換]を選択すると、スマートアート内に書かれていたテキストがテキストボックスに変換されます。
逆にテキストボックスをリボン[図形の書式設定]から[SmartArtに変換]を選択することで、スマートアートに変換することができます。

画面切り替えのテクニック

完成例

地球の歴史

The History of The Earth

137億年前
宇宙誕生（ビックバン）

130億年前
銀河と星の誕生

46億年前
太陽系の誕生・地球の誕生

41億年前
海の誕生

Ⓕ☑游ゴシック ☑Antonio Ⓟ☑PowerPointストック3Dモデル

作り方

❶ 3Dモデルを挿入（1ページ目）

リボン[挿入]→[3Dモデル]→[3Dモデルのストック]から地球を挿入します。また背景色を紺色にします。

❷ スライドの複製（2ページ目）

サムネイル部分を右クリック→[スライドの複製]を選択します。2ページ目のスライドの下の辺に合わせるように長方形を挿入します。この長方形はデザインに関係ありません。

❸ 3Dモデルの移動（2ページ目）

長方形と3Dモデルを両方選択した状態で、Shift キーを長押ししたまま上にドラッグ移動させます（長方形がちょうどスライド範囲から見えなくなる位置に）。

※補足

②・③の手順により、画面切り替え[プッシュ]の際に地球にズレがなくきれいに見えます。赤い長方形はスライド1枚分の距離をピッタリ動かすためのものです。
また、使用する素材は3Dモデルではなく切り抜き画像やイラスト・図形等でも問題ありません。
動きのある作例については参考動画を用意しましたので、実際に動きを確認してみてください。
https://book.impress.co.jp/books/1120101154

④ オブジェクトを挿入（1ページ目）

文字や図形を挿入します。タイムラインは円と線で表現します。また、長方形と三角形を組み合わせてリボンを作成しています。

⑤ 画面切り替えの設定（2ページ目）

リボン[画面切り替え]→[プッシュ]を選択すると連続するように画面が切り替えられます。動きを再度確認する場合は[プレビュー]をクリックします。

other Ideas

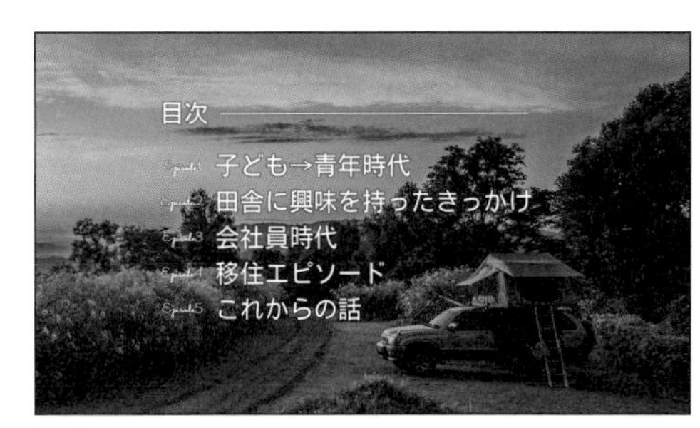

Ⓕ☑Kosugi（MotoyaLCedar） ☑Sacrament　Ⓟ☑Unsplash

[画面切り替え]→[プッシュ]の方向を変えることで、横方向につなげることも可能です。パノラマの画像を使うことでダイナミックな表現が可能です。ほかにも画面切り替えを使ってさまざまな表現が可能なので、いろいろ試してみてください。

Tips

さまざまな画面切り替え

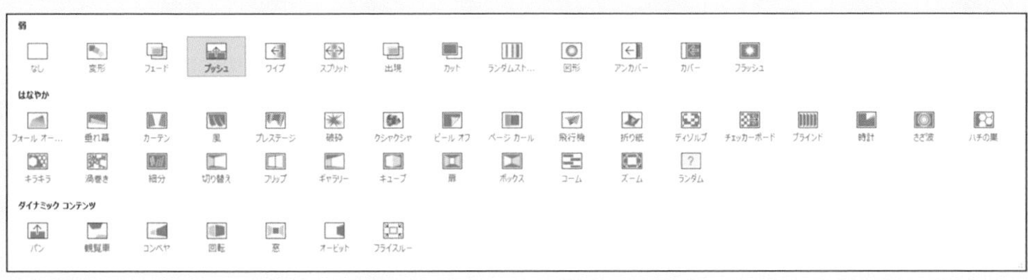

画面切り替えにはさまざまな種類があります。本書では[画面切り替え]→[プッシュ]を使ったアイデアを紹介しました。使い勝手が難しい派手な効果もありますが、話が切り替わるときなどに使用するとよいでしょう。

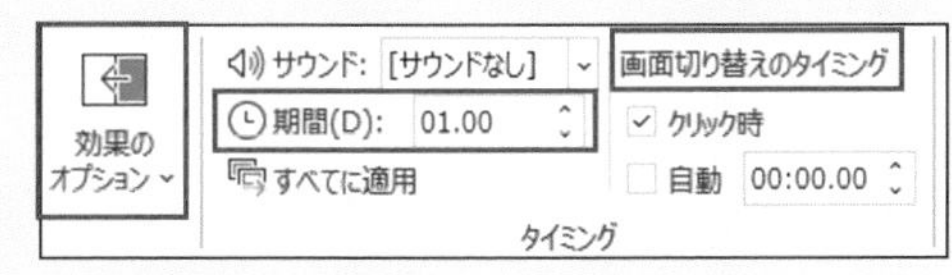

画面切り替えの設定について補足しておきます。

[効果のオプション]　画面切り替えの方向などを変更できます。

[期間]　画面切り替えにかかる時間です。見ている人がちょうどよいと感じる時間に調整しましょう。

[画面切り替えのタイミング]　基本的には[クリック時]にチェックマークをつけた状態でよいでしょう。次のページにいくタイミングを調整したいときは[自動]にチェックして時間を入力しましょう。

変形のテクニック

完成例

Ⓕ☑游ゴシック　Ⓟ☑d-maps(https://d-maps.com/carte.php?num_car=3226&lang=ja)

作り方

1 スライドの作成(1ページ目)

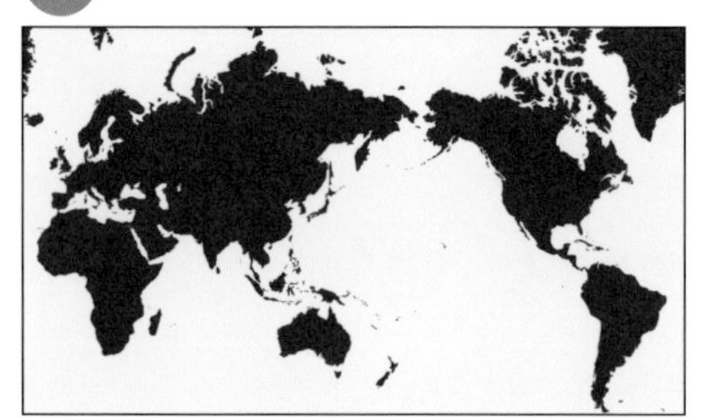

スライドに地図を配置します。その後スライドのサムネイルを右クリックして[スライドの複製]を選択します。

2 スライドの複製(2ページ目)

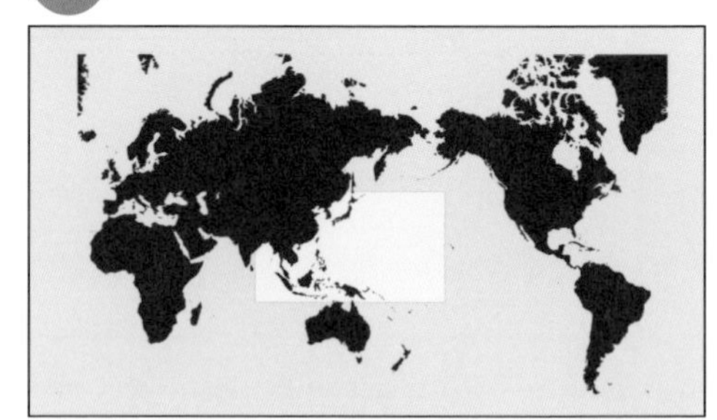

2枚目のスライドは世界地図を拡大して、日本と東南アジアが表示されるように配置します(画面中央の薄い部分がスライドです)。

3 素材を挿入(1ページ目)

文字や図形を追加します。タイトルは読みにくいので袋文字にしています。

関連#006

4 変形の設定(2ページ目)

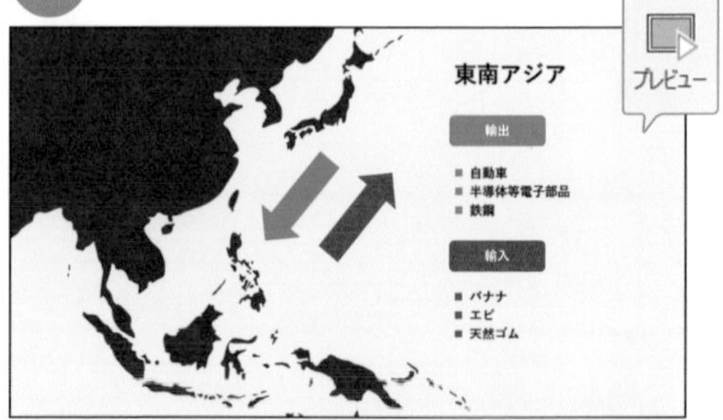

2枚目のスライドにも要素を配置し、リボン[画面切り替え]→[変形]を選択します。世界全体から東南アジアエリアに拡大していくように動きます。

other Ideas

Ⓕ☑Anton Ⓟ☑Unsplash

人の切り抜き画像を並べて透明度と大きさと位置を調整して、リボン[画面切り替え]→[変形]を適用すると、人が入れ替わるような画面切り替えを表現できます。1枚目の画面右の外側に2枚目の右側の男性を、2枚目の画面左側に1枚目の左側の女性を配置しておくとよいでしょう。

変形機能

変形機能とは画面切り替え機能の1つですが、ほかの画面切り替えとは異なる性質を持っています。どういうことかというと、[画面切り替え]→[変形]を設定することで、その前のスライドと同じオブジェクトの変化をPowerPointが計算して、自動的に移動したり拡大・縮小したりします。

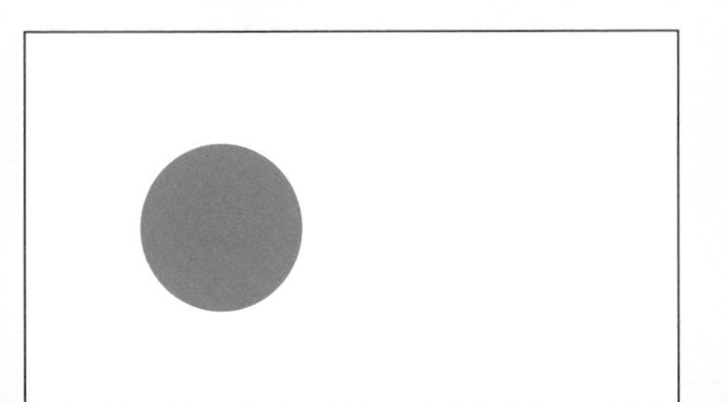
1ページ目

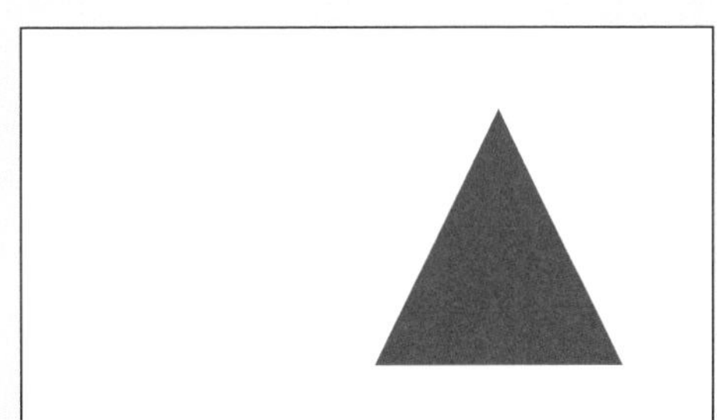
2ページ目

1枚目を青色の円、そして2枚目を赤色の三角形にして、リボン[画面切り替え]→[変形]を適用すると、左から右に移動しながら、丸から三角形に形が自動的に変わり、色も変化する画面切り替えになります。

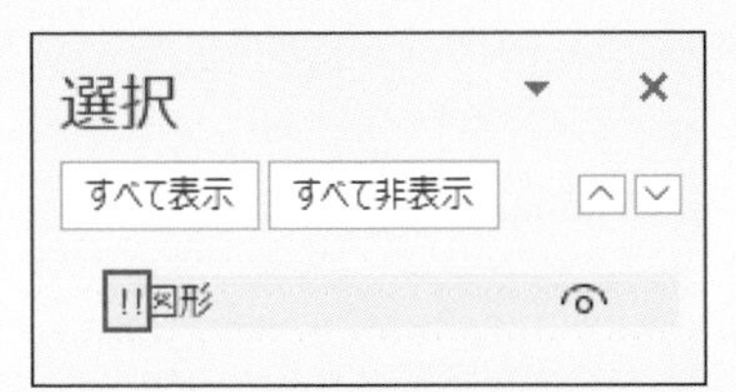

複数のオブジェクトがある場合には(特に同じ形の図形が多数ある際など)、うまく変形されないケースがあります。その際には、リボン[図形の書式]→[オブジェクトの選択と表示]で[選択ウィンドウ]を開いて、両方のスライドのオブジェクト名の先頭に「!!」(半角)をつけて同じ名前にすると、同じオブジェクトと認識されて変形が適用されます。

また、変形先がないオブジェクトに関しては単にフェードイン・アウトのように表示されます。変形機能はここでは説明しきれないほど工夫のしがいがあるので、いろいろ試してみてください。

アニメーションのテクニック

完成例

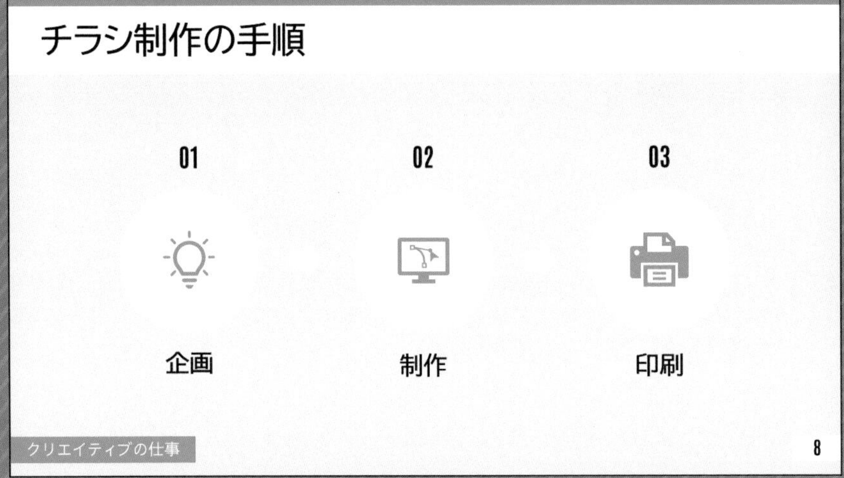

Ⓕ☑BIZ UDPゴシック ☑Antonio Ⓟ☑PowerPointストックアイコン

作り方

1 スライドの作成

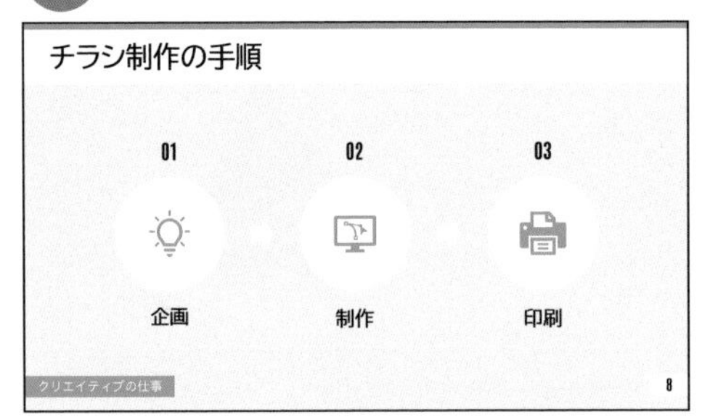

素材を入れてスライドを作成します。このあとのアニメーションで同時に動かしたいので、白い円とアイコンはそれぞれグループ化しておきます。

2 アニメーションの設定1

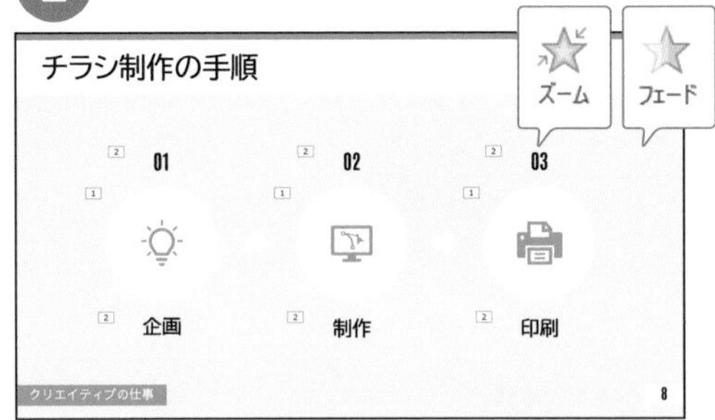

アイコンと円をグループ化したものを選択した状態で、リボン[アニメーション]から[ズーム]を選択します。また、テキストボックスに[フェード]を適用します。

3 アニメーションの設定2

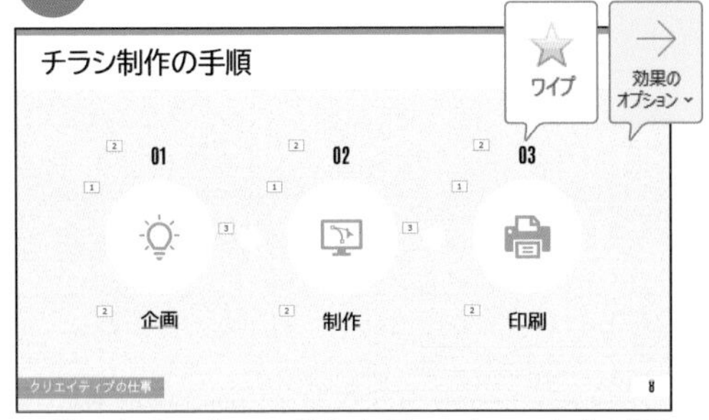

同様に矢印に[ワイプ]を適用します。ワイプは[効果のオプション]から向きを[左から]に変更します。

4 オブジェクト名の入力

リボン[図形の書式]→[オブジェクトの選択と表示]から[選択ウィンドウ]を開き、各オブジェクトに名前を設定します(この手順は飛ばしても構いません)。

5 アニメーションの長さの設定

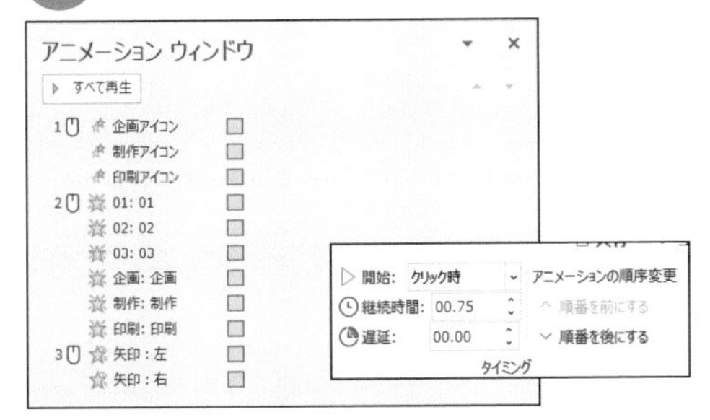

リボン[アニメーション]→[アニメーションウィンドウ]を開きます。すべてのアニメーション設定を Shift を押しながら選択し、[継続時間]を0.75に設定します。

6 順番・タイミングの変更

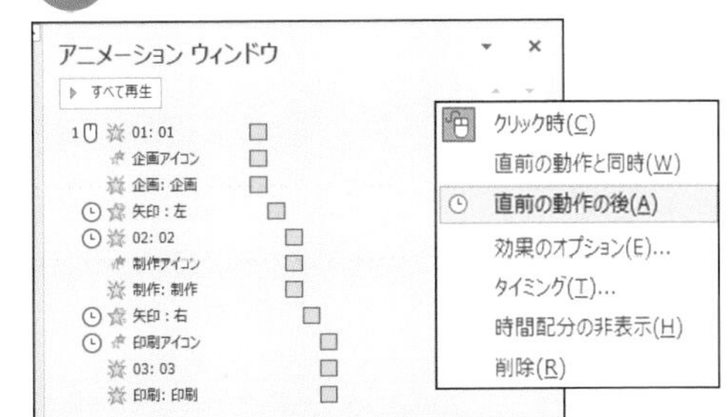

順番を入れ替え[矢印:右]を右クリックし、[直前の動作の後]に設定します。Tipsの説明を参考に、ほかのオブジェクトのアニメーションのタイミングも変更してください。

アニメーションの種類

リボン[アニメーション]→[アニメーションの追加]には[開始][強調][終了][アニメーションの軌跡]の4種類があり、それぞれに複数のパターンがあります。

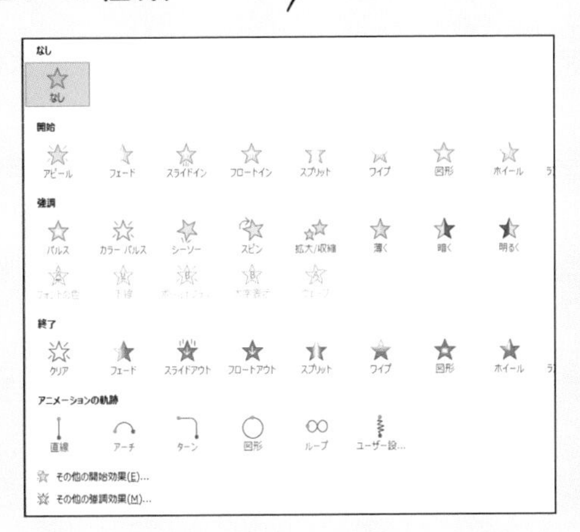

[アニメーションウィンドウ]で目的のオブジェクトを右クリック→[効果のオプション]を開くと、アニメーションによって個別の細かい設定がある場合があります。

例えば、フェードを適用したテキストボックスの場合、[テキストの動作]を[文字単位で表示]に変更することで、文字が1文字ずつ表示されるアニメーションにすることができます。

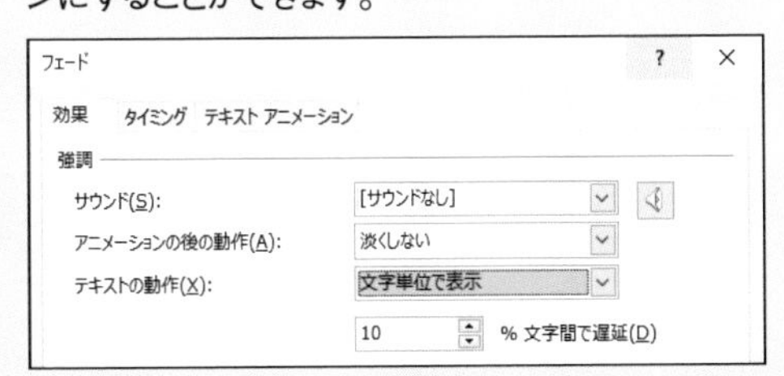

また、同一のオブジェクトに複数のアニメーションを設定することもでき、その場合は2つ目以降のアニメーションを設定する際に[アニメーションの追加]から目的のアニメーションを選択します。

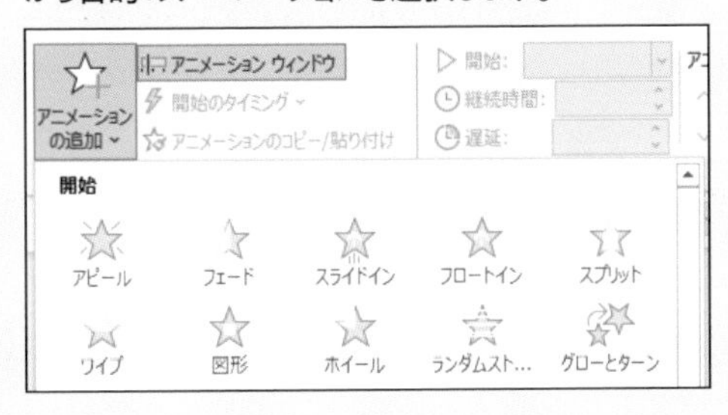

アニメーションの開始のタイミングには3種類あります。

[クリック時] その名の通りクリックした際にアニメーションが開始します。

[直前の動作と同時] アニメーションウィンドウで1つ上のアニメーションと同時のタイミングで開始します。

[直前の動作の後] アニメーションウィンドウで1つ上のアニメーションが終了したタイミングで開始します。

また、[遅延]のタイミングに数値を入力することでより細かく開始のタイミングを設定することができます。アニメーションウィンドウで直感的にバナーを動かすことで、アニメーションのタイミングや継続時間を調整することもできます。

クリック時(C)
直前の動作と同時(W)
直前の動作の後(A)

ズーム機能

完成例

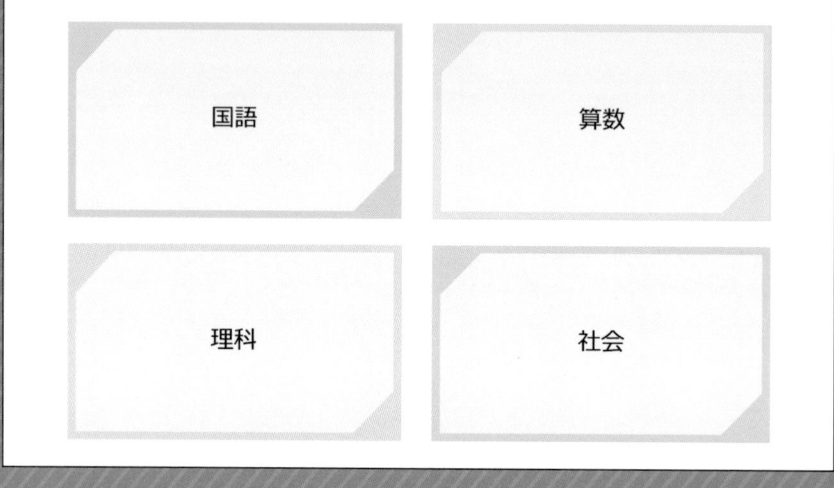

Ⓕ☑メイリオ

作り方

1 スライドの作成

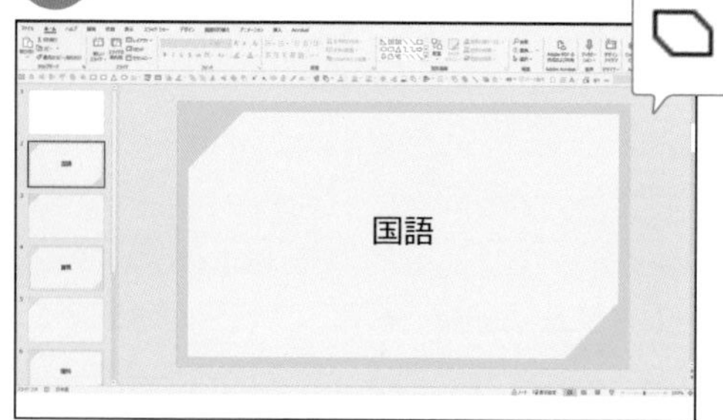

一通りすべてのスライドを作成します。[四角形:対角を切り取る]を挿入し、[図形の書式]→[回転]から[左右反転]をさせています。

2 セクションの追加

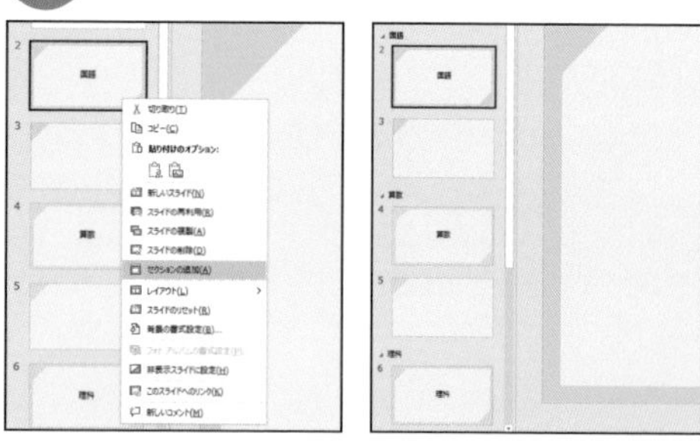

サムネイルを右クリック→[セクションの追加]からセクション名を入力します。セクションを入力した状態が右側です。

3 セクションズームを挿入

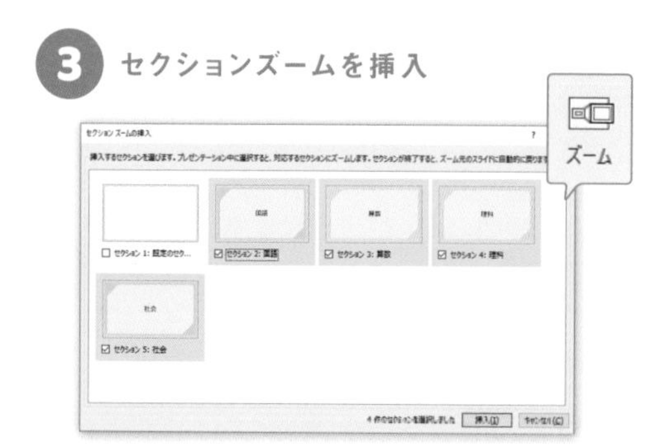

リボン[挿入]→[ズーム]→[セクションズーム]をクリックし、セクション1～4を選択して挿入します。

4 スライドを並べる

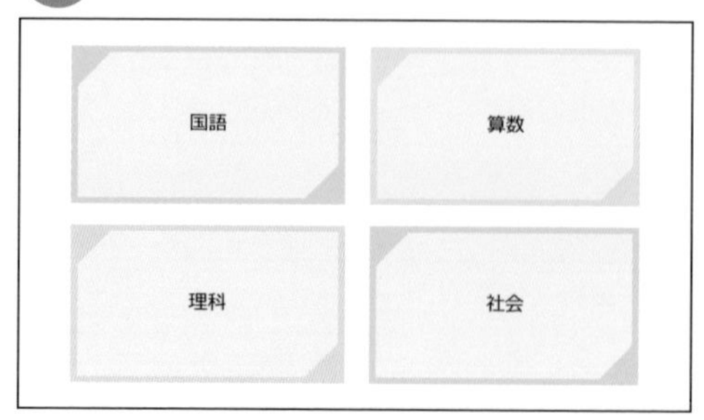

セクションズームを並べて完成です。

ズーム機能を使いこなす

スライドショーを開始して、該当するセクションズームをクリックすると、該当のセクションにズームするように画面切り替えしていきます。セクションの最後のページが終わるとセクションズームのページに戻ってきます。
作例の場合、国語のセクションからではなく、理科や社会をクリックすることで元々のスライドの順番は無視して話を進めることができます。そしてそのセクションが終了すると、4科目が書かれているスライドに戻ってくるということです。
[セクションズーム]に似たものとして[スライドズーム]があります。こちらはセクションを設定する必要はなく、ズーム元のスライドに戻ってくることはありません。また、ズームの見た目自体はスライドズームもセクションズームも変わりません。

Ⓕ☑M PLUS　Ⓟ☑PowerPointストック画像
スライドズーム元のスライド
画像の背景を切り抜き、スマホの画面の中にスライドズームを設置しています。 関連#051

各種SNSの利用者

Ⓕ☑M PLUS　Ⓟ☑PowerPointストック画像
ズーム先のスライド
スマホの画面や窓などをスライドに見立ててスライドズームやセクションズームを設置すると、その中に入っていくような動きになります。

図の変更

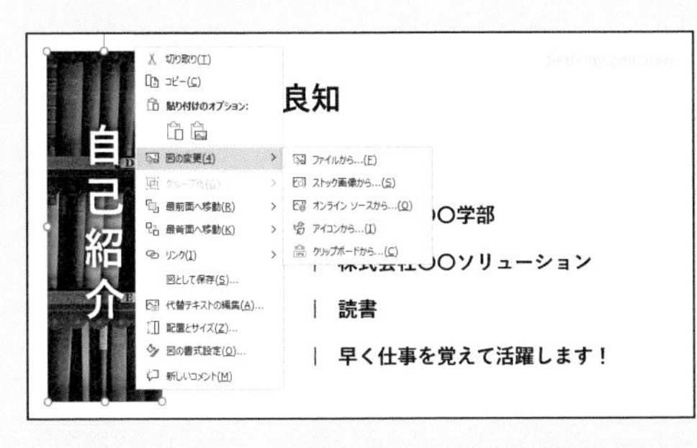

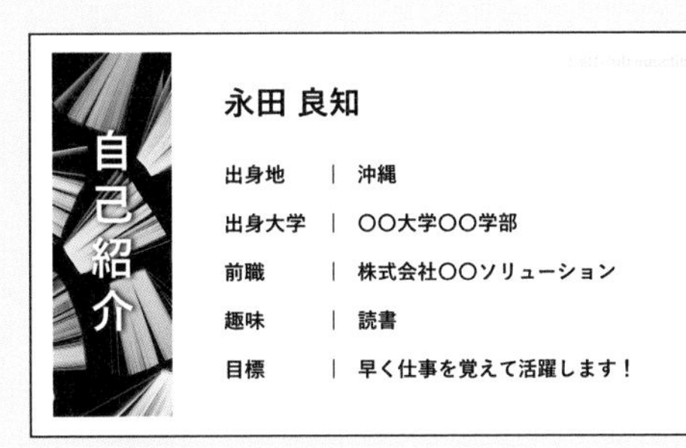

画像を右クリック→[図の変更]から画像を簡単に入れ替えることができます。パソコンに入っている画像と入れ替えたい場合には[ファイルから]を、すでにスライド上に貼り付けてある画像と入れ替えたい場合には、入れ替えたい画像を Ctrl (⌘)+ C でコピーした状態で、[クリップボードから]を選択します。
また、ズームも画像を入れ替えることができます。ズームを右クリック→[画像の変更]から入れ替えが可能です([クリップボードから]はありません)。ズーム先のスライドを隠しておくなどの工夫ができます。

さまざまな
プレゼンテーションツール

本書で紹介しているPowerPoint以外にもさまざまなプレゼンテーションツールがあります。有名なものでいえばkeynoteやGoogleスライドなどがありますが、ここでは「Prezi」(プレジ)というプレゼンテーションツールをご紹介します。

Preziの画面

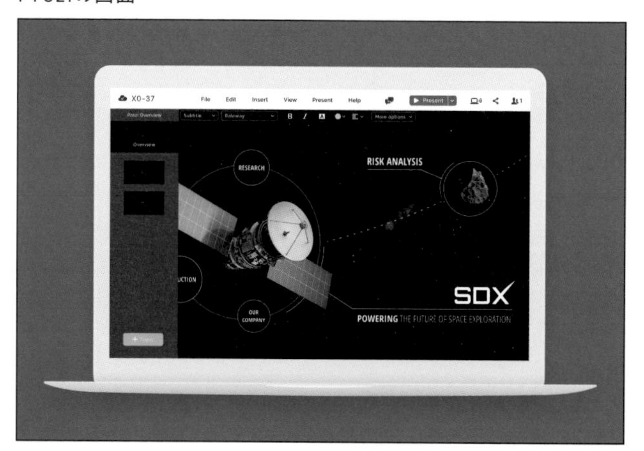

PreziはPowerPointとは違い、スライドという概念がありません。その代わりにトピックというものが存在します。上の図の円のところにズームしていくように画面が切り替わっていきます。独特な操作感で慣れるまでに少し時間が必要ですが、PowerPointではできない表現も可能です。
また、オンラインプレゼンテーションでも活躍します。話し手の手前側にテキストや図表を表示させることができるため、より臨場感のあるプレゼンを行うことができます。

パワポで作った素材をPreziに取り込む

Preziには図形やテキストを挿入する機能はありますが、複雑な素材を作ることはできません。そこでPowerPointを活用します。本書で紹介したテクニックを用いてPowerPointで作成したものを図(画像)として保存し、その画像をPreziに取り込み配置することで、より魅力的なPreziを作成することができます(パーツをグループ化→右クリック→[図として保存]から保存)。

このようにPowerPointをパーツ作りとして活用する方法もあります。

索引
Index

菅 新汰（すが・あらた）

1997年生まれ。株式会社プレゼン製作所クリエイター。「PowerPointのあまり知られていない"すごさ"を伝える」をコンセプトに、Twitterとnoteを通してパワポやプレゼンについての情報発信を行っている。

Twitter @powerpoint_plus

note https://note.com/powerpoint_plus/

【STAFF】

ブックデザイン　山之口正和＋沢田幸平（OKIKATA）

DTP制作　柏倉真理子

デザイン制作室　今津幸弘

編集　渡辺彩子

編集長　柳沼俊宏

■商品に関する問い合わせ先
このたびは弊社商品をご購入いただきありがとうございます。本書の内容などに関するお問い合わせは、下記のURLまたはQRコードにある問い合わせフォームからお送りください。

https://book.impress.co.jp/info/

上記フォームがご利用頂けない場合のメールでの問い合わせ先
info@impress.co.jp
※お問い合わせの際は、書名、ISBN、お名前、お電話番号、メールアドレスに加えて、「該当するページ」と「具体的なご質問内容」「お使いの動作環境」を必ずご明記ください。なお、本書の範囲を超えるご質問にはお答えできないのでご了承ください。

●電話やFAXでのご質問には対応しておりません。また、封書でのお問い合わせは回答までに日数をいただく場合があります。あらかじめご了承ください。
●インプレスブックスの本書情報ページ　https://book.impress.co.jp/books/1120101154 では、本書のサポート情報や正誤表・訂正情報などを提供しています。あわせてご確認ください。
●本書の奥付に記載されている初版発行日から3年が経過した場合、もしくは本書で紹介している製品やサービスについて提供会社によるサポートが終了した場合はご質問にお答えできない場合があります。

■ 落丁・乱丁本などの問い合わせ先
FAX　03-6837-5023
service@impress.co.jp
※古書店で購入されたものについてはお取り替えできません。

パワポdeデザイン
PowerPointっぽさを脱却する新しいアイデア

2021年10月21日　初版発行
2022年 5 月21日　第1版第4刷発行

著　者　菅 新汰
発行人　小川 亨
編集人　高橋隆志
発行所　株式会社インプレス
〒101-0051　東京都千代田区神田神保町一丁目105番地
ホームページ　https://book.impress.co.jp/
印刷所　株式会社広済堂ネクスト

ISBN978-4-295-01272-6　C3055
Printed in Japan